混合型主线收费站分流区
交通安全评估与管控

邢 璐 著

中南大学出版社
www.csupress.com.cn
·长沙·

内容简介 /

Introduction

　　主线收费站分流区是高速公路的主要事故黑点之一，基于微观轨迹的冲突分析是交通安全评估的有效手段。本书全面介绍了混合型主线收费站分流区交通安全评估与管控的方法，主要内容包括半约束车辆运动的交通冲突估计、收费站分流区车辆事故风险评估建模方法、收费站分流区车辆事故风险的动态演化机理、车辆事故风险评估模型的动态更新、收费站分流区车辆安全预警建模方法和安全管控措施等。

　　本书结构严谨，理论、方法和应用紧密结合，是面向交通安全课程的辅助教材，可作为交通工程、交通运输等专业的高年级本科生和交通运输工程学科硕士生、博士生的参考教材，也可供相关领域管理、研究和技术人员参考。

前　言

安全是交通系统永恒的核心主题，2019 年发布的《交通强国建设纲要》对我国现代化综合交通体系的"安全"发展做出明确要求。高速公路是交通系统的主动脉，收费站是高速公路的关键节点，收费站的交通运行状况直接与高速公路的畅通关联。然而由于复杂的道路设计，收费站发生事故的概率显著高于其他普通路段，尤其在收费站上游的分流区，其事故风险比收费站合流区还要高 82%。车辆在收费站的行驶与极高的事故风险并存，事故威胁行车安全的同时也降低了高速公路服务水平，因此收费站交通安全改善已成为高速公路管理的关键问题。

此外，2019 年推行的《加快推进高速公路电子不停车快捷收费应用服务实施方案》(发改基础〔2019〕935 号)将我国高速公路收费管理带入全新改革阶段。尽管电子不停车收费的推广对缓解收费站交通拥堵具有显著作用，但一味注重通行效率的提升，忽视了收费通道改建给交通安全带来的挑战，全新收费站形式也导致了已有的收费站交通安全评估方法的失效。在此背景下，如何从交通设计与管理方面改善收费站分流区交通安全，成为当前亟需解决的科学问题。

交通安全研究的核心是安全评估技术。传统安全评估技术推广应用的瓶颈在于与交通流内在运动特征的分离，尤其对于复杂交通场景，若无法捕捉车辆复杂的运动特性，则交通安全评估模型不能真实反映事故内在机理，会造成结果失效。因此，从微观交通特性切入，探究交通安全评估与管控方法，提高事故预测的准确度，是未来交通安全评估技术普及应用的重大需求。

作为高速公路的主要事故黑点，收费站的交通安全问题已备受关注。尤其在收费站上游道路的车辆分流区域，有限的道路空间、复杂的车道配置以及不同的收费类型给驾驶员的正常行驶提升了难度，也使得车辆在此区域的事故风险显著提升。虽然，交通管理部门已于近年开始重视上述问题，并从收费方式着手解决收费站对高速公路发展及车辆正常行驶的限制，但由于收费站发展处于过渡阶段，所实施的措施对车辆安全改善的效果并不明显。同时，收费通道布设模式的更新换代也导致已有安全评估系统的失效，亟需修正已有事故风险评估模型，保证收费站分流区安全预警系统能够适应快速更新的交通环境。因此，有效合理地评估车辆在分流区内的安全，明晰车辆事故风险影响机理，构建适用性广泛的收费站安全评价体系对收费站安全管理尤为重要。

为此，本书针对混合型主线收费站分流区开展交通安全评估及主动管控研究，探究收费站分流区车辆事故风险特征以及事故形成机理，提出改善分流区交通安全的方法。首先，采用视频识别技术获取微观车辆的运动轨迹，探索车辆在分流区内的无约束车辆运动特征，并在此基础上，对分流区交通冲突进行重新定义，提出适用于无约束车辆运动交通冲突计算的安全替代指标，以弥补传统指标的局限性，全面刻画分流区交通冲突特征；其次，通过对多种模型的比较，筛选出适宜运用到分流区车辆事故风险评估的模型，系统地认知收费站环境、交通流、车辆自身等因素与车辆事故风险之间的内在影响关系；再次，深入剖析车辆事故风险在分流过程中的时空动态变化特征，揭示收费站分流区车辆事故风险的动态演化机理；最后，考虑数据离散并更新对车辆事故风险评估的影响，构建能够实现动态更新的事故风险评估模型，同时在此基础上进一步建立收费站车辆安全预分级模型，提出完整的车辆安全预警系统和安全管控措施。

本书系统地反映了混合型主线收费站分流区交通安全评估与管控方法和技术的最新研究进展，与我国深化收费公路制度改革的现实紧密贴合，为以收费站分流区为代表的复杂道路节点的交通安全研究提供了一套科学理论依据和有效技术手段，不仅具有重要的理论研究意义，更具有显著的实际应用价值。

本书的研究工作得到了国家科学自然基金面上项目（51778141）、国家自然科学基金青年项目（52102405）、湖南省自然科学基金青年项目（2021JJ40603）、湖南省教育厅科学研究项目优秀青年项目（21B0335）、新工科研究与实践项目（E-H TJT20201720）、长沙理工大学学位与研究生教学改革研究项目（JG2021YB04）、长沙理工大学引进博士启动基金项目、交通运输工程学院新引进博士教师成长支持计划项目、湖南省智能道路与车路协同重点实验室、长沙理工大学学术专著出版资助项目的资助。

本书由邢璐独立完成。东南大学的何杰教授对本书的撰写、章节安排以及模型构建提出了很多指导性意见。中佛罗里达大学 Mohamed Abdel-Aty 教授以及 SST(smart and safe transportation) 团队对本书中的车辆轨迹提取部分工作给予了莫大的帮助。长沙理工大学交通运输工程学院费怡和钟斯琪协助完成了本书第十章内容以及最终的修改编排工作。在编写过程中，笔者查阅了国内外大量文献资料，在此向书中提到的和参考文献中列出的学者表示感谢。若本书中某处内容所参考的文献没有列出，在此向所涉及的作者深表歉意。同时，由于时间仓促和笔者能力有限，书中难免存在一些不足之处，敬请广大读者批评指正。

著者

2021 年 11 月

目　录

第 1 章

绪 论

1.1 研究背景

作为交通大国,我国高速公路总里程自 2014 年以来稳居世界第一,截至 2018 年底,我国高速公路总里程突破 14.26 万公里。"贷款修路,收费还贷"是我国高速公路修建和运营的主要方式,全国 16.81 万公里的收费公路中高达 82.03% 为高速公路(13.79 万公里),即高达 96.70% 的高速公路为收费公路。收费公路向车辆收取通行费用主要依靠收费站,全国收费公路共设主线收费站 1316 个(高速公路主线收费站 755 个、一级公路 354.5 个、二级公路 144 个以及独立桥梁或隧道 62.5 个),匝道收费站更是数不胜数(截至 2018 年底)[1]。收费公路政策使得我国迅速建成世界一流的高等级公路交通网,但取得巨大成就的同时,收费站也为高速公路车辆通行造成一定程度的负面影响。

许多研究证实了收费站会增加高速公路车辆事故风险[2-5],据统计,仅 2008 年西汉高速公路全线收费站共发生交通事故 211 起,2006—2009 年期间江苏省宁通高速公路发生在收费站的事故数占总事故数的 5.77%,高于一般的道路交通事故,呈现相对聚集的分布特点。尤其是在收费站上游的分流区域,有限的道路空间、复杂的车道配置以及不同的收费类型给驾驶员正常行驶提升了难度,驾驶员从主线车道进入收费站分流区后,需要在此区域快速采取多次分流决策并进入和自身收费类型匹配的准确收费通道,在有限的空间内完成对目标收费通道的选择、减速和行驶轨迹的调整,这样的车辆分流导致了快速的交通状态变化和复杂的车辆交织,使得收费站分流区的事故风险比合流区高 82%[6]。

由于电子不停车收费(electronic toll collection,ETC)方式尚未完全普及,目前我国收费站的主要形式为 ETC 和人工收费(manual toll collection,MTC)并存的混合型收费站。混合型收费站内 ETC 和 MTC 收费通道的并存给分流区沉重的车辆分流负担上又增加了区分并引流不同类别车辆的任务。两种收费通道布设位置以及车辆限速的不同,造成 ETC 车辆和 MTC 车辆需要在分流区进行强制的分流和收费通道选择,引导车辆的重新分布。不同车辆之间相互干扰,车流紊乱运行,容易引发车辆冲突乃至事故,例如追尾、变道车辆侧撞等,最终使得分流区的安全形势更加严峻。研究显示,混合型收费站比传统单一收费制式收费站事故发生概率高 11%,并且 ETC 车辆和 MTC 车辆的混合导致 ETC 车辆发生事故的伤亡严重性更大。因此,明晰混合型收费站分流区车辆事故特征及其发生机理,加强分流区车辆管理,改善安全水平,构建收费站安全预警机制,保障收费站分流区车辆平稳安全地通行已成为高速公路交通管理的重中之重。

交通管理部门已于近年重视上述症结问题,从收费方式着手解决收费站对高速公路发展及车辆运行造成的限制。2019 年 5 月,国务院办公厅印发了《深化收费公路制度改革取消高速公路省界收费站实施方案的通知》,同年 6 月,国家发展改革委、交通运输部协同有关部门共同制定了《加快推进高速公路电子不停车快捷收费应用服务实施方案》,上述通知和实施方案均要求推广应用 ETC 收费系统,力争 2019 年底前各省(市、区)高速公路入口车辆使用 ETC 的比例达到 90%以上。两个政策的发布为 ETC 的发展注入了一剂"强心针",仅半年时间,全国 ETC 用户达到 1.2 亿增长量,累计 ETC 用户达 2 亿。同时,高速公路管理部门也加紧对收费站进行收费车道、ETC 门架系统硬件及软件的建设改造,将原有 MTC 通道改造为 ETC 通道或能够供两种车辆通行的混合收费通道。虽然改造目的是提升收费站通行能力,但在过渡阶段内不可避免会出现一些问题,例如目前增加的 ETC 通道多直接改造原右侧或中间的 MTC 车道,ETC 车道布设位置分散导致分流区车流较改造前更加紊乱,车辆交织现象增多;同时,收费站 MTC 通道的减少使得大量未安装 ETC 设备的车辆出现严重排队现象,追尾事故风险随之提升。另外,收费站的快速更新也导致已有安全评估系统的失效,亟须修正已有模型,使得收费站分流区安全预警系统能够适应快速更新的交通流环境。图 1-1 为 MTC 主导型收费站(我国收费方式改革前的收费站形式,MTC 通道占比高)和 ETC 主导型收费站(收费方式改革后的收费站形式,ETC 通道占比高)分流区内车辆行驶和冲突情况示意图。

开展收费站分流区车辆安全研究的另一个难点在于,车辆在收费站分流区的驾驶行为存在"半约束"特征。收费站分流区多为道路横向宽度迅速拓宽形式,此区域无路面纵向的车道划线标志(见图 1-2),因此车辆在此区域仅存在行车目标方向的纵向约束,缺乏车道划线的横向约束,导致较强的行驶自由度和随机性。本书将此区域定义为"无车道划线"区域,将车辆在此区域的运动称为"半约束车辆运动"。此种半约束运动情况下,车辆与车辆之间可以发生追尾冲突、侧向冲突,甚至可以发生对向冲突,导致此区域的交通冲突也呈现出无序特征。已有的安全替代指标多以车辆同向、对向等特定冲突角度为前提,忽略了冲突角度造成的事故风险差异,传统替代指标无法估计车辆冲突角度存在任意值情况下的车辆事故风险,并不适用于收费站分流区安全研究。因此,探究收费站分流区半约束

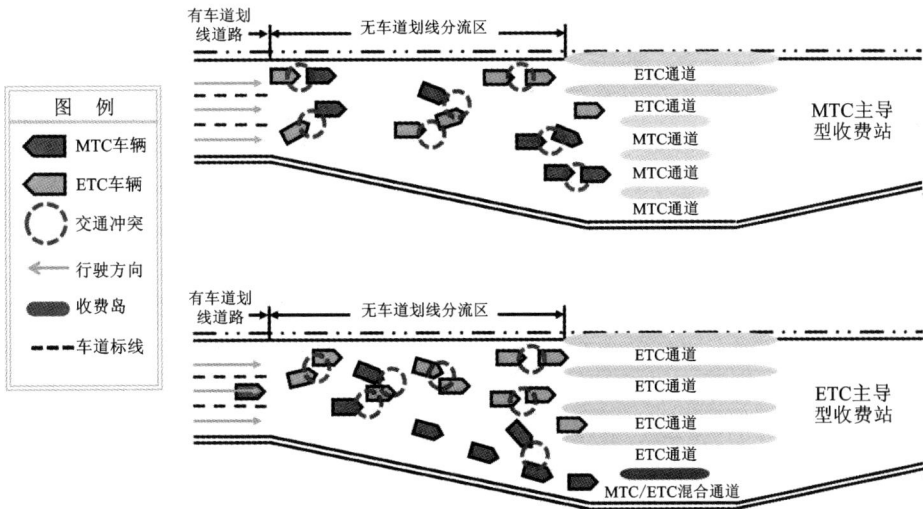

图 1-1 MTC 和 ETC 主导型收费站分流区车辆行驶和冲突情况示意图

车辆运动，并提出一个能够估计半约束车辆运动的安全替代指标或方法对研究收费站分流区的车辆安全十分重要，也有助于拓展到类似复杂道路节点的交通安全研究。

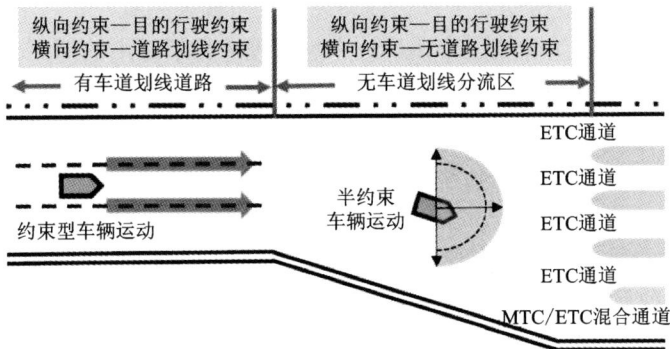

图 1-2 混合型收费站分流区半约束车辆运动场景示意图

国内外已经有部分研究探讨收费站分流区安全并取得了一定研究成果，然而这部分研究多采用事故数据或者仿真数据，事故数据具有随机发生、不可重复、数据样本少以及损失严重的缺陷，仿真数据则通常与现实交通情况存在偏差。因此，数据的限制导致以往研究对收费站分流区车辆事故形成机理的研究不足，大大影响了车辆事故风险评估模型的准确性，使得研究结果难以被有效地运用到实际工程实践中。近年来，随着计算机视频处理技术的发展，图像车辆轨迹识别被逐渐运用到交通研究中。图像车辆轨迹识别不仅能够实时获取车辆运动情况，而且能够捕捉车辆精准的微观运动数据，为交通冲突微观研究提供了坚实的基础，也为车辆安全研究提供了新的思路。特别是对于车辆运动情况复杂的收费站分流区，车辆微观轨迹数据能够分析车辆在任意时刻的运动变化，有助于挖掘影响车辆安全的潜在因素，同时可以从海量的运动数据中提取大量交通冲突案例，进而可以更准确地刻画收费站分流区交通冲突特征，更深层次地探究车辆事故形成机理与时空演变规律，更细致地构建收费站分流区安全预警系统。

随着车联网技术、车路协同、先进的移动通信技术、先进的交通信息服务系统和车辆安全辅助驾驶技术的发展，道路交通系统实现了快速采集数据、感知交通安全状态并且与车辆或驾驶员互通信息的功能，还可辅助驾驶员改善危险驾驶行为。受惠于上述硬件与软件的提升，收费站分流区安全管理可以向主动安全管理的角度转型，实现主动预测车辆发生事故的风险，并采取措施降低或消除事故风险，在危险严重前缓解车辆事故发生的根源性原因，最终实现长期性、全局性的区域交通安全水平提升。

1.2 研究意义

(1)有利于健全收费站安全评估体系以及安全预警系统

本书不仅对收费站分流区车辆事故影响机理进行了详细的探究，而且还从数据收集、数据处理、交通冲突估计、车辆事故风险评估模型、车辆安全分析角度、事故风险评估模型在实际工程中的运用等多方面提出了全新的技术和方法，为收费站安全管理贡献了理论基础和方法支撑，有助于交通安全管理部门健全收费站安全评估体系以及安全预警系统，实现对收费站分流区车辆事故的主动辨识和管控，对改善收费站分流区的交通安全具有重大意义。

(2)支持收费站改革，辅助决策实施

在撰写本书收尾的同时，我国收费站正处于更新换代的重要阶段，政策在实施过程中不免受到一些质疑。本书从 ETC 车辆和 MTC 车辆的混合角度探究车辆混合对收费站分流区内车辆安全的影响，有助于理解混合车流对分流区安全的消极影响，以支持收费站改革措施的实施。同时本书提出的分流区安全评估方法可以用于更新过程中和更新后的收费站安全评估，从车辆安全角度评价决策效果，辅助决策的实施。

（3）为复杂道路节点的交通安全研究提供技术支撑和参考

本书以收费站分流区为例，探索复杂道路交通流情况下的车辆安全评估及改善方法，研究成果可以被应用到其他复杂道路节点的安全研究。本书中的研究是数据采集手段更新、事故评估方法拓展、事故发生机理探索、建模技术研究、管控策略讨论等理论与应用相结合的完整体系，可为交通管理者提供丰富的交通管理信息知识库，为构建安全管理系统提供技术支撑、理论指导和实证参考，有助于促进道路交通安全管理的发展。

1.3 国内外研究现状

1.3.1 收费站交通特性及安全研究

（1）收费站交通特性

国外学者对收费站交通特性的研究起步较早，早期研究主要集中于探究收费站收费通道通行能力、车辆到达及离开模式，利用基础的排队模型对收费通道数量及类型进行确定[7, 8]，如 Zarrillo 等人基于对收费站交通流运行特征及各种因素对通行能力的影响分析，优化随机排队模型，研究不同收费方式下所需的车道数，并给出针对不同收费方式收费站通行能力的计算方法[9]。后续研究中，许多学者也从微观交通流角度出发，研究混合收费站交通特性并构建微观交通流模型。例如，采用微观仿真模型模拟混合收费站车辆通行，探究收费站的设计以及 ETC 通道对收费站延误的影响[10, 11]，利用车辆跟驰和换道理论分析不同 ETC 通道配置下收费站的运行[12]。Nezamuddin 等人采用 Paramics 模拟车辆在收费站的行驶并探究车辆排队行为[13]，Komada 等人针对收费站存在混合交通流的特点，分别对 ETC 和 MTC 通道的交通特性进行研究，从而提出了混合式收费站交通流基本图[14]。Li 则对 ETC 通道车辆饱和车头时距等进行分析，构建了以车辆通过收费通道的服务时间和排队长度为衡量指标的 ETC 通道服务水平评价模型[15]。McKinnon 通过 VISSIM 仿真系统对不同车道配置的收费站进行仿真，研究指出，服务时间的减少和排队缩短会促使司机在收费站的换道行为，从而带来安全风险[3]，Neuhold 等基于时间序列构建交通流预测模型并提出优化车道分配的算法[16]。

国内学者对收费站交通特性的研究起步较晚，早期研究方法多为采用排队模型对收费站交通特性和通行能力进行研究[17-20]，仅考虑了收费站通道车辆的到达和离开特性，因此研究内容大多为收费站通行能力和服务等级，缺乏考虑不同车辆的个体间的相互影响。在早期研究的基础上，许多学者同样也运用微观交通流理论对收费站交通特性进行研究。吴进等人通过分析车辆到达离开特性和相关影响因素，借助 VISSIM 仿真系统，探索了混合收费站 MTC 和 ETC 通道的最佳配置组合[21, 22]。张晨琛等人对高速公路收费站的车辆个体行为进行分析，建立了适用于高速公路主线收费站的元胞自动机微观交通流模型，分析收费站拥堵形成机理并制定动态控制策略，从而判断 ETC 通道对收费站服务水平的影响[23]。崔洪军等人、高翔等人则是利用 Paramics 仿真软件对收费站进行微观交通仿真，分别研究收费站的通行效率、布局和设计等[24, 25]。周沙应用多智能体（Multi-Agent）构建高速公路混合收费站微观仿真模型，反映了车辆的个体选择行为，研究了收费站动态调节策略[26]。程俊龙则全面研究了混合型收费站的宏观和微观交通流特性，并考虑了驾驶员个体行为对交通流的影响，构建微观交通流仿真模型，较为全面地分析了不同 ETC 车道数量、限制速度、布局位置对收费站服务水平的影响[27]。

（2）收费站交通安全

收费站交通安全的研究是在收费站交通特性研究的基础上逐步展开，由于各国收费站类型以及发展阶段的不同，研究内容存在些许差异，但从数据源角度可将收费站安全研究分为基于真实事故数据和基于仿真建模的安全研究两种。基于真实事故数据的研究中，H. Abdelwahab 等、Ozbay and Cochran、M. Abuzwidah 等、范达伟、张敏等收集多个收费站实际发生的事故，探究多种因素对收费站安全的影响，如收费站类型、收费站设计、收费广场渐变率、收费站服务水平和收费广场入口段纵坡等[2, 28-34]。2014 年，M. Abuzwidah 对美国佛罗里达州 98 个收费站进行观测和调查，就传统一体式混合收费站或者分离式混合收费站转变为全 ETC 式收费站的安全有效性进行了探索[31]，作者继续在 2018 年基于佛罗里达州收费站的十年的事故数据和负二项回归模型，探究了不同设计方式对单侧分离式混合型收费站（Hybrid Toll Plaza）安全的影响；研究指出，收费站设计、日交通量和驾驶员年龄对车辆安全存在显著影响，全 ETC 式收费站和分离式混合收费站比传统一体式混合收费站的事故发生率分别降低了 72.6% 和 44.7%[30]。

收费站交通仿真主要包含对交通流微观和驾驶员模拟的仿真，前者通过仿真获取车辆微观行驶轨迹，计算交通冲突等安全指标；后者通过模拟驾驶环境获取模拟事故数据或交通冲突数据，判别车辆安全状态[3, 5, 35, 36]。交通流微观仿真研究中，Hajiseyedjavadi 等人利用 VISSIM 仿真系统进行微模拟，采用 SSAM 提取视频中的车辆冲突情况，评估不同车道配置对收费站交通安全的影响，结果表明最安全的车道配置为全 ETC 车道配置，其次为 ETC 以及混合车道配置，最后为 ETC 车道和现金车道之间共同边界较少的车道配置[12]。张剑桥等人采用同种方法模拟车辆在分流区的行驶和计算交通冲突，进一步采用实际录像观测数据修正模型，分析了交通量、ETC 车道设计车速、车道利用率、MTC 误入率、ETC 车道比例与车辆安全之间的关系[37]。张莹和闫雪彤分别基于车辆安全距离和交通冲突，采用 ADAMS 和 VISSIM 仿真系统仿真，对比了 ETC 车道设置对收费站分流区内车辆安全的影响，提出了最安全的车道配置策略[38, 39]。收费站驾驶员模拟仿真研究方面，Valdés 等人采用驾驶模拟的方法，对比对收费站熟悉和陌生的驾驶员在收费站的安全，并针对后者提出相应的安全改善方案[36]。Saad 等人同样基于驾驶模拟，更全面地分析了不同道路、标志、路面标记、路段长度、交通情况以及驾驶员个体特征下的危险驾驶行为，以车辆平均车速、车速变化、车道偏差及加速偏差判断车辆在收费站的安全状态，还提出动态信号标志有助于引导车辆采取安全驾驶行为[5]。

除此之外，Xing 等人基于对事故和仿真数据局限性的分析，提出了采取视频识别技术判别收费站分流区交通冲突的方法，并从车辆交通冲突半约束特征出发，从微观轨迹角度深入探究车辆在收费站的安全[40]。也有学者从理论角度分析了收费站分流区车辆事故的影响机理[41]，基于交通冲突理论和车辆在分流区内的行驶特征，将此区域交通冲突细分[42]，其他收费站相关安全研究还包括邻道干扰及跟车干扰对车辆在收费站安全的影响效应[43]、匝道分合流点与匝道收费站安全间距的研究[44]、收费站可变限速控制的应用效果[45]等。总的来看，由于欧美国家收费站发展较早，本书集中于对比收费站在不同发展阶段的安全性，并且丰富的事故数据也为事故风险建模提供了坚实的基础。我国收费站发展起始时间较晚，目前大部分还在探究一体式混合收费站的交通安全且多采用模拟仿真的方法，虽然通过仿真能够获取车辆微观轨迹，从而估计车辆冲突情况，但是由于仿真固有的局限，研究结果具有一定的失真性，无法反映真实的车辆安全状态。再者，几乎没有学者对车辆在收费站分流区内交通冲突的特征进行探究，交通冲突的计算也多使用的是传统方法，估计结果存在较大误差。

1.3.2　车辆事故风险建模研究

（1）模型类型

交通安全研究中通常采用事故风险建模探究事故影响机理以及预测事故发生可能性，以模型目标函数形式和假设条件为分类标准，可将事故风险评估模型分为参数模型（Parametric model）、非参数模型（Non-parametric model）两类，两者分别在模型结果的解释能力以及预测精度具有优势，同时模型对总体样本的分布要求也存在差异。参数模型在事故风险评估中使用得最为广泛，多采用广义线性回归模型（generalized linear model，GLM）探究影响因素与车辆事故之间的关系，具体包含 Logistic 回归（LR）、泊松回归、负二项回归、Mixed logit 模型等[46-51]。Weng 等人采用 LR 探索三种道路施工区域中车辆风险影响机理之间的差异性[46]，Li 等人用相同的模型分析高速公路交通瓶颈附近运动波与车辆追尾事故之间的关系[52]。Wu 等人采用 LR 和负二项回归模型分别对车辆在大雾天气下是否发生追尾碰撞和发生碰撞的次数进行预测，适用于非集计车辆数据和集计交通流数据下的事故风险建模[50]。Guo 等人基于参数模型探究了温哥华市自行车事故风险影响机理，对比了基础多元泊松对数正态分布(multilevel Poison-lognormal，MPLN)回归模型和考虑空间效应、个体随机效应的多元泊松对数正态分布回归模型预测自行车事故风险的准确度[53]。

随着人工智能的快速发展，决策树(decision trees，DT)[54-58]、支持向量机(support vector machines，SVM)[59-61]、k 最近邻算法(k-nearest neighbor，KNN)、神经网络(neural networks，NN)[2, 28, 62]、随机森林(random forest，RF)[63, 64]等非参数机器学习算法也被广泛应用于交通安全研究，此类模型中数据分布假设自由，算法可以自由地从训练数据中学习任意形式的函数，实现对数据的分类或者回归[65-68]。Xu 等人在采用贝叶斯条件 logit 模型评估不同状态交通流的事故风险的基础上，继续构建随机森林模型，以识别对车辆事故风险影响最显著的变量[49]。Dong 等人提出支持用向量机模型来处理事故预测中复杂、大、多维的空间数据，并考虑空间邻近对事故预测的影响，研究结果表明考虑空间邻近的支持向量机模型在模型拟合和预测性能上优于基础支持向量机模型[59]。另外，还有研究采用决策树模型评估山区车辆事故[56]、行人伤亡[69]、卡车事故[65]、车辆在道路工作区域发生事故[54]等车辆危险状态的严重程度、发生可能性以及影响机理。有学者基于模型预测性能对两类模型进行比较[70, 71]，Ali 等人的研究提出 LR 模型对输入数据具有良好的拟合性，对高速公路上的潜在车辆事故具有较强的区别判断能力，当考虑时间因素时，非参数模型则具有更好的模型预测性能，与 KNN 模型相比，DT 和 NN 具有更高的预测精度[73]。Xing 等人分别构建收费站分流区的参数和非参数事故风险评估模型，研究发现并非所有的非参数模型对车辆事故的预测效果都优于参数模型，参数模型也具有良好的预测能力并且模型解释能力明显强于非参数模型[72]。总的来说，两类模型都可以根据不同的研究目标、数据集、场景等执行不同的任务，具体模型的选取需进一步进行考量。

另外，传统事故风险预测模型多是采用历史事故数据[74, 75]，随着交通冲突技术的发展，以冲突数据代替事故数据成为安全研究的趋势，后者通过计算冲突替代指标估计车辆冲突，并基于安全阈值判断车辆是否存在潜在事故风险[50, 52]。基于交通冲突的事故风险建模能够缩短安全评价周期、提高效率，同时还能分析车辆微观运动状态或驾驶行为对安全的影响，有助于理解失效机理及其内在联系，因此分析车辆交通冲突并以冲突数据构建事故风险评估模型被越来越多的研究采纳[76-79]。

(2)模型优化

道路交通事故是一种复杂的事件，它涉及人类对外界刺激的反应的多样性，以及车辆、道路特征和状况、交通相关因素和环境条件之间复杂的相互作用。此外，事故发生时的能量耗散也是复杂的，这与车辆设计、碰撞角度、人类的生理特征等多种因素相关。为探究车辆事故的复杂性和异质性，有学者提出"未被观测到的异质性"这一概念并随之出现了多种估算方法[80]，主要包含随机参数多项 logit(mixed logit)模型[81-84]、随机参数有序概率(random parameters ordered probability)模型[85-87]、有限混合(latent-class/finite mixture)[88-91]模型、马尔科夫转换(markov switching)模型[92,93]等。有学者以大样本事故数据为基础，基于模型拟合、边际效应和预测结果比较了 Latent-class 和随机参数 logit 模型对车辆事故评估的表现，结果表明 Latent-class 模型的拟合度较优，随机参数 logit 模型的平均预测概率更接近观测值，两个模型对事故影响机理的推断具有较高的相似度[94]。

随机参数及其变形是近年来交通相关研究领域中最常用的处理"未被观测到的异质性"的方法，例如，Zeng 等人收集美国佛罗里达州三年的路段事故数据，运用基于贝叶斯方法的空间随机参数 Tobit 模型，同时考量空间相关性和未被观测到的异质性对事故风险评估的影响，验证在考虑空间相关性的情况下，考虑异质性效应能够进一步提升事故预测精度[95]。也有学者基于对城市交通走廊提出的安全评价方法，在多元泊松对数正态分布模型中加入随机参数，考量交通安全在城市交通走廊之间的变化[96]。Hou 等采用随机参数负二项回归模型，从事故特征、交通特征、高速公路几何形状、路面状况和天气状况等方面，对高速公路事故成因进行了深入研究[97]。多元 zero-inflated 负二项模型也可以引入随机参数，探究车道数、每车道年平均日交通量和路段长度等因素对城市街区车辆安全影响的差异性[98]。Weng 等使用随机参数二项 Probit 模型分析车辆道路施工区域行驶时，选择采取合流措施的影响机理以及个体异质性[99]。Yuan 等采用 WinBUGS 估计随机参数 Logistic 模型结果，探究了交叉口事故风险影响机理及其在不同交叉口的异质性[100]。Kim 等人同样构建随机参数 logistic 事故风险预测模型，但进一步比较了先验知识不同情况下模型的结果，明确了随机参数先验知识对模型拟合结果的显著意义[101]。基于贝叶斯的随机参数 LR 模型可以采用离差信息准则(DIC)和受试者工作特征曲线下的面积(AUC)评估模型拟合结果[89,95,96,102,103]，多项研究证实引入随机参数可以提高 LR 模型的预测效能[50,51,63]。

车辆驾驶行为是连续的，车辆事故在时间上的分布也存在显著差异，因此许多研究将时间引入模型，探讨事故风险影响机理的时间变化特征。传统时变事故风险评估模型是将 Mixed logit 模型中的自变量系数变形为随时间变化的函数，Weng 等人首先对比基于时间的(Time-dependent)LR 模型和基础 LR 模型对车辆在道路施工区域合流行为的预测精度，证实了时变模型的有效性，并发现了影响机理随时间变化的异质性[104]。在此基础上引入随机参数，构建时变随机参数事故风险评估模型(Time-varying mixed logit model)，分别采用 DRAC 和 Delta-V 两种安全替代指标估计车辆碰撞概率和严重程度，从安全角度分析了车辆合并决策的时变动态特征以及存在的个体异质性特征[105]。Xing 等人基于对收费站车辆事故风险的时变特征分析，构建时变随机参数模型以探索事故影响机理的时变情况，并首次引入行驶距离，构建基于空间变化的事故风险评估模型[106]。Mannering 等人的研究也证实时间不稳定性(Temporal instability) 对事故预测存在显著影响，在分析传统考虑动态影响模型局限的基础上，将时间元素引入随机参数模型的均值和方差中，未观察到的异质性[107-109]。Markov-switching 模型也可以用来探索事故风险的时变特征，通常假设时间异质性遵循平稳多态马尔科夫链过程，将车辆安全状态转移概率定义为可能影响时间不稳定性的变量的函数，虽然这种方法能够反映时间对车辆安全状态的影响，但是模型的估计过程比随机参数方法的模型估计更复杂[92, 93, 110]。

1.3.3 基于视频识别技术的交通冲突研究

交通冲突技术是替代交通事故评价交通安全的有效方法，通过对一个场景/地点/车辆的交通冲突严重程度和冲突频率的观察、记录和评估，实现对车辆或者路段安全状态的判别。交通冲突采集方法主要有以下四种：人工观测、微观交通仿真、自然驾驶模拟和视频冲突提取，其中基于视频识别技术的交通冲突获取在冲突判别客观性、数据可靠性、真实性上具有明显优势，还能够提升数据采集的效率，获取更丰富的车辆微观运动特征，因此在近年来的交通安全研究中被逐渐推广。Sayed 等人基于 OpenCV 开发了交叉口交通冲突自动识别算法，以 TTC 为计算指标，能够识别交叉口车辆、行人等多种交通参与者的危险状态[79, 111, 112]。Guo 等人基于以上研究，将冲突识别算法拓展应用到特殊行为事故风险研究，估计了自行车在不同交叉路口闯红灯行为的危险状态，并提取多项影响因素信息探究自行车事故的影响机理[113]。Essa 等人结合车辆轨迹识别，增加了自动识别视频中交叉口信号周期的方法，基于 TTC 构建交叉口安全性能函数(SPFs)，以探究交叉口信号周期内的安全特征[114]。Xie 等人也基于视频识别获取车辆轨迹，采用 TTC 计算视频中的车辆交通冲突，并提出了车辆轨迹跟踪的改进算法，从轨迹精度的角度提升了交通冲突判别结果的有效性[115]。Meng 等人仅从视频中获取车辆行驶速度和车头时距，基于 DRAC 探究了车辆在道路施工区域的安全状态[47]。当车辆行驶包含转向或者交织行为时，PET 也可适用于视频交通冲突分析，如无信号交叉口的车辆或行人安全研究[116]。

虽然以上研究都实现了对视频中危险交通状态的自动识别与分析，但是视频均采用路侧架设摄像机拍摄，因此视频画面与大地实际画面的转换过程容易导致较大误差。为解决上述问题，近几年的交通安全研究引入新兴无人机技术替代传统拍摄方法，从画面角度方面减少视频识别轨迹的误差。基于无人机视频，Liu 等人通过拍摄低流量道路视频，提出了检测交通事故的方法，结果表明，无人机探测距离、飞行速度以及道路事件的发生概率对事件检测结果影响不大[117]。Li 等人采用开源软件 Tracker 处理无人机视频车辆轨迹，基于 TTC 定义每小时综合风险指数，评估高速公路互通立交合流区的车辆安全，并使用 Vissim 软件对结果进行验证[118]。Gu 等人使用相同的轨迹处理和交通冲突计算方法，提出了一种考虑驾驶员合并行为的高速公路互通立交合并区域强制车道变更时间的事故风险分析方法[119]。Wu 等人在提高视频冲突识别精度上做出了一定贡献，提出了一种能够利用深度学习技术处理视频的交通安全自动诊断系统，实现了对复杂道路环境中(例如信号交叉口)车辆轨迹的准确跟踪，并采用 PET 计算交通冲突，不仅能够判别车辆安全状态，还能够将交通冲突细分为追尾、正向冲突等四种冲突类型[120]。

1.3.4 研究概况评述

整体而言，国内外研究已在收费站安全特征及影响机理方面取得了一定的进展，在事故风险建模和视频交通冲突识别方面具有丰富的成果，为收费站分流区安全评估提供了充足的理论基础和方法指导，但仍存在以下几个方面的不足：

(1)现有的收费站安全研究多采用事故数据或者仿真模拟，缺乏对真实车辆行驶情况是否安全的分析，无法较好地表征车辆在收费站分流区的实际交通特性和事故特征。同时，现有研究集中于探索收费站车辆事故的影响机理，鲜有文献从微观角度出发，探究车辆交通冲突微观特征。此外，车辆在收费站分流区的交通冲突还未被统一定义，交通冲突也未被明确分类。

(2)目前对收费站分流区车辆事故风险影响机理的研究主要集中在探究设计时速、交通量、车道数量和配置、分流区设计以及交通标志等因素对车辆安全的影响，而对于车辆车道选择、行驶位置、周边交通流特性等的探索较少。现有研究还忽略了车辆在收费站行驶的半约束特性，估计交通冲突时假设碰撞角度不存在差异，容易导致较大的交通冲突计算误差并误判车辆安全状态。再者，鲜有文献考虑个体异质性对车辆安全的影响，无法捕捉车辆在收费站分流区内的安全状态以及事故影响机理的差异性。

(3)车辆在收费站分流区内的分流并不是瞬时驾驶行为，是具有时间延续性的分流过程，因此探究时间动态变化下车辆安全影响机理的变化情况对改善收费站内的车辆安全具有重大意义，而已有文献却未关注这一方面。虽然考虑时变影响的事故风险模型已经成熟，但缺乏捕捉空间变化造成的车辆安全影响机理差异，因此亟须对基于行驶距离变化的事故风险建模进行补充。

(4)虽然事故风险评估模型成果丰富，基础较好，但现有研究大都在理论分析模型优劣的基础上选择单种模型进行事故风险建模，缺乏对多种模型效果的横向对比，不利于验证模型对事故预测的有效性。另外，已有的事故风险评估模型多采用历史数据，基于大量数据进行静态事故预测，无法对实时更新的交通流安全进行动态评判，影响了模型预测准确性和在工程实践中的推广应用，大大制约了道路安全管控的准确性和实施效果。

1.4 主要内容

本书对主线收费站分流区半约束车辆运动的安全进行评价和分析，提出安全评价模型并构建安全预警系统，以支持对收费站分流区安全的改善。主要内容如下：

(1)收费站分流区车辆轨迹提取及交通流特征研究

首先，明确收费站类型以及收费站分流车辆分流范围，重新定义主线收费站分流区，并从理论角度概括分流区车辆的行驶过程、换道及速度特征。其次，采用基于视频识别技术的车辆轨迹自动提取系统，获取车辆在分流区内完整的行驶轨迹信息。为了保证轨迹有效性，研究从目标检测、目标识别、误差消除以及坐标系转换四个方面提高车辆轨迹精度。最后，以沪蓉高速南京收费站东进口分流区为例，获取车辆行驶轨迹并对其进行进一步处理，从车辆类型、行驶时间、行驶速度、速度变化、车道选择等方面探究收费站分流区内的交通流特征。特别对ETC车辆和MTC车辆的行驶特征进行区分剖析，揭示两种收费类型车辆在分流区内的行驶特征差异性。

(2)收费站分流区半约束车辆运动交通冲突研究

首先，基于交通冲突技术和传统安全替代指标的局限，提出适用于半约束车辆运动交通冲突计算的安全替代指标：拓展距离碰撞时间。其次，明确收费站分流区车辆运动的半约束特征，对其交通冲突进行定义和分类，并从冲突形成过程和影响因素探讨分流区车辆冲突形成机理。最后，基于车辆微观轨迹和拓展距离碰撞时间判别分流区内的车辆安全，从空间分布、严重性、车道选择的影响、行驶速度的影响等方面详细刻画了分流区交通冲突特征。

(3)收费站分流区车辆事故风险建模与模型优选

详细阐述参数事故风险评估模型和非参数事故风险评估模型，对比六种事故风险评估模型对收费站分流区车辆事故风险的评估效果，以预测精度和模型解释能力为主要判断依据筛选出适用于分流区微观车辆轨迹安全评估的最优模型。在此基础上，考虑到个体之间未被观察到的异质性以及参数估计方法造成的结果误差，构建基于贝叶斯方法的随机参数事故风险评估模型，探究车辆类型、收费通道选择、行驶速度、行驶位置以及周边车流与车辆安全之间的关系，对分流区车辆事故影响机理进行详细地剖析和解读。

（4）收费站分流区车辆事故影响机理的时空动态变化特征研究

本书通过对收费站分流区内车辆事故风险随行驶时间和行驶距离的动态变化而变化的分析，证实车辆安全具有时空动态变化特征。基于采用贝叶斯方法的随机参数事故风险评估模型，提出考虑行驶时间和行驶距离变化的随机参数 LR 模型，并将其应用到分流区事故风险评估。随后，通过对基础模型、时变模型和空间变化模型的评估效果进行对比，证实考虑时空动态变化的有效性，深入探究分流区车辆事故影响机理随行驶时间变化和随行驶距离变化的特征。

（5）探究车辆混行对收费站分流区车辆安全的影响

本书基于车辆事故在车辆收费种类和跟驰类别上的表现，将收费站分流区混行车辆划分为 MTC-MTC、ETC-MTC、MTC-ETC、ETC-ETC 四种混行类别，直观表达车辆混行。在此基础上，构建四种混行类别的时变随机参数事故风险评估模型，对比不同混行类别的车辆事故风险时变影响机理，捕捉不同混行类别车辆安全的差异性，证实车辆混行对分流区安全的危害，为收费站改革收费方式提供了理论支持。

（6）面向离散数据更新的车辆事故风险评估

本书探讨了适用于大样本数据的离线静态估计在安全管理实践中的局限性，以及对动态更新数据的滞后性，以六种数据采样方法模拟数据离散特征，采用贝叶斯动态 LR 理论构建能够随着数据更新实现自适应修正的分流区车辆事故风险评估模型。在此基础上探究事故风险评估模型的自适应修正有效性，对比不同采样手段及遗忘参数对模型评估的影响，最终提出考虑动态更新的收费站分流区车辆安全预警系统。

（7）收费站分流区车辆安全评价建模与安全预分级

本书以细分收费站分流区车辆安全预警策略为目标，首先构建分流区车辆安全评价模型，以车辆类型、车辆初始速度和车辆初始车道对未进入分流区的车辆安全特性进行评估。其次，采用灰度聚类评价方法，将分流区车辆自身安全性能划分为四个等级并构建分流区车辆安全预分级模型。最后，采用最大类间差法，选取各类车辆的 ETTC 预警阈值和事故概率预警阈值，并验证阈值优化对事故风险评估模型预测精度的影响。

（8）面向应用的收费站分流区车辆安全预警系统构建

本书基于事故风险评估模型动态更新以及车辆安全预分级，构建同时具有动态更新和细分车辆安全等级的分流区车辆安全预警系统，将研究结果应用到安全管理实践中，并探讨了安全预警系统拓展应用于复杂道路节点的可行性。在安全预警系统的基础上，提出安全行驶诱导、安全状态监控、高危状态急救和危险行为干预的车辆安全改善思路，以及主动交通管理、被动安全改善方面的车辆安全管控措施。

1.5　章节结构

本书内容围绕以下章节展开论述:

第 1 章为绪论,介绍本书的研究背景和研究意义、国内外研究现状、主要内容等。

第 2 章介绍本书的主要研究对象:混合型主线收费站分流区,并对其进行全新定义。

第 3 章为车辆微观轨迹的提取与分析,基于视频识别技术的车辆轨迹自动识别系统,提取收费站分流区车辆微观轨迹并分析分流区的交通流特征。本章内容是第 5 章交通冲突计算的数据基础,交通流特征分析为后续章节事故风险建模的变量准备。

第 4 章详细介绍了交通冲突技术,以及半约束车辆运动的交通冲突计算方法。交通冲突技术实现了车辆轨迹到风险评估的转换,后续所有章节将基于冲突估计的事故风险开展。

第 5 章是在第 4 章的基础上,采用拓展距离碰撞时间,对收费站分流区交通冲突进行估计并探究收费站分流区交通冲突特征。

第 6 章为收费站分流区车辆事故风险评估模型优选,通过构建收费站分流区事故风险评估模型,对比多种建模方法,最终选取出最优评估模型。

第 7 章为基于贝叶斯方法的收费站分流区车辆事故风险评估,采取随机参数 logistic 回归模型和基于贝叶斯方法的模型估计,探究收费站分流区车辆事故影响机理。

第 8 章在第 7 章的基础上进一步优化了收费站分流区车辆事故风险评估模型,将车辆在分流区的行驶时间动态变化和行驶距离动态变化纳入分析范围,揭示分流区车辆事故风险影响机理的时空动态变化特征。

第 9 章考虑到安全管理实践中交通流动态变化的特性,采用贝叶斯动态 LR 理论对离散数据更新下的模型自适应修正进行研究,构建能够自适应修正的分流区事故风险评估模型。

第 10 章是前序章节研究结果面向实际工程管理的应用研究,构建收费站分流区车辆安全评价模型与车辆安全预分级模型,结合预警阈值分级提出收费站分流区车辆安全预警系统架构,并面向车辆提出安全管控思路和具体的安全管控措施。

第 2 章
混合型主线收费站分流区

2.1　道路收费方式

道路收费方式指的是对通行车辆收取费用所采用的方式，一般由机动车发展程度、道路建设程度、车辆管理方式以及政府管理决策所决定，车辆的车型、通行费计算和付款方式、收费通道的设施等因素也会影响收费方式的变化。根据收费方式的不同，收费站的收费通道及其设置也会有所不同，以下分别介绍三种收费方式：

（1）人工收费方式

人工收费（MTC）机制需要配备具有障碍物设施的收费通道、收费亭、收费机器等基础物理设施以及相关工作人员等，车辆需要经历减速进站、停车排队、缴费、加速离开这四个过程。目前，其主要存在形式为停车半自动人工收费（第二代道路收费方式）。停车半自动人工收费由人工和机器共同完成，收费过程中的部分工作由自动化设备代替完成操作，例如车辆称重、车型检测、闸机开放等，能够减少收费工作人员的工作任务，提升车辆通行效率和便于管理。目前国内主线收费站的停车半自动人工收费单通道实际服务能力约为 240 辆/h，在无需车辆排队的情况下，每辆车需要至少 15 s 的时间才能够通过收费通道[121]。

（2）电子收费方式

电子收费（ETC）是智能交通系统的服务功能之一，指在收费站内完全由电子自动装置完成车辆收费的方式，在完整的收费过程中车辆无需停车，因此又可称为不停车收费方式。该方式无需人工参与，但车辆需要配备车载设备（on board unit，OBU），通过与收费通道基础设施之间的信息交互，实现车辆识别、信息写入、费用计算、自动扣费，极大地提升了收费站通行能力。

根据电子收费系统的路侧基础设施形式，收费站的电子收费方式分为两种：封闭减速流式电子收费方式（第三代道路收费方式）和自由流电子收费方式（第四代道路收费方式）。这两种收费方式的主要区别在于是否设置栏杆，封闭减速流式 ETC 车道设置了自动栏杆，因此车辆需要减速才能避免碰撞栏杆以及通过收费站;自由流式 ETC 车道不设栏杆,车辆一般无需减速即可通过,具有更高的通行能力。

封闭减速流式电子收费车道如图 2-1(a)所示,此种收费方式需建设专用收费车道,每条车道同时仅能允许一辆车通过。车辆在进入车道前需减速到 20 km/h 以下,通过路侧装置识别车辆 OBU 中存储的信息并完成计费和交易,之后栏杆会自动抬起,放行车辆,车辆离开之后栏杆会降下并继续执行下一次操作。目前在国内主线收费站,在无需车辆排队以及收费通道通畅的情况下,每辆车实际需要约 7 s 的时间通过封闭减速式 ETC 收费通道,通道服务能力约为 515 辆/h。然而,由于封闭减速流式电子收费车道仍需设置物理障碍栏杆,车辆通行仍存在减速的过程,其提升收费站通行效率等能力是有限的,并且人工收费车辆与电子收费车辆在收费站的混行容易导致行车冲突,降低车辆安全性。

在封闭减速流式电子收费方式的基础上,交通工程建设者提出了第四代道路收费方式——自由流电子收费方式。如图 2-1(b)所示,这种收费方式仅需要建设门架以及通信设施,不需要建设收费站以及专用的收费通道,车辆通行不受物理障碍的影响,能够以完全不减速的自由流方式通过,实现了完全不停车收费。目前,这种收费方式已经在美国等国家广泛应用,其通行能力远远高于前三代收费方式,例如中国台北的单车道自由流收费通道(open road tolling lane)的通行能力为 1500 辆/h,车辆平均速度约为 70 km/h;多车道自由流收费系统的单车道通行能力更是高达 2100 辆/h,车辆速度能提升到 100 km/h[121]。但自由流电子收费方式对技术的要求更高,需要在车辆高速行驶的情况下,准确快速地完成车辆识别、车型分类、交易执行等一系列自动缴费操作;并且考虑到仍有少量车辆需要人工缴费,还需要对道路进行改造,在道路外侧单独建设人工收费车道。

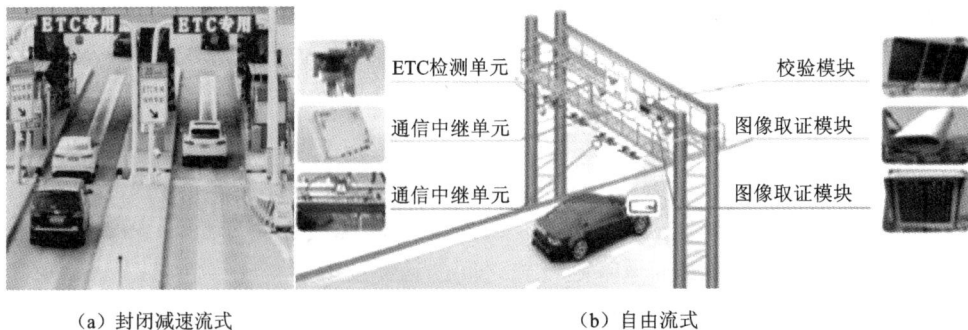

(a)封闭减速流式   (b)自由流式

图 2-1　电子收费通道示意图

（3）卫星定位收费方式

卫星定位收费是最先进的一种道路收费方式，目前还未得到广泛使用。此种收费方式是运用全球卫星导航系统（global navigation satellite system，GNSS）对车辆进行实时的定位监控，并根据车辆在收费路段行驶的距离和时间对其进行收费管理。卫星定位收费应用场景相比人工收费和电子收费更为广泛，例如城市交通管理、特定车辆管理等，不论车辆行驶在何种道路上，收费系统都可以根据其种类以及收费标准对其进行收费监测管理。此种收费方式要求车辆配备 OBU 设备并有稳定可靠的 GNSS 服务系统支持，目前全球常见的 GNSS 系统有四种：全球定位系统（GPS，美国）、北斗导航系统（BDS，中国）、格洛纳斯卫星导航系统（GLONASS，俄罗斯）和伽利略卫星导航系统（GALILEO，欧盟）。

卫星定位收费方式在全球处于初步发展阶段，新加坡预计将在 2020 年建设此种道路收费系统，从现有的门架系统转变为基于 GNSS 的收费系统[121]。道路基础设施（门架、摄像机等）将主要用于执法管理的支持以及卫星信号的补充，一般需每 50 km 布设一个门架。车辆的车载 OBU 也将更新换代，具有更强的抗信号干扰能力以及加密防骗能力，能够提供高精度车辆识别以及较高的车辆信息安全性。卫星定位收费方式在完成收费的同时，也将利用 GNSS 系统的优势，为驾驶员提供实时的道路状况、车辆追踪、信息查询、紧急救援、出行预测等信息以及导航服务。

2.2　收费站类型和基本组成

2.2.1　收费站类型

收费站是用来对道路通行车辆收取通行费用的服务设施，通常被设置在收费道路的固定位置，为各种物理设施的集成。除采取卫星定位收费方式的道路，都需要在收费道路上选点并建设收费站。收费站可根据不同标准进行划分，不同类型的收费站的适用范围、通行能力以及对车辆行车的安全影响均有不同。

（1）按照设置位置分类

根据收费站在高速公路中所处的位置，可将收费站分为主线收费站和匝道收费站[21, 122]，分别如图 2-2 和图 2-3 所示。主线收费站设置在高速公路主线道路上，也设置在桥梁、隧道等特定收费道路路段的前后端，直接连接主线道路。公路主线车道数量较多并且车流量较大，因此主线收费站所拥有的收费车道数较多，能够供大流量的车辆快速分流通行。匝道收费站则主要建设在高速公路进出匝道或联络线上，对进出高速公路车辆收取费用，收费车道数量较少，且为单方向进出。图中方框代表收费站。

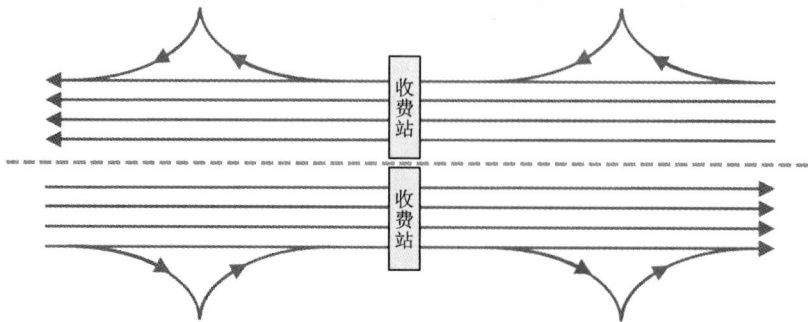

图 2-2 主线收费站示意图

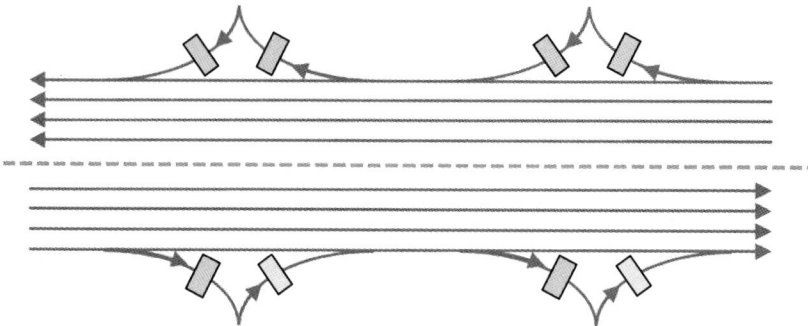

图 2-3 匝道收费站示意图

（2）按照收费方式分类

根据收费方式，收费站可分为全人工收费站（指收费通道全部为 MTC 车道）、混合型收费站（同时包含 MTC 和 ETC 通道）以及全自动收费站（全部为 ETC 通道）。混合型收费站不仅能够提升收费站通行能力，而且能够兼顾使用原始收费方式的车辆。另外，ETC 收费系统尚未得到完全普及，因此混合型收费站是目前世界各国广泛应用的收费站类型。

（3）按照收费通道类型分类

以收费方式为分类标准，收费站车道可分为以下几类，具体如图 2-4 所示。其中人工/电子混合收费车道可同时供 ETC 车辆和 MTC 车辆通过，具有较高的灵活性，能够适应 ETC 车辆和 MTC 车辆比例变动较大的情况，但是 ETC 车辆和MTC 车辆的混行会影响 ETC 车道的快速通行，因此不利于 ETC 技术的发展，目前很少被采用。我国收费站的 ETC 处于全面推广阶段，多数采用封闭减速流式ETC 车道，并且建设得遵循"专用、前置、中置、低速"的布设原则，即 ETC 车道只能服务于 ETC 车辆。收费车道的自动栏杆设置在收费岛的前端位置，ETC 车道设置在靠近中间隔离带的车道上并向路肩侧依次设置，通过 ETC 车道的车辆有最高通行速度，目前要求驶入收费通道时减低到 20 km/h[123, 124]。

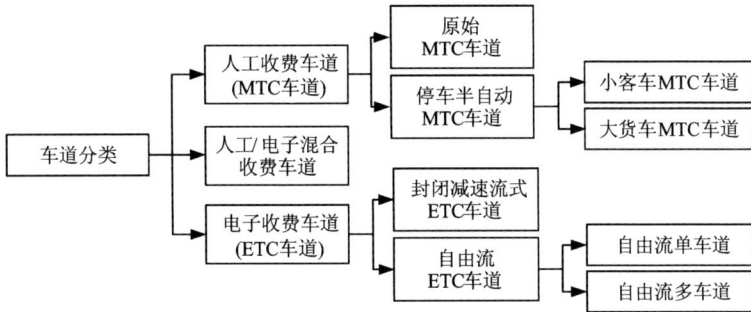

图 2-4　收费站车道分类

(4) 按照收费通道布设形式分类

根据单方向车道的收费站收费通道布设形式，收费站可分为单侧一体式、单侧分离式和双侧往复式，分别如图 2-5 至图 2-9 所示。其中单侧一体式收费站和双侧往复式收费站为我国目前主要使用的收费站，单侧分离式收费站在美国较为常见[29]。表 2-1 总结了三种布设形式的收费站的特征。

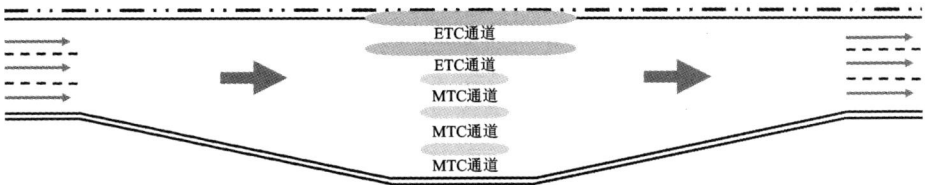

图 2-5　单侧一体式收费站

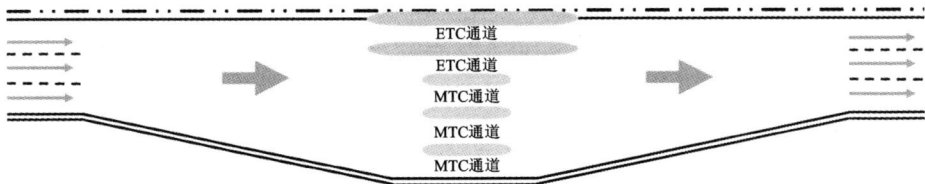

图 2-6　单侧分离式收费站

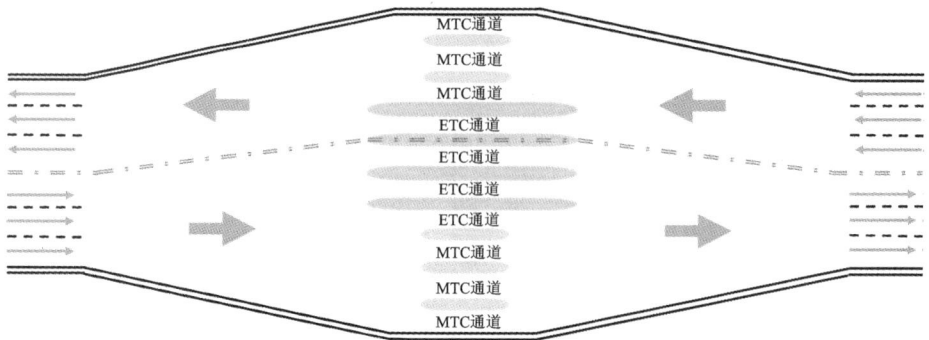

图 2-7 双侧往复式收费站(早高峰)

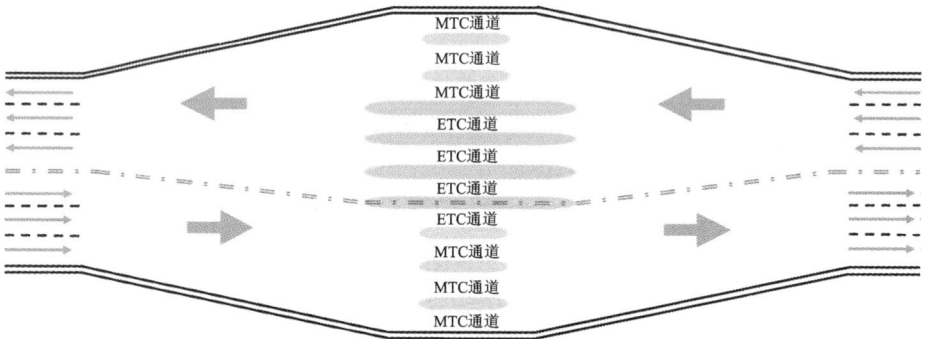

图 2-8 双侧往复式收费站(晚高峰)

(a) 单侧一体式(中国)   (b) 单侧分离式(美国)

图 2-9 收费站布局案例

(美国收费站图片来源:Central Florida Expressway Authority& Google map)

表 2-1　按照收费通道布设形式分类的收费站的特征

	单侧一体式	单侧分离式	双侧往复式
特征	1）收费通道平行布设； 2）双向车道固定隔离； 3）无支路； 4）所有收费通道设置于同一道路，MTC 车道和 ETC 车道的所在道路不分离； 5）收费通道数量不变化	1）收费通道平行布设； 2）双向车道固定隔离； 3）有支路； 4）MTC 车道与 ETC 车道有隔离； 5）收费通道数量不变化	1）收费通道平行布设； 2）双向车道动态隔离； 3）无支路； 4）所有收费通道设置于同一道路，MTC 车道和 ETC 车道的所在道路不分离； 5）收费通道数量变化
优点	交通流简单，灵活性较高，可根据 MTC 车辆和 ETC 车辆比例进行收费通道设置；对驾驶员的素质要求较低	能够对不同收费类型的车辆进行分流，减少收费站前端交通冲突，极大地提升了 ETC 车道通行效率	可根据不同情况改变行车方向，提高收费站的通行能力
缺点	MTC 车辆和 ETC 车辆混行，容易造成交通冲突，降低通行效率，提升事故风险；易造成误入车道，降低收费站通行效率	需要对道路进行改造，占地面积较大，施工成本较高；对驾驶员的基本素质要求较高，MTC 车辆需提前进行分流	对设置的交通标志和护栏等防护措施要求较高；对驾驶员的基本素质要求较高，需快速适应收费通道变化
适用范围	适用于 MTC 车辆比例较高的收费站	ETC 车道发展完善以及 ETC 车辆比例较高的收费站	早晚高峰时段车流方向发生明显变化的收费站

2.2.2　收费站基本组成

收费站主体结构的物理布局包含收费站前广场、收费通道、收费岛、收费亭、收费站后广场等，其次还包含收费门架、天棚、标志标线、显示器、摄像机、起落杆等辅助设施。为混合型主线收费站基本组成结构示意图如图 2-10 所示。其中

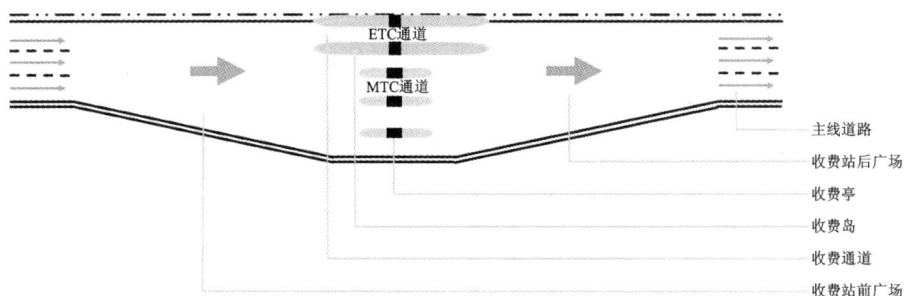

图 2-10　混合型主线收费站基本组成结构示意图

收费站前广场一般为拓宽渐变段，车辆需在此区域减速，有分流和储存车辆的功能，又叫减速渐变段或者分流段；收费站后广场为缩窄渐变段，车辆完成缴费后需在此区域加速离开收费站，此区域为加速过程提供过渡，又叫加速渐变段或者合流段。

2.3 混合型主线收费站分流区定义

2.3.1 分流区定义

混合型主线收费站为目前国内主线收费站的主要形式，相较于收费站合流区，其分流区是主要的交通事故黑点以及交通拥堵易发生区域。从主线车道驶来的车辆需在此区域从高速减速到低速甚至是停止，并进入准确的收费通道(MTC通道或ETC通道)，从而完成缴费通过收费站。车辆在分流区的行驶是一个复杂的过程，也造成了此区域混乱的车辆交织情况，具有较高的事故风险。为了明确研究范围，统一后续研究，本书对混合型主线收费站分流区进行了定义。需要注意的是，国内混合型收费站的主要形式为单侧一体式。

现有研究主要针对的是收费站减速渐变段的车辆分流行为，即主线道路结束点到收费通道起始点之间的区域。作者根据调研发现，由于收费站上游设置的收费站标志牌，车辆在进入收费站之前普遍会提前开始变换车道，即在主线道路便开始进行分流，一部分分流行为是发生在主线道路上的。为了更全面地分析车辆的分流行为，本书将以下两点之间的道路区段定义为收费站分流区：最后一个收费标志指示牌所在的主线车道位置和收费通道起始点。

如图2-11所示，分流区包含两个部分，有车道标线分流区和无车道标线分流区。有车道标线分流区为主线道路部分，每条车道之间有车道标线区分；无车道标线分流区指的是收费广场拓宽渐变路段，一般无车道之间的标线，车辆可以在此区域无限制地进行换道分流。此定义拓展了分流区段，能够捕捉到车辆在主线车道的换道行为，并考虑车辆在不同分流区段的分流行为差异，还能够研究车辆提前换道对其在收费站安全的影响等，使得研究更为具体全面。图2-11为ETC通道内置形式的收费站，除此之外，ETC通道还可置于中间或者外侧。ETC通道和MTC通道的布设位置会直接影响驾驶员的收费通道选择决策，从而影响车辆在分流区的分流行为以及安全状态。

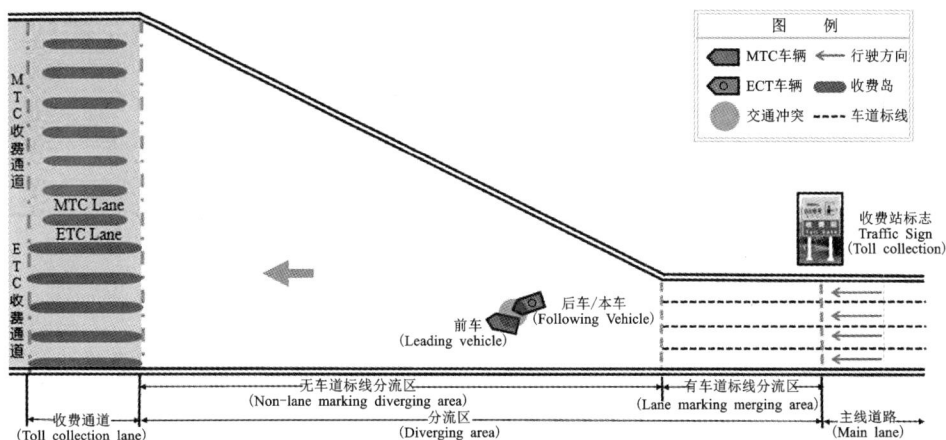

图 2-11　混合型主线收费站分流区示意图

2.3.2　分流区车辆行驶特征

　　通常情况下,高速公路主线收费站前端的主线道路会设置多处收费站标志标牌,提示驾驶员即将进入收费站,提前为减速和变道做准备。车辆在主线道路上的行驶速度较快(国内高速公路最高限速为 120 km/h),行驶平稳,车辆间的相互干扰较小,当驾驶员看到收费站标志后,其行驶情况将开始产生变化。首先,车辆会在主线道路上采取减速和提前换道,以便能够安全、平稳地驶入目标收费通道。其后,车辆将会持续制动减速,并通过观察通道类型、各通道车辆排队长度以及周边车辆情况,在渐变段进一步调整位置和车速,从而进入合适的收费通道并进行缴费。当交通量过大时,车辆会在收费通道前排队,此时的交通流状态符合车辆排队特性。排队交费过程遵循"先到先服务",车辆在完成缴费之后迅速驶离收费通道。在以上全程中,车辆需进行持续的减速和换道行为,若车流状况较为混乱,容易发生车辆侧向相撞、追尾或者刮擦事故[125]。

　　车辆在分流区的变道行为会直接影响车流的稳定和车辆的安全,突然的变道以及频繁的变道会加剧分流区交通流的混乱,更容易引发交通事故。当车流量较小时,驾驶员的通道选择不会受通道排队的影响,因此变道情况较为稳定,变道次数较少。当车流量较大时,驾驶员会选择排队较少的通道进行排队,排队时车辆行驶得较慢,驾驶员拥有充足的时间进行通道选择,因此变道行为更为频繁。收费站分流区拓宽时普遍为向道路外侧拓宽,因此据相关统计,无论收费通道是否排队,车辆总倾向于选择内侧的收费通道进行缴费[123]。对于混合型收费站,如果 ETC 车辆按照标志标牌引导,提前换到相对应的收费通道内侧(当 ETC 通道布局在内侧时），则会减少其在分流区与 MTC 车辆的交织，降低 ETC 车辆对 MTC 车流的影响，并且保证 ETC 车速保持相对高速。

图 2-12 以一辆 MTC 车辆和一辆 ETC 车辆为例，展示了车辆在收费站分流区的速度变化。如图所示，车辆在收费站分流区的减速过程是不均匀的，其不均匀特性体现在以下三个方面。一是对于同一辆车，车速的下降是不均衡的。车辆在有车道标线分流区主要采取预备减速，减速度普遍较小。当进入无车道标线分流区时，突然的车道拓宽以及收费通道的出现会使得驾驶员做出快速的制动行为，因此车速会急速下降。当车辆靠近收费通道时，车辆行驶的自由度会受到通道选择或排队现象等的影响而降低，此时车速的降低也会变得缓慢。二是对于不同收费类型的车辆，MTC 车辆和 ETC 车辆的速度变化也存在不同。首先，这两种车辆在收费通道的速度要求不同，MTC 车辆需要完全停车才能够接受通道服务，ETC 车辆则可以不停车就缴费，仅需降速到 20 km/h 及以下（封闭减速流式收费车道），因此速度限制直接影响这两种车辆的速度变化。其次，MTC 通道的通行率较低，较易出现排队现象，因而 MTC 车辆可能在分流区后端以较低车速行驶，车速降幅较小，或者会有一些车辆出现频繁的启动和制动，其速度变化具有随机的浮动。三是对于同一种类的不同车辆，由于不同驾驶员的驾驶习惯以及性格会有随机差异，造成不同车辆在分流区的减速情况存在随机差异，车辆的速度变化过程会存在与图 2-12 所示不一样的情况且为合理。

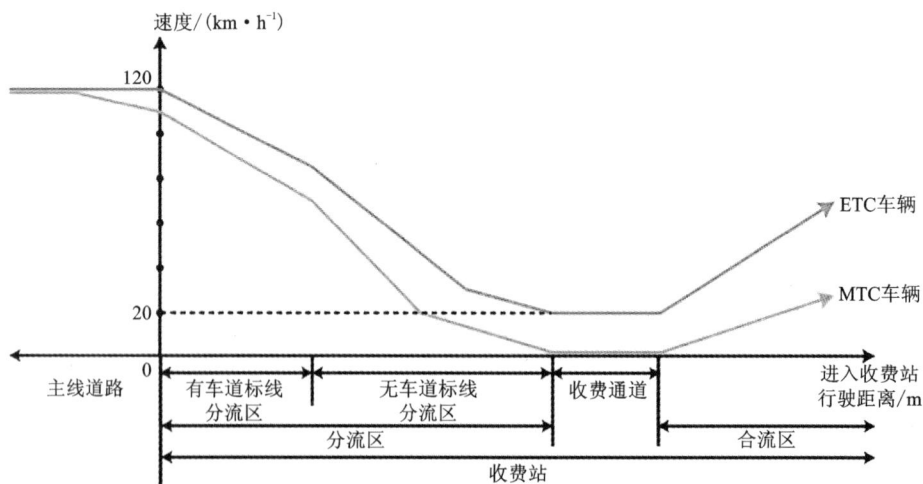

图 2-12 示例车辆在分流区的速度变化示意图

2.4　本章小结

　　本章从收费站出发,详细介绍了道路收费站的三种收费方式以及收费站的类型。另外,基于混合型主线收费站的基本组成及车辆分流特征,对混合型主线收费站分流区进行了重新定义,界定了收费站分流区的范围为最后一个收费标志指示牌所在的主线车道位置和收费通道起始点;将收费站分流区划分为有车道标线分流区和无车道标线分流区两部分,并对车辆在分流区的行驶特征进行初步剖析。本章内容明确了研究对象和研究范围,为后续研究的开展奠定良好的基础。

第 3 章
基于视频识别技术的收费站
分流区交通数据采集与分析

3.1 引言

　　数据是开展研究的基础,特别是对于收费站分流区此类复杂的道路节点,能否获取高精度的车辆运动轨迹数据直接影响研究结果的可信度。基于视频识别技术获取微观车辆轨迹是近年来交通领域研究的热点,通过详细到每一帧的微观车辆轨迹,可以挖掘海量的车辆行驶或安全特征,并且具有省时省力的优势。特别是在交通安全研究中,以微观车辆轨迹估计车辆安全状态的方法能够有效替代传统的基于既有事故的安全研究方法,提升安全评估的有效性和效率。

　　本章将从数据获取过程、处理过程以及输出信息等方面详细介绍基于视频识别技术的车辆轨迹自动提取方法,进一步匹配收费站分流区样本,介绍微观车辆轨迹数据应用到实际交通分析中的处理过程,并探究收费站分流区的交通流特征。

3.2 基于视频识别技术的车辆轨迹自动识别系统

3.2.1 系统框架

　　微观车辆轨迹是交通冲突研究的数据基础,包含车辆连续的运动信息,通常可以通过高点录像、实验车、模拟驾驶以及微观仿真等方法获取[126]。高点录像法是在高点架设摄像机或用无人机拍摄研究区域车辆行驶状况的视频,后期利用基于视频识别技术的软件提取车辆轨迹数据,这种方法不仅能够直观地反映真实的车辆运动以及获取海量的车辆运动数据,还可以识别车辆运动特征或者驾驶行为[47]。另外,视频拍摄所需的试验设备简单,拍摄灵活且对人力、物力的耗费较少,能够重复多次拍摄,有助于研究的样本多样性以及对研究结果的验证[127]。在交通安全研究中,相较于传统的人工交通冲突判别,用微观车辆轨迹进行的冲突检测不论在准确性、检测效率还是在检测量上都具有明显的优势。因此,本书作者选择对收费站分流区进行无人机摄像,通过视频识别技术获取微观车辆轨迹,以供分流区交通安全研究。

　　图 3-1 展示了基于视频识别技术的收费站分流区交通安全研究系统框架[40],系统包含两个一级模块:视频分析模块和安全分析模块。视频分析模块委托中佛罗里达大学 SST(smart and safe transportation)团队采用其开发的 ARCIS(automated roadway conflicts identification system)视频自动识别系统[120, 128, 129]处理,由三个二级模块组成。其中,视频自动分析模块是对视频中的车辆进行自动地检测和跟踪,系统在成功识别对象之后持续进行跟踪,输出车辆在每一帧的原始车辆轨迹(raw trajectory);误差消除模块对原始轨迹依次进行视频稳像以及轨迹平滑,最终提取出车辆在视频画面中稳定且精确的真实轨迹(true trajectory),轨迹由一系列点的视频画面位置坐标和时间组成;人工视频分析模块是对自动视频分析的补充,在进行视频自动处理的同时人工提取或在后期对轨迹数据进行挖掘以获取视频无法直接提取的车辆特征,这也可以通过扩展系统功能自动获取。在处理过程中发现系统对车辆进行自动分类时无法区分大客车和货车,因此以人工补充分类的方式来确保车辆类型的准确性,另外还可通过车辆在收费站末端的位置坐标对

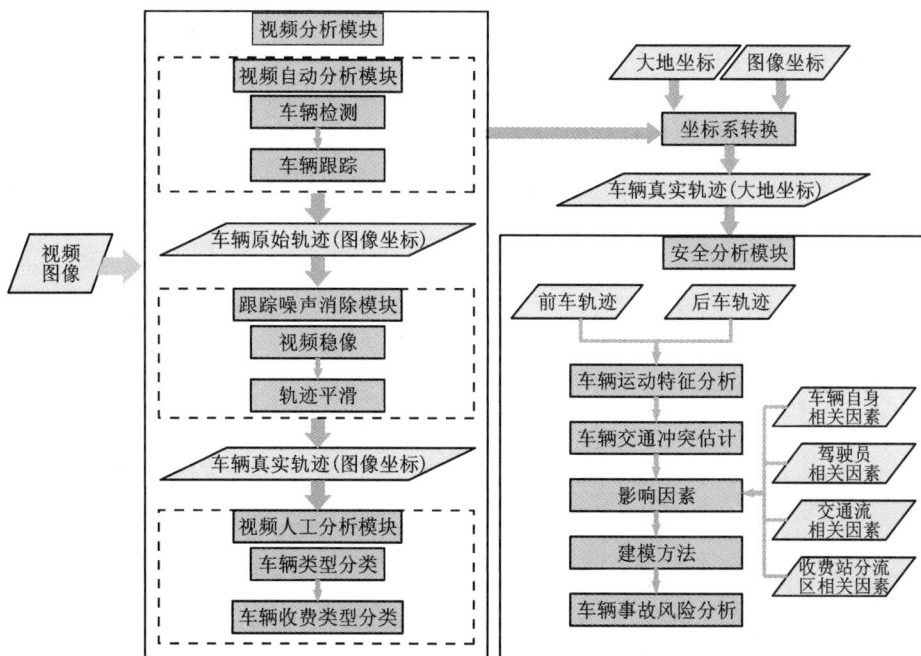

图 3-1　基于视频识别技术的收费站分流区交通安全研究系统框架

其收费类型进行识别。

视频分析模块与其他一级功能模块之间由坐标系转换连接,通过大地坐标和视频画面坐标的转换,将车辆轨迹匹配到真实交通场景之中。在此基础上,根据研究内容可以衍生出多类功能模块,如车辆安全分析、行为分析或者通行能力分析等。功能模块为收费站分流区的车辆安全分析,首先是根据车辆在每一时刻的位置以及时间识别出可能发生交通冲突的配对车辆(前车和后车),其次是提取速度、加速度、行驶方向、交通流量等特征参数,最终估计车辆事故风险并分析影响其机理[79, 111, 130-133]。

3.2.2 目标检测与目标跟踪方法

(1)目标检测

目标检测(object detection)是视频识别的基础功能,任务是从视频背景中辨识出运动目标并分离背景,其性能好坏直接影响后续的目标跟踪、动作识别等系统功能,根据算法处理对象的不同,可分为基于背景建模和基于前景建模的目标检测方法[134]。基于背景建模的目标检测方法首先基于背景估计构建背景参考模型,将当前帧与背景模型进行对比,判断各个像素是否属于运动前景,最终对检测出的运动前景进行分割以得到跟踪目标,但背景的光照和移动、目标进出场景都会导致检测的偏差。基于前景建模的目标检测方法在进行在线检测前,增加了离线训练的步骤,检测流程如图3-2所示。离线训练首先针对训练样本构建前景目标或背景的特征模型,再训练得到分类器模型,为在线检测提供分类依据,实现对各个窗口是否为前景目标的判断。相较于背景建模方法只能判断当前帧,前景建模方法能够对所有样本在多个尺度上进行滑动窗口扫描检测,因此检测受场景限制较小,应用范围更为广泛。

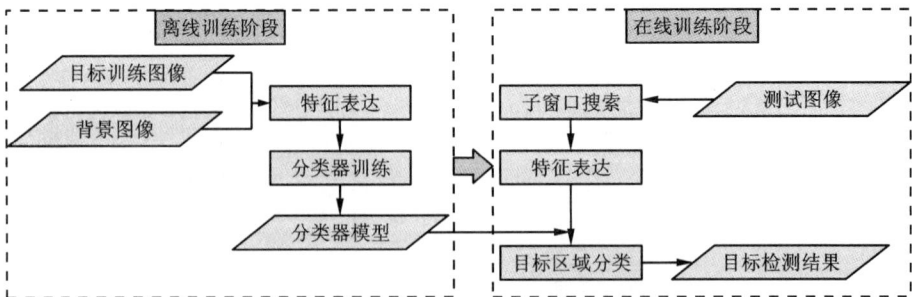

图3-2 基于前景建模的目标检测方法流程

在对目标进行检测的过程中,图像的特征表示是构建前景目标或背景特征模型的关键,传统方法采取人工设计特征,通过先验知识总结图像的形状、颜色和梯度等特征,虽然设计简单且能够以显式直观表示特征,但是仍无法完全刻画目标图像的本质特征,常用的人工设计特征有 HOG、SIFT、Gabor、LBP、LSS 等。随着深度学习的发展,通过构建多层网络,以机器自动学习数据内部的隐含关系并深度挖掘图像特征的方法逐渐替代了人工设计方法,根据构成单元的不同,该方法可分为基于自编码机(AE)、基于限制玻尔兹曼机(RBM)、基于卷积神经网络(convolutional neural network, CNN)的特征表达。以往车辆轨迹识别的研究中也运用到了很多目标检测方法,如背景差法、光流法、特征点检测、边缘检测等,但实际应用过程中发现以上方法的检测对背景光照阴影、背景移动、复杂地面条件、目标转向以及目标颜色等因素较为敏感,检测准确度容易存在误差,并且容易"跟丢"行驶缓慢或停下的车辆,对于车辆连续行驶下的转向识别也存在偏差[135, 136]。

由于卷积神经网路强大的特征提取能力,基于 CNN 的目标检测方法已经逐渐超越传统方法,被广泛应用于计算机视觉领域。相较于传统方法,基于 CNN 的目标检测方法不仅具有更好的检测性能,在提高运动预测精度方面也存在优势[137, 138],并且图像特征学习过程中考虑到了图像的旋转,因此对于转向车辆也能精确识别[139]。

(2)目标跟踪

目标检测是瞬时任务,并不能保存在上一图像帧对目标的检测信息,目标跟踪(object tracking)在目标检测的基础上实现了对目标信息的连续跟踪,可将同一目标在每一图像帧的特征(位置、速度、颜色、形状等)以连续帧的形式表现出来[140]。目标跟踪通常由目标状态初始化、表观建模、运动估计和目标定位四个步骤组成,其中目标状态的初始化可采用人工标定或目标检测的方法,表观建模包含特征表达和统计建模,运动估计是基于运动假设对目标可能出现的位置进行估计,最后基于优化策略选取目标最可能出现的位置[134]。以有无检测过程的参与为依据,目标跟踪可分为生成式跟踪(generative method)和判别式跟踪(discriminative method),后者又称为基于检测的跟踪方法(tracking by detection)[133]。判别式方法将跟踪转化为跟踪目标与背景的二分类问题,对每一帧图像进行目标检测并获取目标与背景的决策边界,由于其目标跟踪表现更为鲁棒,应用范围更为广泛。

基于判别的跟踪算法也存在很多种,其中以判别式相关滤波(correlation filters, CF)的性能最为优异,CF 算法的特点是具有非常快的计算效率,其原理是首先学习得到滤波器,以此滤波器在下一帧搜索与目标相关性最大的区域(目标最佳位置),然后在下一帧中更新模型参数,以此循环直至图像结束[141]。CF 跟踪的核心是滤波器的特征表达模型,常见的滤波器有 MOSSE(minimum output sum of squared error)[142]、KCF（kernelized correlation filters）[143]、DSST（discriminative scale space tracker）[144]、CSR-CF（channel and spatial reliability）等。CSR-CF 使用 HOG 和颜色名称特征，在空间可靠性地图表示基础上判别 CF，具有较高的跟踪精度，有研究证实 CSR-CF 对无人机视频图像目标的跟踪准确度高达 96% 以上[145, 146]。

3.2.3 目标检测与目标跟踪验证

采用系统自动检测结果与人工检测结果对比的方式，验证视频轨迹识别系统对目标检测的精确度。对目标检测的验证分为两个部分：系统开发时的验证和样本处理时的验证。系统开发过程中检测识别准确率通常是将人工标定结果与系统识别结果进行对比验证。

在提取车辆轨迹前也对目标检测和目标跟踪精度进行了验证，验证中随机选取了 50 辆车，分别对每辆车在 10 个不同视频帧的图像进行手动提取（real results）和系统自动提取（test results），以 IoU（intersection over union）值对自动检测准确度进行判断。如式（3-1）和图 3-3 所示，IoU 是手动检测图像结果和系统自动检测图像结果的重叠面积（area of overlap）和并集面积（area of union）的比值，比值越大代表这两个检测的差异越小，也就是系统自动检测越准确[147]，通常若 IoU≥0.5，即可认为目标检测是准确的。根据以上方法和阈值，最终 500 个检测样本的准确率高达 93.8%（469/500）。

$$IoU = \frac{Area\ of\ Overlap}{Area\ of\ Union} \tag{3-1}$$

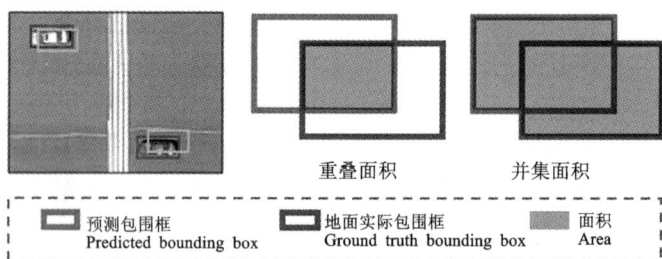

图 3-3 人工和系统自动目标检测结果的重叠面积和并集面积示意图

车辆轨迹自动识别系统结果产生误差的另外一种原因是目标跟踪的不稳定性，视频画面中的阴影、晃动以及车辆排队现象均可能会导致对车辆跟踪的"跟丢"现象。为减少跟丢目标导致的轨迹偏差，系统首先允许使用者以监督者的方式在目标跟踪发生"跟丢"时暂停系统进程，并人工再次锁定目标。然而人工重新跟踪车辆的准确度是有限的，系统继而采取以下步骤自动完成"跟丢"车辆的检测以及再次跟踪：判断是否出现速度为 0 的车辆，此时输出跟踪结果（tracking results）；若判断结果为存在车辆 i 在帧数 n 时的速度为 0，则再次在帧数 n 时对车辆 i 进行检测并输出检测结果（redetection results）；计算跟踪结果与再次检测结果的 IoU；判断 IoU 是否小于 0.5，若成立，则为发生车辆"跟丢"，系统会以再次检测结果替代原跟踪结果，并重新开始目标跟踪。

3.2.4　误差消除

（1）视频稳像

除车辆轨迹自动识别算法的误差之外，视频图像的质量也会直接影响轨迹跟踪结果的准确性，主要体现在视频拍摄角度、清晰度、光照阴影、画面抖动等。视频拍摄的传统方法是在高楼或者信号灯处架设摄像头，以这种方式获得的图像需要进行摄像机标定和大地坐标系与画面坐标系的转换之后才能输出实际的大地图像，图像坐标的两次转换容易造成极大的轨迹位置误差[148]。为减少此类误差，本书选取无人机（unmanned aerial vehicle，UAV）进行视频拍摄，使用无人机在研究区域正上方俯视拍摄能够获取研究区域的 2D 画面且摄像机景深对画面的结果影响微小。另外，拍摄使用的仪器为"大疆-御 Macic 2"专业无人机，具有强大的拍摄功能，为高质量视频的提取提供了基础支持，例如仪器拍摄画面清晰度达到 4K 超高清、30 帧每秒（frames per second，fps）和 4 倍无损变焦，无人机的 3 轴机械云台能够稳定拍摄画面，系统自带的自动位置调整功能（经纬度）还能够防止拍摄画面的偏移。

虽然无人机自带的稳定系统能够发挥较强的视频稳像作用，但无人机体积和质量较小，高空强风还是会导致机器在一定程度上发生晃动，随之造成视频画面的抖动。考虑到视频轨迹识别系统通常参考画面初始帧标定坐标系，因此画面整体的抖动会直接造成车辆轨迹的偏移和分析结果的误差，有必要对原始视频进行稳像处理，减弱图像序列之间不规则的平移、旋转、缩放等失真情况，改善画面的质量，从而使画面更加适合于车辆轨迹的自动提取分析。视频稳像（video stabilization）是指基于相关算法对原始视频序列进行处理，计算得到正确的全局运动矢量，消除原始视频抖动对于全局运动的影响，其中全局运动为全局画面的运动，当画面固定不动时，全局运动矢量为 0[149]。

（2）车辆轨迹平滑

受车辆轨迹识别方法的限制，逐帧提取的车辆运动信息不可避免会存在随机误差，从而导致提取的轨迹数据（原始轨迹）在真实轨迹附近随机波动[150]。因此，需要进一步采用车辆轨迹平滑算法对提取到的原始轨迹数据进行平滑，以减小误差。轨迹平滑的方法众多，包括指数移动平均法、指数平滑法、卡尔曼滤波法以及局部加权拟合法等[126, 154]。本书采用了指数移动平均法对轨迹进行平滑处理。指数移动平均法的基本公式如下：

$$X_t = \beta X_{t-1} + (1-\beta)\theta_t \tag{3-2}$$

式中：X_t 和 X_{t-1} 为 t 和 $t-1$ 时刻的移动平均预测值，θ_t 为 t 时刻的真实值，β 为权重。

当权重系数 β 越小，说明对过去测量值的权重越低，对当前测量值的权重越高，其时效性越强。反之，当权重系数 β 越大，说明对过去测量值的权重越高，对当前测量值的权重越低，其时效性越弱。图 3-4 选取一辆车在分流区内部分车辆轨迹(图像坐标系，实际行驶约 100 m)，对比了轨迹平滑前后的车辆轨迹变化，可以看出车辆轨迹随机波动噪声的消除效果良好。

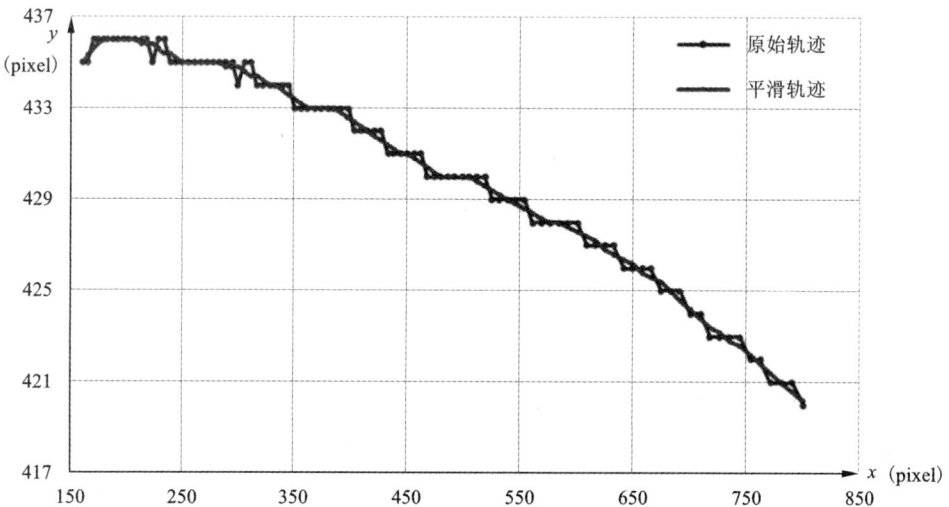

图 3-4　车辆原始轨迹与平滑后真实轨迹对比示意图(像素坐标点)

3.2.5　坐标系转换

通过对目标的检测跟踪与误差消除可获取车辆在视频画面上稳定密集的图像坐标，实际交通流及车辆运动参数计算应使用与研究区域匹配的大地坐标，使其能够反映车辆的真实运动情况，因此需要将图像坐标进一步转换为大地坐标。虽然有研究认为无人机俯视拍摄获取的 2D 视频画面是真实大地坐标系等比例的映射，仅需要进行等比例坐标系转换，但是无人机飞行高度较高且拍摄范围较广，轻微的无人机纵向旋转也会导致车辆最终轨迹的偏差，因此需采用更缜密的方法进行图像坐标和收费站分流区大地坐标的统一。

坐标系的转换关系通常用两坐标系中点之间的关系矩阵表示，如式（3-3）所示，其中 $X_{(a,p)}$ 和 $X_{(b,p)}$ 是点 p 在坐标系 a 和坐标系 b 中的坐标，T 是转换矩阵，转换矩阵由两坐标系的旋转、平移以及摄像机内部参数决定[132, 149, 151]。大地坐标系与图像坐标系的转化由三维（3D）与二维（2D）坐标系转换，转换过程比较复杂且涉及的参数众多，考虑到实际拍摄的收费站分流区路面可近似视为 2D 平面，同时路面高度差相对于无人机飞行的高度较小，可将大地与画面的坐标系转换问题简化为两个二维坐标系的统一（也可称为单应性变换问题），转换矩阵可采用齐次坐标系转换方法求解[140, 149, 151, 152]，如式（3-4）所示。

$$X_{a,p} = TX_{b,p} \tag{3-3}$$

$$\begin{bmatrix} x' \\ y' \\ 1 \end{bmatrix} = \begin{bmatrix} h_1 & h_2 & h_3 \\ h_4 & h_5 & h_6 \\ h_7 & h_8 & 1 \end{bmatrix} \tag{3-4}$$

式中：(x, y) 和 (x', y') 是某一点分别在画面坐标系和地面坐标系中的坐标，h_1 至 h_8 是待标定的坐标转换参数。

转换矩阵为单应矩阵，求解单应矩阵需要在两个坐标系中选取至少 4 个点（基准点）并获取对应的坐标信息，才能标定坐标转换参数。选取的基准点应当尽量覆盖全部视频画面，且任意三点不能共线[149]，因此为了提升坐标转换的准确性，本书在分流区中选取了 8 个基准点进行转换矩阵标定，图像坐标为视频开始检测车辆的首帧画面坐标，基准点选取满足要求。在此基础上，随机选取 30 个点（检验点）进行转换精度验证，利用检验点在大地坐标系中真实的坐标寻找最优转换矩阵。通过最优转换矩阵，视频画面坐标可转变为收费站分流区实际大地坐标，便于进一步分析研究车辆微观运动与交通流特性。

3.3　收费站分流区车辆微观轨迹提取

3.3.1　数据采集

本书选取南京市典型混合型主线收费站进行调查，南京市地处中国东部地区，为江苏省省会，全市道路以及交通设施完善，机动车发展情况较好，截至 2018 年底，全市机动车保有量达到有 273.79 万辆，其中私人汽车 207.25 万辆[153]，位于全国前列。为获取具有代表性的交通数据，本书共选取三个主线收费站，收费站的具体信息如表 3-1 所示，图 3-5 为沪蓉高速南京收费站，图 3-6 为南京二桥收费站，由于收费站两个方向的导流各有一个分流区，共获得 6 个收费站分流区的视频数据。调研运用无人机在分流区垂直上空拍摄大范围的俯拍角度视频,视频清晰度达到 4K 超高清,为 30 帧每秒(fps)。为了减少高峰时期车辆排队对分流区车辆分流行为的影响,选取每天的平峰时期进行视频拍摄,车流量适中。另外,由于宁杭高速南京收费站地处限飞区域之内,只能从高楼楼顶俯拍,视频的倾斜角度不利于提高车辆轨迹精度,此收费站的数据将不用于后续的分析研究。

表 3-1 收费站详细信息

类别			收费站 1	收费站 2	收费站 3
名称			沪蓉高速南京收费站	南京二桥收费站	宁杭高速南京收费站
所在道路			G42	南京长江第二大桥南部道路	G25
方向			东西:由东向西(A);由西向东(B)	南北:由南向北(A);由北向南(B)	南北:由南向北(A);由北向南(B)
分流区车/通道数	A 向分流区	主线道路车道数	4	4	4
		ETC 通道数	3	3	2
		MTC 通道数	9	10	12
	B 向分流区	主线道路车道数	4	3	4
		ETC 通道数	3	3	2
		MTC 通道数	3	11	4
拍摄次数			2	1	2
拍摄日期			20180307;20191106	20191106	20170712;20180201
拍摄时间			平峰	平峰	平峰
拍摄时长/h			3	1.5	4
天气			晴天,微风	晴天,微风	晴天,微风

图 3-5　沪蓉高速南京收费站航拍示意图

3.3.2　轨迹提取与数据处理

　　以下内容以沪蓉高速南京收费站东进口的分流区为例，进行数据提取与处理详细介绍。视频拍摄无人机飞行高度约 200 m，约 400 m 的道路以及其交通通行情况被捕捉。基于调研获得的每 10 min 的交通流量，可得到调研时段内此分流区的等效交通流量为 1050 至 1740 辆/h。如图 3-7 所示，分流区为长 360 m 的道路区间，包含 60 m 的有划线车道分流区和无划线车道分流区。其中有划线车道分流区共包含 4 条主线车道，总宽度为 15 m；无划线车道分流区为渐变拓宽区域，起始位置宽度为 15 m，结束位置为 65 m。分流区末端连接 12 条收费通道，其中有 3 条 ETC 通道布设于收费站内侧，其余 9 条为 MTC 通道。

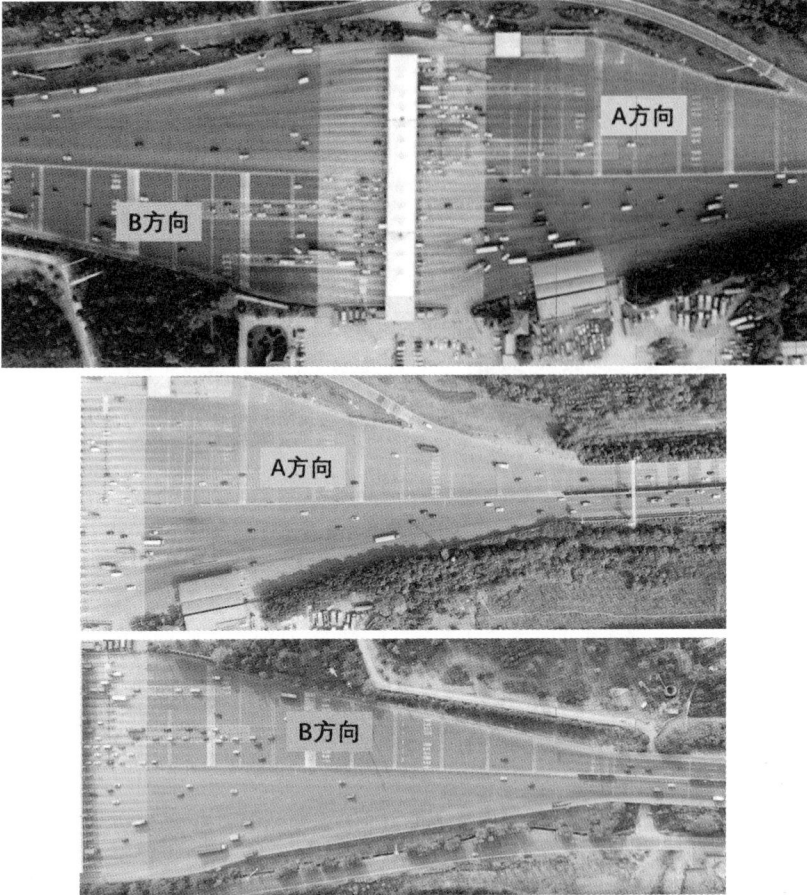

图 3-6 南京二桥收费站航拍示意图

图 3-7 南京二桥收费站分流区车道分布航拍示意图

　　分流区提供了 360 m 长度的道路空间供车辆进行分流,从主线车道驶来的大量车辆在此区域减速、交织并需要选择进入正确的收费通道,极易与周围的车辆发生碰撞等事故,具有较高的事故风险。采用车辆轨迹自动识别系统处理视频,识别车辆在规定区域内的行驶轨迹,在系统完成误差消除以及数据检验之后,共获得 1103(1103/1152,96%)辆车的完整轨迹数据。图 3-8 展示了 10 辆车的轨迹情况,图中坐标为视频画面的像素点坐标,可以很清楚地看到车辆轨迹完整,没有缺失的现象。

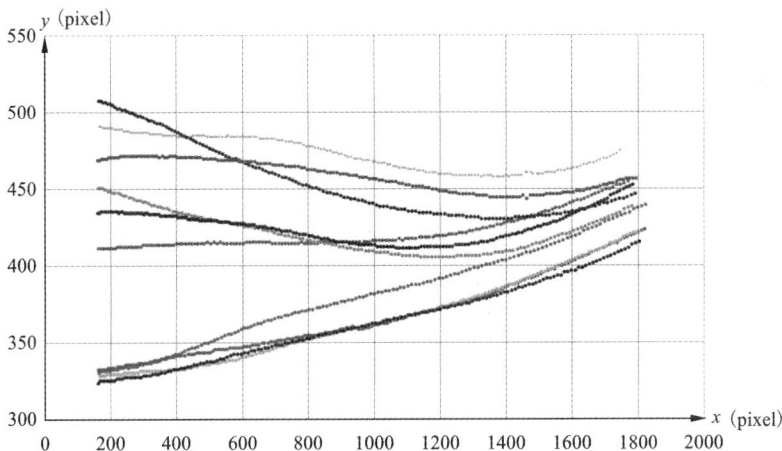

图 3-8　车辆轨迹示意图(10 辆)

　　视频识别系统处理获得的车辆坐标是基于视频画面的像素坐标系,与实际道路中的大地坐标系并不一致,为了便于后续的研究以及减少误差,需要进行视频坐标系与大地坐标系的统一。图 3-8 和图 3-9 分别为调研分流区的位于视频画面中的像素点的坐标系以及大地坐标系,分流区末端最内侧为坐标系原点(O 点),x 轴及 y 轴分别沿道路横纵向设置,如图 3-9(a)所示。基于 3.2.5 节中坐标系统一计算方法,分别从两个坐标系中获取 6 个固定点进行坐标系标定,从而统一像素点坐标与大地坐标系,获取轨迹在大地中的实际位置。注意,为了更加清晰和美观,图 3-9(b)绘制了非等比例图对分流区的构成进行详细的展示。

　　车辆轨迹数据仅包含车辆在每一帧的位置坐标、车辆 ID、帧数 ID(时间 ID)的信息,但以上信息难以支撑完整的车辆运动以及安全研究,为了进一步挖掘车辆的行驶状态以及发生潜在事故的可能性,需要对数据进行深度处理。本书进一步处理的数据有以下几种:

　　(1)车辆 i 在时间 t 时的形心坐标,$O_t(i)$;

　　(2)车辆 i 在时间 t 时的速度,$V_t(i)$ (m/s);

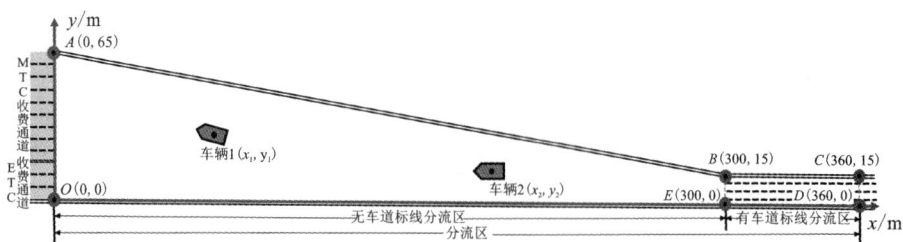

（a）等比例示意图

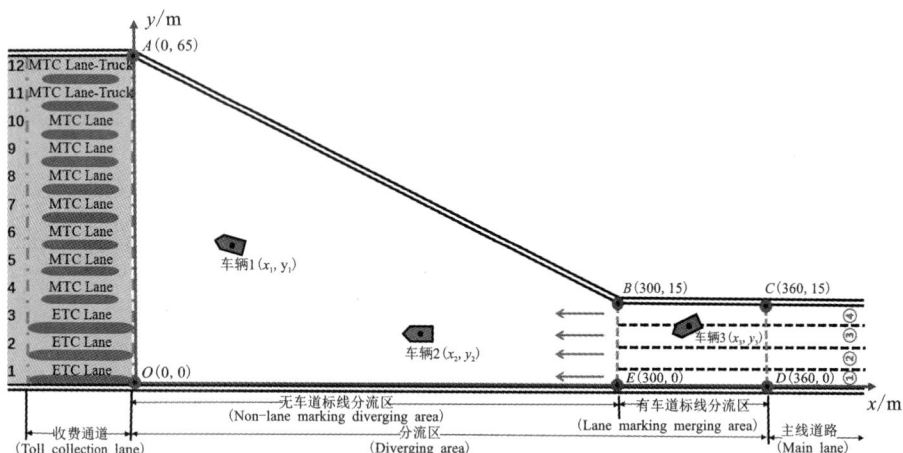

（b）非等比例示意图

图3-9 收费站分流区大地坐标系及结构示意图

（3）车辆 i 在时间 t 时的加速度，$A_t(i)$（m/s²）；

（4）车辆 i 在时间 t 时速度方向与 x 轴正方向之间的夹角，$\theta_t(i)$；

（5）车辆 i 在时间 t 的推展碰撞距离时间（计算方法见后续章节），$ETTC_t(i)$；

（6）车辆类型，包含小汽车、货车和公交车（含大客车在内），$V_{type}(i)$；

（7）车辆的初始车道，主线车道由内向外侧分为1至4条车道，基于车辆轨迹以及车道数据可获得车辆 i 的初始车道，$V_{initial}(i)$；

（8）车辆的收费通道，收费通道由内向外侧分为1至12条，基于车辆轨迹以及收费通道数据可获得车辆 i 的最终收费通道，$V_{target}(i)$；

（9）在时间 t 时，车辆 i 与前车 j 之间的距离，$D_{ij}(t)$；

（10）车辆所在周边区域的车流量，$VO_t(i)$（r/h）；

（11）车辆所在周边区域 ETC/MTC 车辆的比例。

3.4　混合型收费站分流区交通流特征

3.4.1　车辆类型特征

本书从两个方面对车辆进行分类,一是车辆基本类型,分别为小汽车、货车和公交车(含大客车在内)三种;二是按照收费类型进行分类,分为 MTC 车辆和 ETC 车辆。如表 3-2 所示,样本分流区视频中,小汽车的数量最多,占总量的93.47%,公交车和货车的比例相对较少;MTC 车辆和 ETC 车辆的占比分别为57.57%和42.43%。注意,样本视频拍摄的时间之后,国内开始大力推广车辆装配 ETC 缴费装置,因此现状 ETC 车辆和 MTC 车辆的比例会与调研所得比例有所不同。本书主要贡献为分析研究混合车辆在收费站的安全情况,重点在于研究方法以及手段的运用和提出,因此车辆的比例对研究内容的影响相对较小。

表 3-2　样本车辆分类

分类标准	类型	样本数/辆	比例/%	二级分类	样本数/辆
车辆基本类型	小汽车	1031	93.47	MTC	592
				ETC	439
	公交车	30	2.72	MTC	1
				ETC	29
	货车	42	3.81	MTC	42
				ETC	0
车辆收费类型	MTC 车辆	635	57.57		
	ETC 车辆	468	42.43		
车辆总数/辆			1103		

3.4.2　车辆行驶时间特征

车辆从进入分流区开始到离开分流区结束,这整个过程所经历的时间称为车辆在分流区的总行驶时间(total travel time)。表 3-3 对车辆总行驶时间进行了统计分析,数据显示,车辆在分流区的总行驶时间平均为 18.74 s,小汽车的总行驶时间(18.67 s)要略小于公交车(19.79 s)以及货车(22.38 s),MTC 车辆的平均总行驶时间(19.27 s)要高于 ETC 车辆(18.26 s)。整体上,三种类型车辆中的 MTC

车辆都需要更长的时间通过收费站分流区，这可能与 MTC 通道需要强制 MTC 车辆降速到停止，而 ETC 通道能够实现车辆以低速行驶不停车收费有关。从图 3-10 所示的总行驶时间频率累积分布上可以看出，车辆总行驶时间主要分布在 16~22 s，ETC 车辆的短时比例均大于 MTC 车辆。

使用分参数检验方法中的 Kolmogorov-Smirnov（K-S）检验和 Shapiro-Wilks（S-W）检验对每一种类型车辆的总行驶时间进行分布的假设检验（前者适合样本量较大的数据，后者适合样本量较小的数据），分别对数据进行正态分布（normal distribution）、伽马分布（gamma distribution）、对数正态分布（logarithmic normal distribution）假设检验，检验结果如表 3-3 所示，其中 P 值大于 0.05 时，为不拒绝原假设，可认为样本服从假设分布，反之则为不服从。

表 3-3　车辆在收费站分流区的总行驶时间

车辆类型			车辆总行驶时间/s				假设检验 P 值			
			平均值	最小值	最大值	标准差	正态分布	伽马分布	对数正态分布	T 检验
车辆基本类型	小汽车	MTC	19.04	10.20	38.70	2.60	0.027	0.101	0.066	小汽车与公交车	0.009
		ETC	18.17	13.00	28.20	2.40	0.041	0.166	0.274		
		总	18.67	10.20	38.70	2.55	<0.001	0.02	0.079	小汽车与货车	<0.001
	公交车	MTC	22.50	—	—	—	—	—	—		
		ETC	19.69	16.30	25.10	2.11	0.827	0.879	0.922	公交车与货车	0.003
		总	19.79	16.30	25.10	2.14	0.822	0.873	0.918		
	货车	MTC	22.38	9.40	37.80	4.76	0.275	0.527	0.667		
车辆收费类型		MTC	19.27	9.40	38.70	2.91	0.003	0.041	0.028	MTC 与 ETC 车辆	<0.001
		ETC	18.26	13.00	28.20	2.40	0.041	0.176	0.30		
		总	18.84	9.40	38.70	2.75	<0.001	0.002	0.015		

由于样本数据量会在一定程度上影响分布假设检验结果，例如 K-S 检验会在样本量较小时不够敏感，而在样本量较大时过于敏感，建议绘制 P-P（probability plot）图或者 Q-Q（quantile-quantile）图对数据分布进行直观判断。图 3-11 列举了部分样本数据的正态 P-P 图以及趋降正态 P-P 图，在正态 P-P 图中，样本的实际分布与理论分布基本接近，并且趋降正态 P-P 图中，残差虽然有一定的上下波动，但大部分的绝对差异小于 0.05，因此可以认为样本原始数据近似服从正态分布。基于分布假设检验，采用 T 检验进行两个方差未知的总体样本在统计意义上

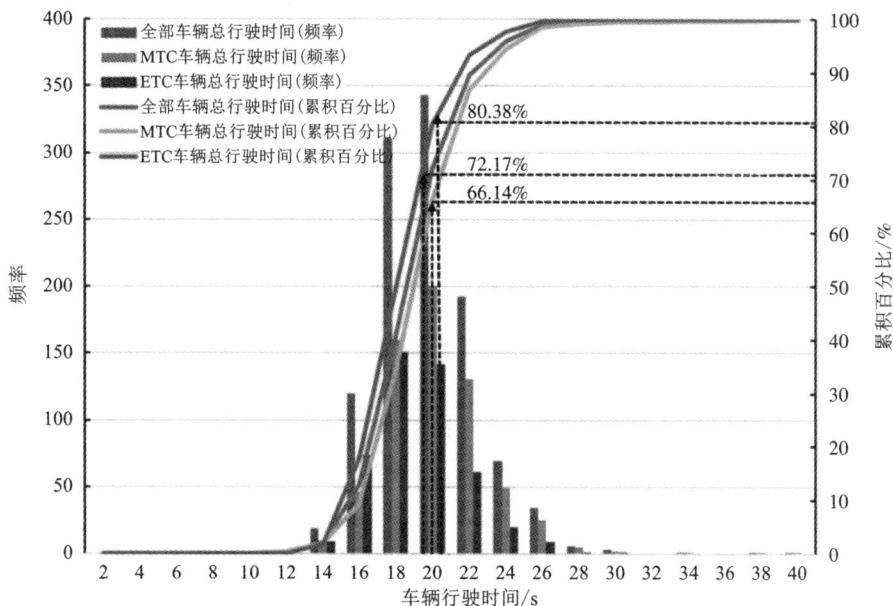

图 3-10　收费站分流区车辆总行驶时间频率累积分布

的差异性检验。检验结果显示,小汽车、公交车与货车这三种车辆的分流区总行驶时间在统计意义上存在显著差异(P 值小于 0.05),并且 MTC 车辆与 ETC 车辆的总行驶时间也存在显著差异。

3.4.3　车辆速度特征

车辆刚进入分流区的速度称为初始速度,离开分流区前最后的行驶速度称为最终速度,如表 3-4 所示,车辆进入收费站的初始速度平均为 71.95 km/h,MTC 车辆的初始速度(70.72 km/h)低于 ETC 车辆(73.60 km/h),两组样本分布假设检验结果显示,两组之间存在显著的统计性差异(T 检验后 P 值小于 0.001)。图 3-12(a)展示了初始速度的分布情况,速度主要集中在 60~85 km/h,95%以上的汽车行驶速度低于 90 km/h,说明大部分车辆在进入分流区前已经开始减速。图 3-13 展示了样本数据初始速度的正态 P-P 图。

（a）全部车辆总行驶时间

（b）MTC车辆总行驶时间

（c）ETC车辆总行驶时间

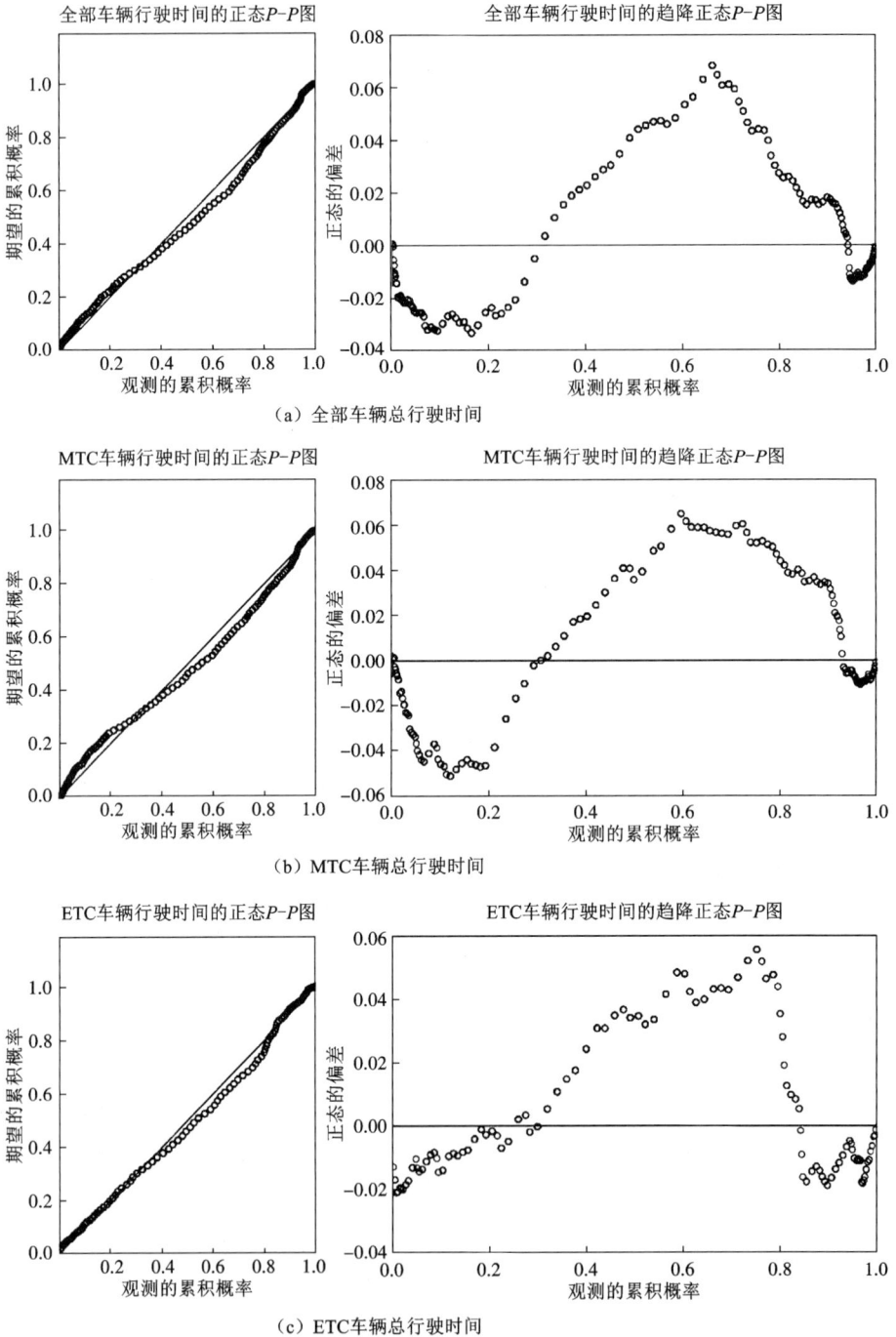

图 3-11　样本数据总行驶时间的正态 *P-P* 图以及趋降正态 *P-P* 图

表 3-4　车辆在收费站分流区的初始速度和最终速度

速度类别	车辆类别	速度/(km·h⁻¹)				分布假设检验 P 值		
		平均值	标准差	最小值	最大值	正态分布	伽马分布	对数正态分布
初始速度/(km·h⁻¹)	总	71.95	9.51	38.43	117.18	<0.001	0.016	0.076
	MTC 车辆	70.72	9.21	38.43	117.18	0.004	0.052	0.110
	ETC 车辆	73.60	9.65	45.19	108.29	0.063	0.324	0.569
最终速度/(km·h⁻¹)	总	29.84	12.57	0.00	85.21	0.001	<0.001	<0.001
	MTC 车辆	27.20	11.36	0.00	85.21	0.072	<0.001	<0.001
	ETC 车辆	32.35	9.74	7.60	84.26	0.030	<0.001	<0.001

　　车辆经过分流区的减速之后，离开分流区的最终速度平均为 29.84 km/h，其中 MTC 车辆的最小速度为 0，即车辆发生停车排队缴费的情况。ETC 车辆的最终速度(32.35 km/h)高于 MTC 车辆(27.20 km/h)，ETC 车辆最终速度的最小值不为 0，表示 ETC 车辆没有发生停车缴费的情况。规定的分流区距离收费通道还有一定距离，因此其最终速度较高于车道规定时速。车辆最终速度的正态分布的假设不成立，因此不对其进行差异性检验。图 3-12(b)展示了车辆在分流区最终速度的分布情况，速度主要集中在 20~40 km/h。

　　从车辆初始速度和最终速度的差值来看，车辆在分流区内整体处于减速的情况，表 3-5 和图 3-14 对车辆在收费站分流区全程的速度和加速度进行了总结。如表 3-5 所示，在全部样本中，个体车辆在分流区全程行驶过程中平均速度的平均值为 53.67 km/h，大多分布在 45~70 km/h。车辆的加速度的平均值为 -0.81 m/s²，加速度的值不仅有负值(减速)，也有正值(加速)，说明车辆在分流区范围内的速度变化存在不均一性，车辆不仅有减速行为，也有加速行为。车辆通过不断地加速和减速，来实现速度的调整，速度的变化不仅受驾驶员的直接控制，也受周边车辆、通道排队等因素的影响。

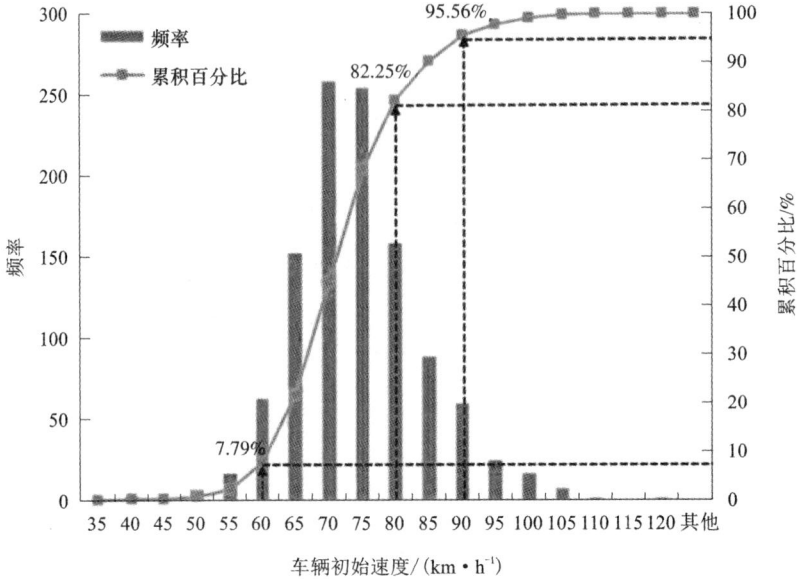

(a) 车辆初始速度

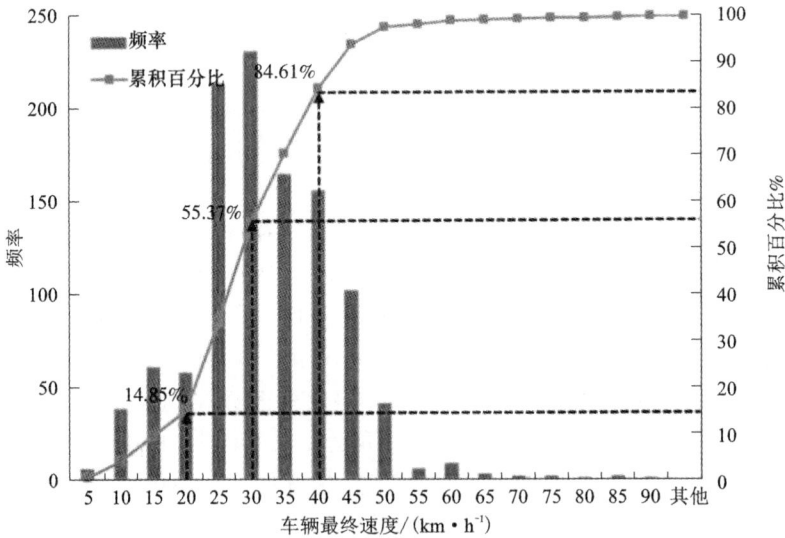

(b) 车辆最终速度

图 3-12 收费站分流区车辆的初始行驶速度和最终行驶速度频率累积分布

MTC车辆初始速度的正态*P-P*图　　　　ETC车辆初始速度的正态*P-P*图

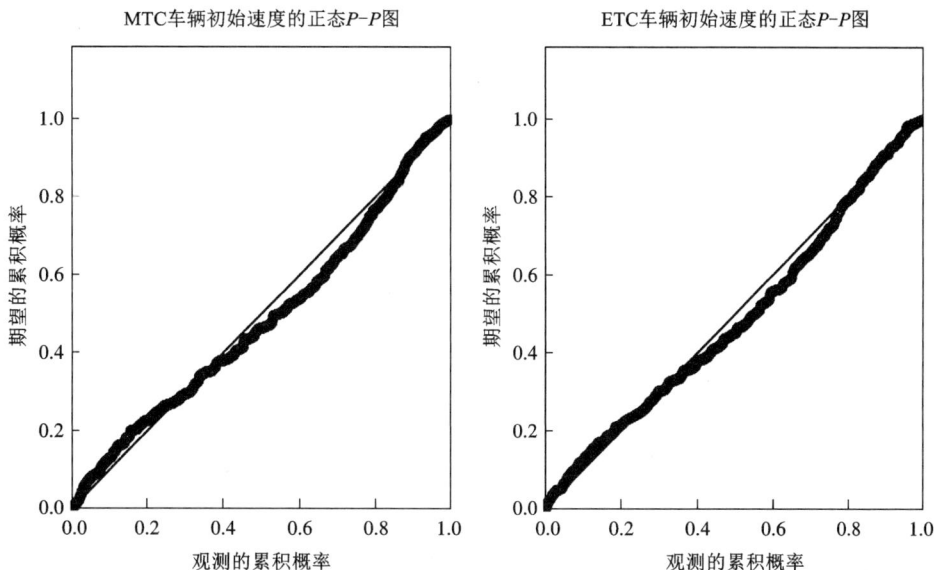

图 3-13　样本数据初始速度的正态 *P-P* 图

表 3-5　车辆在收费站分流区全程的速度和加速度

车辆类型	平均速度/(km·h⁻¹)		速度标准差/(km·h⁻¹)		平均加速度/(m·s⁻²)	
	平均值	标准差	平均值	标准差	平均值	标准差
总数	53.67	9.88	14.55	4.13	−0.81	0.44
MTC 车辆	51.78	10.42	14.52	4.24	−0.78	0.44
ETC 车辆	56.23	8.47	14.58	3.97	−0.84	0.43

3.4.4　车辆车道选择特征

（1）初始车道特征

车辆进入收费站分流区的初始车道时的分布情况具有不均匀性，具体分布情况图 3-15 所示。初始车道的编号以及布局如图 3-9 所示，最内侧车道为第 1 车道，由内向外为 1~4 车道，初始车道为第 3 车道的小汽车最多，其次为第 2、4 车道，为第 1 车道的小汽车最少。公交车较多分布在第 3 初始车道，货车主要集中在第 4 初始车道。

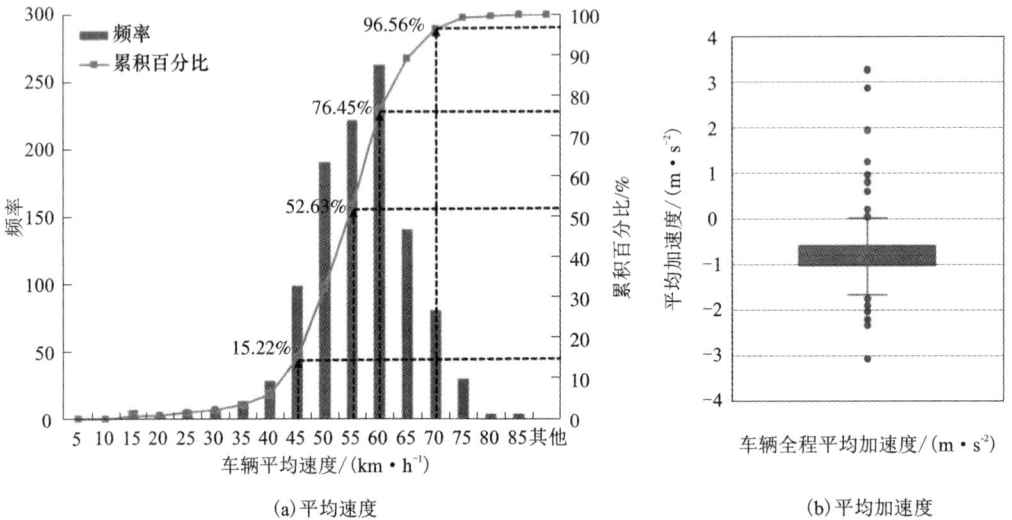

(a) 平均速度

(b) 平均加速度

图 3-14 个体车辆在分流区全程内的平均速度和平均加速度分布

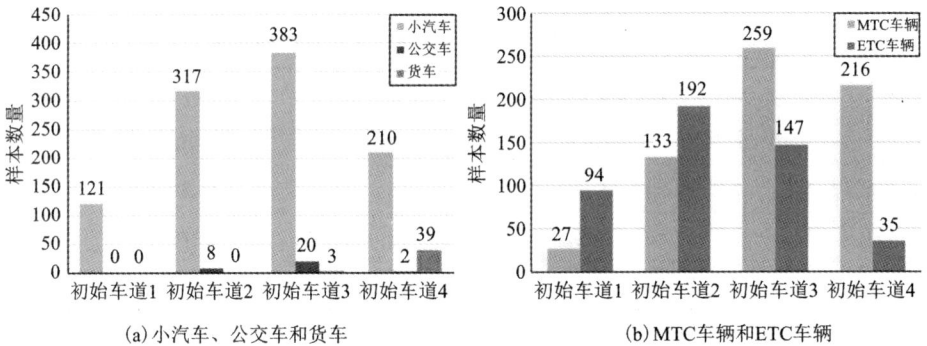

(a) 小汽车、公交车和货车

(b) MTC 车辆和 ETC 车辆

图 3-15 车辆在收费站分流区的初始车道选择分布

　　若从车辆种类来考虑，大部分 MTC 车辆的初始车道为 3、4 车道，其中第 3 车道的 MTC 车辆最多。ETC 车辆主要从第 2、3 车道驶入分流区，选择第 4 车道的 ETC 车辆最少，从第 1 车道驶来的 ETC 车辆远多于 MTC 车辆。总的来看，ETC 车辆偏向于从道路内侧车道驶入分流区，而 MTC 车辆较多选择道路外侧车道。车辆的初始车道不仅反映了不同种类车辆进入分流区之前的驾驶偏好，而且会对其最终的收费通道选择以及在分流区内的分流行为产生影响，后续章节将对其进行进一步分析。

（2）收费通道特征

车辆收费通道是车辆离开收费站分流区时选择的最终车道，车辆离开分流区时在各收费通道的分布情况也具有不均匀性。如图 3-16 和表 3-6 所示，小汽车主要集中在 2、3、5、6、7、8 这 6 个通道，其中前两者为 ETC 通道，后三个为 MTC 通道。通过第 3 收费通道离开分流区的公交车以及通过第 1、2 通道离开分流区的货车最多。ETC 车辆偏好于使用第 3 收费通道，使用最内侧的第 1 通道的 ETC 车辆最少，大部分 MTC 车辆使用第 5、6、7、8 收费通道，使用第 4 收费通道以及外侧收费通道的 MTC 车辆较少。可以看出，车辆整体偏向于使用正面对着主线道路的收费通道以及中间收费通道。收费通道对车辆在分流区安全的影响将在后续内容中详细阐述。

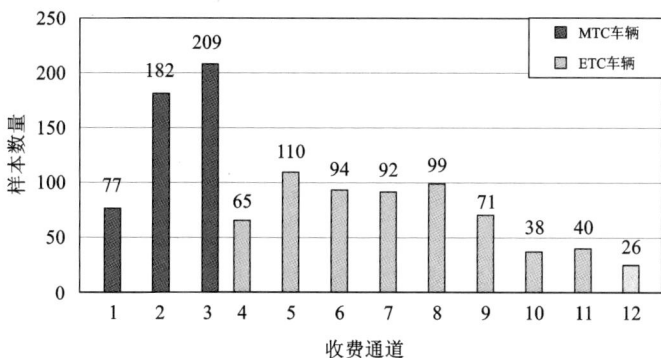

图 3-16　MTC 车辆和 ETC 车辆的收费通道选择分布

表 3-6　车辆在收费站分流区的收费通道选择情况

收费通道	样本车辆数量/辆				
	小汽车	公交车	货车	MTC 车辆	ETC 车辆
1	75	2	0	0	77
2	172	10	0	0	182
3	192	17	0	0	209
4	65	0	0	65	0
5	110	0	0	110	0
6	94	0	0	94	0
7	92	0	0	92	0
8	99	0	0	99	0

续表3-6

收费通道	样本车辆数量/辆				
	小汽车	公交车	货车	MTC 车辆	ETC 车辆
9	70	1	0	71	0
10	33	0	5	38	0
11	26	0	14	40	0
12	3	0	23	26	0

（3）车道变换特征

为了进一步分析车辆在分流区的车道选择以及变换行为，本书将车辆在分流区的车道变换行为分为三类：向车道内侧变换、不变换以及向车道外侧变换，并且根据变换的车道数量，对向车道内侧和外侧变换的车辆进行定量分类，具体分类如表3-7所示。具体来说，若车辆从第3初始车道进入分流区，并从第3收费通道离开分流区，此辆车无横向位移，此种情况定义为车辆不变换车道；若车辆初始车道不变，从第4收费通道离开，则为向外侧变换1车道；反之，若离开车道为第2收费通道，为向内侧变换1车道。注意，此种定义仅适用于单侧一体式混合型主线收费站的分流区，若分流区的布局发生改变，车道变换的定义和分类将需要根据实际情况进行更改。

表3-7总结了车辆在样本收费站分流区的车道变换情况。小汽车中，选择不变换车道的车辆最多，其次为向外侧变换1~4车道，向内侧变换3车道的小汽车仅有1辆。由于货车收费通道布设在最外侧，因此货车多为向外侧变换7~8车道，公交车多为不变换车道，向内侧和外侧变换1车道的公交车数量次之。

表3-7 车辆在收费站分流区的车道变换情况

车道变换方向	变换车道数	样本车辆数量/辆				
		小汽车	公交车	货车	MTC 车辆	ETC 车辆
道路内侧	3	1	0	—	—	1
	2	14	3	—	—	17
	1	99	8	—	—	107
不变换	0	199	12	—	5	206

续表3-7

车道变换方向	变换车道数	样本车辆数量/辆				
		小汽车	公交车	货车	MTC 车辆	ETC 车辆
道路外侧	1	142	6	—	27	121
	2	116	—	—	100	16
	3	124	—	—	124	—
	4	125	—	—	125	—
	5	108	—	—	108	—
	6	54	1	4	59	—
	7	32	—	15	47	—
	8	14	—	21	35	—
	9	3	—	2	5	—

　　MTC 车辆偏向于向外侧变换车道，并且车道选择较为灵活，多为向外侧变换 2~5 车道。ETC 车辆偏向于不变换车道，另外也有较多 ETC 车辆选择向内侧和外侧变换 1 车道。由此可见，收费通道的布设形式以及不同种类收费通道的布设位置对车辆在收费站分流区的车道变换是具有直接影响的，并且会间接影响车辆在分流区的碰撞风险。

3.5　本章小结

　　本章从系统框架和功能、目标检测、目标跟踪、误差消除以及坐标系转换等方面深入地介绍了基于视频识别技术的车辆轨迹自动识别系统。以收费站分流区样本为例，进一步介绍了将视频中的微观车辆轨迹数据应用到实际安全研究中的过程和方法，包含车辆轨迹获取、坐标系统一以及数据深度处理。基于微观车辆运动轨迹，本章从车辆类型、行驶时间、行驶速度、车道选择等方面详细分析了收费站分流区内的交通流特征，并采用正态分布、伽马分布、对数正态分布假设检验对不同车辆的特征分布进行检验，结果表明小汽车的总行驶时间少于公交车和货车，MTC 车辆的总行驶时间多于 ETC 车辆，但初始速度低于 ETC 车辆，分流区内以及最终行驶速度也存在相似特征。另外还从车辆初始车道、最终收费通道以及变换车道三个方面，总结了不同类型车辆在分流区内的车道选择特征。本章内容为后续章节中计算半约束车辆运动的交通冲突、分析交通流特征和车辆安全的影响研究提供了基础数据支撑。

第4章
半约束车辆运动的交通冲突估计

4.1 引言

交通冲突技术(traffic conflict techniques，TCTs)是一种被广泛认可的非事故统计的交通安全研究方法，适用于微观车辆运动的冲突研究。然而，虽然有多种交通冲突替代指标可用于估计车辆间的潜在事故风险，但是传统指标在实际的计算过程存在交通冲突类型或碰撞角度的假设，无法用单一指标估计所有交通冲突场景。特别是在以收费站分流区为代表的复杂道路节点，不受约束或者受半约束的车辆行驶运动导致车辆间可以以任何夹角发生碰撞，此时若仍采用传统指标，会给事故风险估计结果带来较大误差。因此，有必要提出能够计算任何夹角交通冲突的指标，使其适用于复杂道路节点的安全研究，从而准确衡量收费站分流区半约束车辆运动情况下的交通冲突。

4.2 交通冲突技术

交通冲突技术是一种能有效替代交通事故统计的安全评价方法，克服了传统安全诊断方法基于事故的小样本、长周期、大区域、低信度等缺点。相较于传统方法，首先，交通冲突技术提取起来较为简便，能在短时间内获取大量的样本，大大缩短了安全评价时间。其次，交通冲突技术不具有发生事故的前提，能够研究潜在的交通事故，因此可以避免人道主义争议，还可以对事故预防进行有效研究。最后，交通冲突技术还能够考虑驾驶行为信息对交通冲突的影响，可以更好地了解事故发生和产生后果的失效机理以及事件链。交通冲突技术是依据一定的测量方法与判别标准，对交通冲突的发生过程及严重程度进行定量测量和判别，通过定量测量潜在事故的严重程度代替传统事故统计，判别车辆是否会发生交通事故，被广泛应用于安全评价和预测[76-79, 160-163]。

4.2.1　交通冲突定义和分类

（1）交通冲突定义

"冲突"概念于 20 世纪 50 年代从航空安全领域引入交通运输工程领域，Hyden 首次提出了广受认可的交通冲突定义：在可观测的条件下，两个或两个以上道路使用者在空间和时间上相互接近到一种程度，若运动状态不变，则将会发生碰撞[164]。随着交通安全领域的不断发展，交通冲突的概念也逐渐被更新和完善，目前普遍接受的定义如下：交通冲突是在可观测的条件下，两个或两个以上道路使用者在同一时间、空间上相互接近，如果其中一方采取非正常交通行为，如转换方向、改变车速、突然停车等，除非另一方也相应采取避险行为，否则，会发生碰撞。

其他学者也根据研究内容对交通冲突定义进行了完善和拓展，加深了对交通冲突的全面认识和理解，例如郭延永提出了基于道路使用者轨迹的交通冲突定义：交通冲突是指位于碰撞轨迹上的道路使用者之间的相互作用，其中碰撞轨迹指的是两车的预期轨迹同时在时间和空间上发生重叠，如果双方均未采取转向、刹车等避险行为，两者会发生碰撞[146]。此种定义便于观测者从车辆轨迹判断交通冲突，并且车辆轨迹的提取为交通冲突的自动化识别提供了基础条件，便于将交通冲突快速应用于研究以及工程中。

从交通冲突的产生机理来看，交通事故与交通冲突的成因及发生过程完全相似，但是存在实际碰撞与损害后果，因此可认为交通事故是交通冲突发展到极致情况下的情景，避险不成功的交通冲突即会导致交通事故。相较于交通事故，交通冲突在日常交通生活中更为常见，如交叉口车辆对行人的避险行为，同一车道内前车减速的情况下后车采取制动行为等，因此交通冲突能够更全面地反映道路使用者之间潜在的危险以及实际避险行为。交通冲突的有效性可通过证明事故与冲突之间差异的强相关性以及规律性进行判断，通常所用的证明方法有事故–冲突线性关系法和事故–冲突率法等[146, 163]。

（2）交通冲突分类

目前交通冲突的分类标准有多种，按照交通冲突对象的不同，可分为机动车之间的冲突、机非冲突（机动车与非机动车之间的冲突）、人机冲突（行人与机动车之间的冲突）、非机动车之间的冲突、非机动车与行人之间的冲突、行人之间的冲突；按照冲突严重性的不同，可分为严重冲突和非严重冲突，或者分为一般冲突、中等冲突和严重冲突三类；最为常用的分类是按照冲突角度进行分类，如图 4-1 所示，图中 θ 角为两车之间的冲突角，根据冲突角值域的不同，可将两车之间的冲突分为以下三类[165]，注意冲突角最小为 0°，最大为 180°。

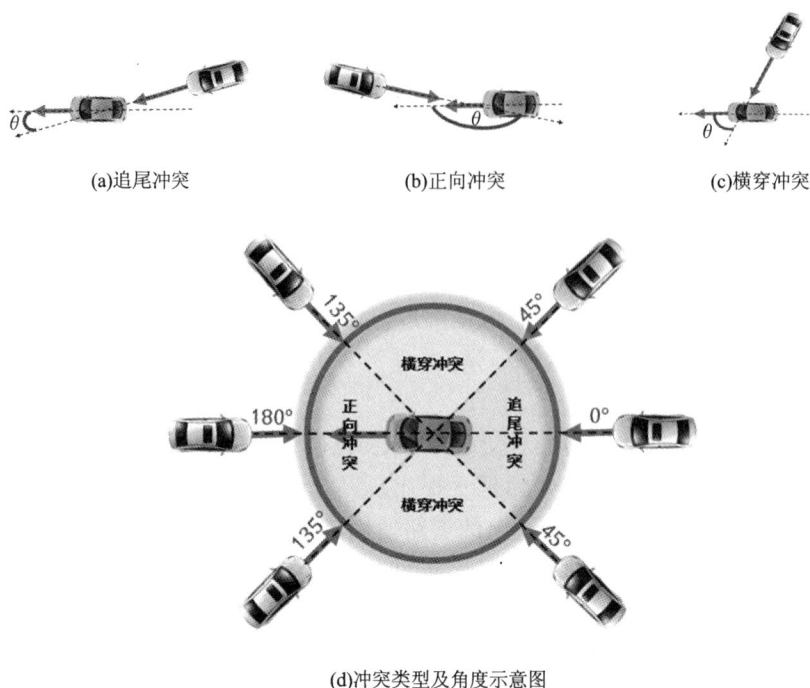

(a)追尾冲突   (b)正向冲突   (c)横穿冲突

(d)冲突类型及角度示意图

图 4-1　按照冲突角度分类的交通冲突示意图

①追尾冲突：冲突角 $\theta \in [0°, 45°]$，可视为两辆冲突车辆以相同的方向相互逼近，是后车车头与前车车尾之间的冲突碰撞。

②横穿冲突：冲突角 $\theta \in [45°, 135°]$，可视为冲突车辆以交错的方式相互逼近，是车头与车辆中部之间的冲突碰撞。

③正向冲突：冲突角 $\theta \in [135°, 180°]$，可视为冲突车辆以相反的方向相互逼近，是两辆车车头之前的冲突碰撞。

4.2.2　交通冲突判别

(1)交通冲突判别方法

交通冲突的概念是对车辆冲突的定性描述，偏向于主观判断，并不能够定量给出区分车辆之间的相互作用和交通冲突的明确界限，因此往往需要引入其他指标进行定量化的判别。目前广泛使用的判别方法为交通冲突严重程度判别法，交通冲突严重程度是指交通冲突导致交通事故发生的可能性程度，如图 4-2 所示，Hydén[167]运用金字塔模型对交通基本事件严重程度与频率之间的关系进行了总结。

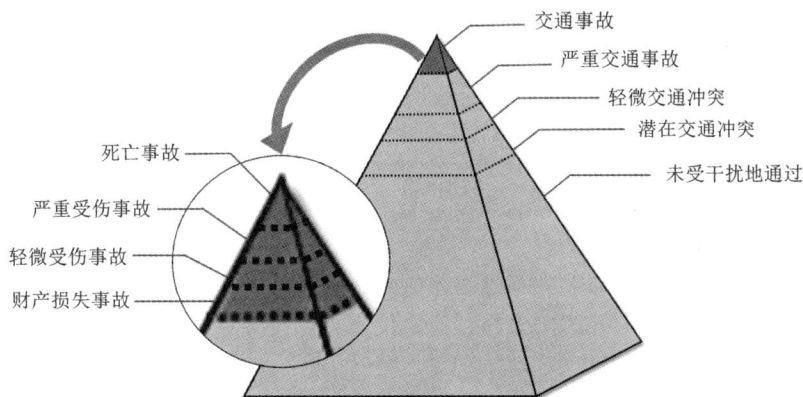

图 4-2　安全金字塔——交通基本事件严重程度与频率的关系

从安全金字塔可以看出，交通事件是连续的，事件的严重性越高（图中表现为金字塔中的垂直高度）则表示其发生的频率越低（图中表现为金字塔在这个高度的体积）。交通冲突的严重程度也是连续的，冲突的严重程度越高，距离事故发生的临界值越近，因此发生事故的可能性越高；反之，导致事故发生的可能性越低。交通冲突严重程度的上限和下限是两个重要的临界值，分别为冲突-事故、发生冲突的临界点，上限可用来判断事故是否会发生，下限可区分冲突与普通的车辆间的相互作用。在冲突发生的区间内，还可以根据研究需求将其分为多种不同等级的冲突严重程度[77]。

（2）安全替代指标分类及特征

衡量交通冲突严重程度的指标可从两个方面进行，一是以事故为指标，一般通过分析单位时间的事故发生概率获得定量关系；二是以冲突本身的特性为安全替代指标（surrogate safety measures，SSMs），间接由冲突车辆间的相互作用的特征判别事故风险（crash risk/collision risk），安全替代指标对于濒临碰撞（两车十分接近）的交通冲突有很好的解释作用，并且具有简单、耗时短、效率高、信息充足、易于理解等优势，因此被广为接受和用于安全评价。常见的安全替代指标主要分为以下几类：基于时间的指标、基于空间的指标、基于减速度的指标等[162, 167]，表 4-1 列举了代表性安全替代指标的定义及特征。

①基于时间的安全替代指标：服从基本假设，发生冲突的两个道路参与者的距离越近，越趋向于发生碰撞。此类指标是以时间作为判别参数，通过对道路使用者相距距离以及速度进行计算得到的，由于能够整合空间距离与行驶速度之间的关系，在一定程度上反映道路使用者避让事故的能力，此类指标在交通安全研究领域中运用得最为广泛。目前主要运用的时间安全替代指标有距离碰撞时间

（time－to－collision，TTC）[161, 168-170]、后侵占时间（post－encroachment time，PET）[171-175]、暴露TTC时间（time exposed time to collision，TET）[176]、距离事故时间（time-to-accident，TA）[166, 177]等。

表4-1　代表性安全替代指标的定义及特征

类别	名称	定义	判别标准	特点	缺点
基于时间的安全替代指标	距离碰撞时间（TTC）	当两辆车保持现有速度以及行驶车道不发生变化时，两者发生碰撞所需要的时间，单位为秒	通过临界值判别是相对安全还是发生冲突，临界值选取根据情况不同而相异，多为2~4 s。在临界值之内，TTC越低，冲突越严重	前提条件为前车速度小于后车速度；假定车辆运动状态不变，对冲突的判断是瞬时的；与PET等指标相比更有信息性；可以对比冲突的量级；适用于多种冲突情景	对于前车速度大于后车的情况，TTC不适用；忽略了速度变化对冲突造成的影响
	后侵占时间（PET）	某一道路使用者离开潜在碰撞区域与另一道路使用者到达该区域的时间差，单位为秒	通过临界值判断是否会发生冲突，PET小于临界值则判断为冲突；临界值有1~3 s等	主要反映的是潜在交通冲突；容易提取；对于车辆交叉冲突或发生在交叉口的冲突，PET更适用	仅适用于有同一截面的情况下，不能研究动态的道路安全变化，没有考虑冲突的严重程度
	距离事故时间（TA）	事故必然发生的情况下，如果道路使用者以不变的速度和方向继续行驶，则从其中一方开始采取规避行动之时距离事故发生所需的时间，单位为秒	通过临界值判断冲突的严重程度，通常为1.5 s，对于车速较高的区域，临界值更小	反映了整个冲突中最危险的一瞬间，即道路使用者一方已经觉察到危险并开始采取避让行为的时刻。可以人工或视频分析对其进行判断，容易操作，但是精确度较低	具有发生事故的前提，样本随机且数量少；过于依赖主观判断，缺乏精确性；对潜在的交通冲突无法衡量

续表4-1

类别	名称	定义	判别标准	特点	缺点
基于距离的安全替代指标	制动距离与实际距离的差值（DSS）	两个道路使用者的实际距离与制动距离之间的差值，单位为 m	以 DSS 为判别标准，差值小于 0，则判别为车辆不安全	该指标的计算公式和危险阈值比较简单，需要考虑到车辆的制动性能；适用于追尾、撞物冲突	不能考虑危险程度和持续时间；车辆的种类、速度等因素对制动距离的影响较大，冲突判别容易产生误差
基于减速度的安全替代指标	避免碰撞减速度（DRAC）	两个道路使用者避免碰撞所需的减速度，单位为 m/s²	通过临界值判别，当 DRAC 超过临界值，则判别为交通冲突；临界值受车辆减速性能的影响，称为最大可能减速度（MADR）	前提条件为前车速度小于后车速度；能够考虑车辆减速性能对冲突的影响，区别不同类型车辆的冲突；主要适用于追尾、撞物冲突	没有考虑到影响车辆制动的其他因素，在一定程度上不能准确地识别潜在的交通冲突情况；不适合判别相对横向运动的交通冲突

②基于距离的安全替代指标：基于道路使用者的行驶位置，以道路使用者可以避免事故所需的距离为临界值，判别交通冲突的一系列指标。当距离小于临界值时，会发生交通冲突，并且距离越小，冲突的严重程度越高，反之严重程度越低；当距离为 0 时，发生交通事故。常用的距离安全替代指标有制动距离与实际距离的差值(difference of space distance and stopping distance，DSS)、紧急制动情况下的碰撞可能性(potential index for collision with urgent deceleration，PICUD)等[178]。虽然基于距离的安全替代指标更为直观，但是车辆的制动距离与车型、质量、车速等因素有极大的关系，因此仅通过距离判别交通冲突往往会存在较大的偏差。

③基于减速度的安全替代指标：基于道路使用者相互运动过程中的减速度进行判别的指标。在发生潜在交通冲突时，道路使用者一般是通过减速避免碰撞，因此减速度是判别交通冲突的重要因素之一。此类指标考虑到了车辆的制动能力对冲突的影响，但是影响车辆制动的因素较多，例如车辆类型、质量、速度、道路路面、轮胎种类、驾驶员灵敏程度和性格等，一般在判别过程中不能被完全考虑到，因此判别会存在一定误差。常用的指标有避免碰撞减速度(deceleration rate to avoid a crash，DRAC)[179]、事故潜在指数(crash potential index，CPI)[180]等。

除以上三类指标外，还有其他学者提出 Jerks、J-value 等指标可判别交通冲突。在实际的交通安全评价中，需要根据冲突类型、数据类型以及分析需求等选择合适的安全替代指标。判别过程中重要的内容包含车辆运动状态的假设、是否发生冲突的判别、冲突严重程度的分级和判别、判别适用的冲突场景等。

4.3 半约束车辆运动的交通冲突估计

4.3.1 传统距离碰撞时间

在众多交通冲突替代指标中，TTC 使用得最为广泛[99, 181, 182]。TTC 由 Hayward 于 1972 年提出[162]，指当两辆车保持现有速度以及行驶车道不发生变化时，两者发生碰撞所需的时间。TTC 值越大，代表车辆有更多的时间可以避免交通冲突，车辆发生碰撞的可能性越低；反之，TTC 值越小，代表车辆具有更高的碰撞风险；当 TTC 为 0 时，事故发生概率为 l，即发生了交通事故[183, 184]。根据交通冲突的定义及种类，不同类型的交通冲突的 TTC 有所不同，主要分为三类：追尾交通冲突、正向交通冲突及直角横穿交通冲突。相较于 DRAC，TTC 的计算更为简单易行。虽然 DRAC 考虑了车辆的制动减速性能对于碰撞风险的影响，提高了碰撞估计的准确性，但同时也增加了计算的难度，并且 DRAC 不能够判断碰撞风险的严重程度，因此 TTC 的适用性更为广泛。

（1）追尾交通冲突。

追尾交通冲突示意图如图 4-3 所示，在某一时刻 t，后车车辆 j（following vehicle）与其前车车辆 i（leading vehicle）之间的 TTC 可由式（4-1）计算得出。式（4-1）中 $X(t)$、$V(t)$ 分别为车辆在时刻 t 的道路上的位置坐标和速度，其中位置为车头位置坐标，L_i 为前车车辆长度，两车之间的距离指的是前车车尾与后车车头之间的距离。其中，后车车速大于前车车速时，若前后两车不采取任何措施（即保持现有车速和车道时），后车就有追尾前车的可能性。从 t 时刻到发生碰撞的时刻为止，这段时间即为 TTC。若前车车速大于后车车速，则 TTC 为无穷大，后车不会与前车发生碰撞。

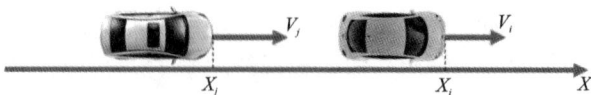

图 4-3 追尾交通冲突示意图

$$\mathrm{TTC}_j(t) = \begin{cases} \dfrac{X_i(t) - X_j(t) - L_i}{V_i(t) - V_j(t)}, & \forall\, V_j(t) > V_i(t) \\ \infty, & \forall\, V_j(t) \leqslant V_i(t) \end{cases} \quad (4\text{-}1)$$

（2）正向交通冲突。

正向交通冲突示意图如图 4-4 所示，在某一时刻 t，两车间的 TTC 可以由式 (4-2) 计算得出，此时两车之间的距离为车头之间的距离，速度差为两车速度之和。两车发生正向冲突时，速度差为最大，因此具有最大的碰撞风险。若要避免碰撞，车辆需要进行紧急制动或者改变行驶方向，从而尽可能降低碰撞可能性。

$$\mathrm{TTC}_i(t) = \mathrm{TTC}_j(t) = \frac{X_i(t) - X_j(t)}{V_i(t) + V_j(t)} \quad (4\text{-}2)$$

图 4-4 正向交通冲突示意图

（3）直角横穿交通冲突。

直角横穿交通冲突示意图如图 4-5 所示，若车辆不改变行驶方向，车辆可能与另一车辆的侧身相撞，碰撞位置和 TTC 由两车的速度及距离决定，时刻 t 的 TTC 可由式 (4-3) 计算得出。需要注意的是，当两车直角横穿行驶时，是否发生碰撞具有前提，具体如式 (4-3) 所示，若不满足此前提，两车不会相撞，即 TTC 为无穷大。

$$\mathrm{TTC}_i(t) = \mathrm{TTC}_j(t) = \begin{cases} \dfrac{d_i}{V_i} = \dfrac{d_j}{V_j}, & \forall\, \dfrac{d_j + L_j + W_i}{V_j} < \dfrac{d_j}{V_j} \ \text{或}\ \forall\, \dfrac{d_i + L_i + W_j}{V_i} < \dfrac{d_i}{V_i} \\ \infty, & \text{其他} \end{cases} \quad (4\text{-}3)$$

4.3.2 拓展距离碰撞时间

（1）拓展距离碰撞时间定义。

传统 TTC 主要适用于追尾、正向等简单的交通冲突，一般会对两车冲突发生的角度有一定的假设[77, 162, 185]。对于车辆侧向碰撞等复杂交通冲突，难以用基础 TTC 进行计算和评估。换言之，在车辆运动不受约束的道路区段，车辆速度方向和位置任意，两车之间可以以任何夹角发生碰撞，此时，难以用传统 TTC 对车辆间的交通冲突进行估计和预测，即传统 TTC 并不适用于复杂道路节点的交通安全分析。例如，在交叉口运用 TTC 计算交通冲突时具有较大误差，因为当车辆在交叉路口发生两车接近的情况时，接近路径具有无限多的可能性。

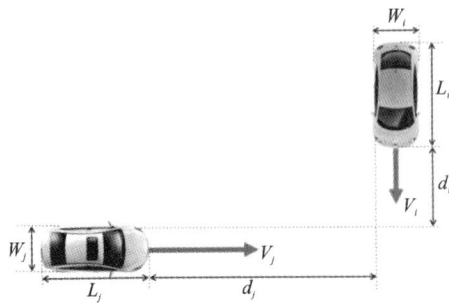

（a）直角横穿行驶的两车临近示意图

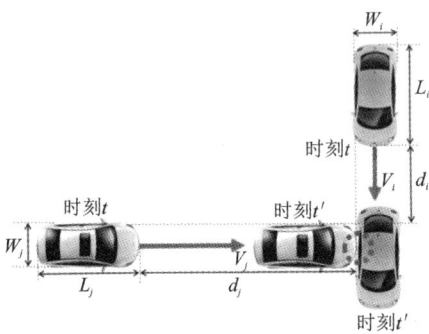

（b）两车发生碰撞示意图

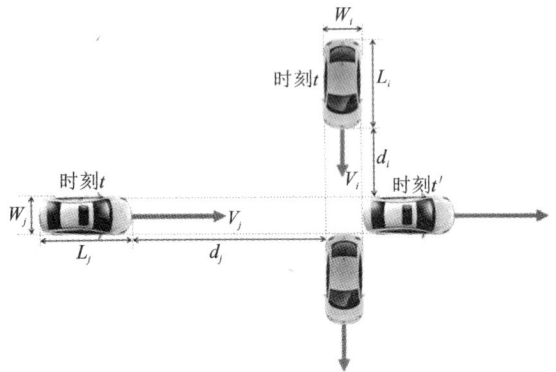

（c）两车不发生碰撞示意图

图 4-5　直角横穿交通冲突示意图

为了拓展 TTC 的通用性，使其能够不受预测的准确性和不依赖于对车辆运动的约束，有学者对基础 TTC 进行拓展延伸[186]，让其能够适用于更加普遍的二维车辆运动，即能够预测不受约束的交通冲突。本书将拓展后的 TTC 称为拓展 TTC（extended TTC，ETTC）[130]。ETTC 的定义与传统 TTC 相同，并假定两车发生冲突时的加速度恒定，计算基于微观车辆运动信息。

图 4-6 为两辆半约束行驶的车在临近时的运动状态示意图，两车在同一水平平面运动，假定运动平面为二维直角坐标系，则在每一时刻，车辆 i 与 j 的中心点（形心）、速度可由向量表示：$\boldsymbol{O}_i$、$\boldsymbol{O}_j$、$\boldsymbol{V}_i$、$\boldsymbol{V}_j$，其中车辆 i 为前车，车辆 j 为后车。实际发生的车辆碰撞事故中，为车辆最外侧的边缘发生碰撞，因此车辆的外形尺寸在计算中不能被忽视。图中 C_i 和 C_j 为在某一时刻两车距离最近的点。D_{ij} 是 O_i 和 O_j 之间的距离，d_{ij} 是 C_i 和 C_j 之间的距离。在车辆的行驶过程中，车辆运动是连续的，因此各点随着时刻变化在平稳地移动。

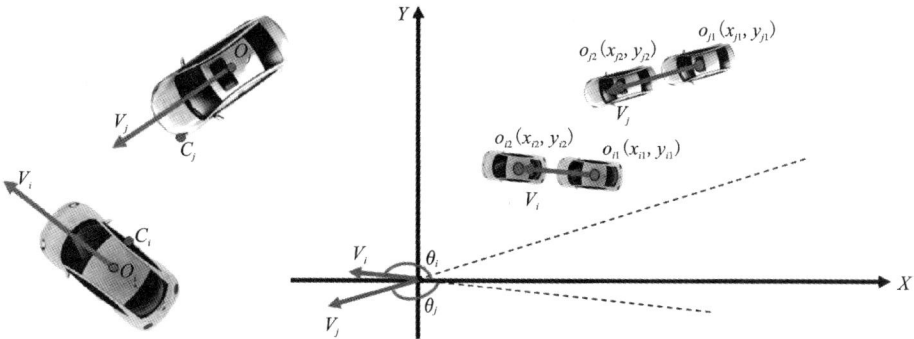

图 4-6　半约束车辆运动交通冲突示意图

在车辆碰撞中，首先发生碰撞的点必然为两车最相近的点，两点之间的距离 d_{ij} 与车辆运动信息之间的关系可由式(4-4)表示。同时求导式(4-4)的两边，可得到式(4-5)，其中距离的变化率为 $\dot{d}_{ij}$，两车靠近的速度则为 $-\dot{d}_{ij}$。

$$d_{ij}^2 = \| C_i - C_j \|^2 = (C_i - C_j)^{\mathrm{T}} (C_i - C_j) \qquad (4-4)$$

$$d_{ij} \dot{d}_{ij} = (C_i - C_j)^{\mathrm{T}} (V_i - V_j) \qquad (4-5)$$

综上所述，两车之间的距离和距离变化率可由以下等式计算得出：

$$d_{ij} = \sqrt{(C_i - C_j)^{\mathrm{T}} (C_i - C_j)} \qquad (4-6)$$

$$\dot{d}_{ij} = \frac{1}{d_{ij}} (C_i - C_j)^{\mathrm{T}} (V_i - V_j) \qquad (4-7)$$

在本书中，对 ETTC 的计算是在某一特定时刻，且该时刻是连续的，对冲突的估计可以在任意时刻进行，加上时刻间隔较小，因此可假设在某一时刻，两辆车之间的接近速度是恒定的。根据 ETTC 的定义，两车发生碰撞的情况可由式(4-8)表示，此时 ETTC 即可由式(4-9)计算得出：

$$d_{ij} + \dot{d}_{ij} \cdot \text{ETTC} = 0 \qquad (4-8)$$

$$\text{ETTC} = -\frac{d_{ij}}{\dot{d}_{ij}} \qquad (4-9)$$

本书中经视频轨迹系统处理获得的车辆轨迹为车辆形心点的坐标，因此不能直接代入以上公式计算 ETTC，须对公式进行进一步的演化。由于车辆形状的影响，两车形心之间的距离 D_{ij} 大于两车最近点之间的距离 d_{ij}，严格来说，D_{ij} 与 d_{ij} 之间的差值会随着两车运动之间的夹角改变而变化，但此差值是很难进行详细定义和计算的。本书将此差值假定为前车车长与后车车长总和的一半，这个数值比大多数实际差值大，因此减去车长影响下的两车距离要比实际距离更短，这样便能够保证考虑到所有的交通冲突可能情况，更大程度地加强车辆安全，减少距离误差对交通冲突预测的影响。式(4-10)中，L_i 为前车车长，L_j 为后车车长。根据以上分析，D_{ij} 和 $\dot{D}_{ij}$ 可由式(4-11)和式(4-12)计算得出。在式(4-12)中，本书假设两车中心点的靠近速度和临近点的靠近速度相同[130]。

$$d_{ij} = D_{ij} - 0.5L_i - 0.5L_j \tag{4-10}$$

$$D_{ij} = \sqrt{(O_i - O_j)^T(O_i - O_j)} \tag{4-11}$$

$$\dot{D}_{ij} = \dot{d}_{ij} = \frac{1}{D_{ij}}(O_i - O_j)^T(V_i - V_j) \tag{4-12}$$

综上所述，ETTC 可以表示为下式：

$$
\begin{aligned}
\text{ETTC} &= -\frac{d_{ij}}{\dot{d}_{ij}} = -\frac{D_{ij} - 0.5L_i - 0.5L_j}{\dfrac{1}{D_{ij}}(O_i - O_j)^T(V_i - V_j)} \\
&= -\frac{\sqrt{(O_i - O_j)^T(O_i - O_j)} - 0.5L_i - 0.5L_j}{\dfrac{1}{\sqrt{(O_i - O_j)^T - (O_i - O_j)}}(O_i - O_j)^T(V_i - V_j)}
\end{aligned} \tag{4-13}
$$

通常使用固定的阈值(TTC threshold)判断车辆是否会发生交通冲突，即判断车辆是安全还是危险。当 TTC 的值小于阈值时，车辆不具有充足的时间避免交通冲突，为危险状态，反之则为安全状态。ETTC 与 TTC 的基本定义相同，因此可以使用同样的阈值理论对车辆安全状态进行判断。TTC 的阈值通常为 2~4 s[169, 184, 187, 188]，但受到交通环境、驾驶员、车辆等因素的影响，此阈值会发生变化。本书选取 4 s 为阈值[79, 188]，规定计算 ETTC 的时间步长为 0.1 s(每 3 帧)。

(2)拓展距离碰撞时间适用范围及场景。

ETTC 适用于对所有不受约束运动的车辆的交通冲突，因此不仅适用于简单的单车道车辆追尾碰撞、正向碰撞，还适用于车辆发生变道、转向等情况下的复杂交通场景，例如交叉口、高速公路合流区、收费站分流区等。在收费站分流区，首先，车辆必须采取分流行为，因此车辆必然会出现变道行为，尤其是在无画线车道分流区域内部，车辆行驶时无车道约束会导致车辆行驶方向以及位置分布的无序性。其次，多种车辆种类以及收费通道为车辆选择收费通道提供了众多的可能性，从而加剧了分流区车辆行驶的无序性。在分流区内，车辆之间可以以任何角度发生碰撞，ETTC 适用于对此情况的交通冲突进行准确的判断，图 4-7 为 ETTC 适用场景举例，包含交叉路口、收费站分流区和合流区等复杂道路节点。

(a)交叉路口　　　　　　　　　　　　(b)收费站分流区

(c)收费站合流区

图 4-7　ETTC 适用场景举例

4.4　本章小结

　　本章内容详细介绍了交通冲突定义、分类和判别方法，并从收费站分流区车辆行驶的半约束特征出发，探讨了传统距离碰撞时间的研究缺陷。最后提出能够计算任何夹角交通冲突的指标——拓展距离碰撞时间，使其适用于复杂道路节点的安全研究，从而准确衡量收费站分流区半约束车辆运动情况下的交通冲突，为第 5 章混合型收费站分流区交通冲突的估计提供技术支撑。

第 5 章
混合型收费站分流区交通冲突特征

5.1　引言

　　第 4 章通过对交通冲突及其判别方法的全面分析，发现了传统交通冲突指标不适用于复杂道路节点的局限性，提出了适用于半约束车辆运动安全研究的拓展距离碰撞时间（ETTC）。在高精度车辆运动轨迹以及半约束车辆运动交通冲突估计方法的基础上，本章进一步探究混合型收费站分流区交通冲突机理，对车辆在分流全程内任意时刻的交通冲突进行估计，并识别车辆安全状态，研究车辆在分流区内的安全特征。本章对分流区交通冲突的定义以及影响机理的分析也将有助于深入理解车辆在分流区内的安全状态，为交通安全管理者评估类似道路节点的安全提供了理论指导和实证参考。

5.2　收费站分流区交通冲突定义及分类

　　根据交通冲突的定义以及车辆在收费站分流区的行驶特性，本书对收费站分流区交通冲突进行如下定义：在收费站分流区内，包含画线车道分流区以及无画线车道分流区，两辆或多辆车辆之间或车辆与道路基础物理设施之间，在空间和时间上相互逼近，因道路环境变化导致车辆采取非正常交通行为进行避险，否则会发生碰撞；或因另一方车辆运动状态发生变化，导致本方车辆采取非正常交通行为进行避险，除非另一方车辆也采取避险行为，否则会发生碰撞。车辆在收费站分流区内经历了车道的重新选择过程，从主线道路上的稳定自由流，到分流区频繁换道和超车的紊乱流，最后选择对应的收费通道重新回归稳定有序的排队。

　　相对于其他两个路段，分流区内的交通流紊乱使车辆运动不受约束和缺乏有序性，因此车辆在此区域发生交通冲突的可能性更高，交通冲突主要表现为追尾和横穿冲突。其中追尾冲突多为前车减速导致后车减速避险的冲突，分流区末端收费通道排队过程中的追尾冲突或横穿冲突可能为车辆变道或分流与周边车辆产生的冲突，车辆放弃原来选择的收费通道在重新选择收费通道过程中也会与其他车辆产生冲突。根据冲突发生的区域、冲突类型以及冲突作用双方的类型，可以将收费站分流区的交通冲突进行以下分类[42]。

5.2.1　有车道标线分流区的交通冲突

（1）变道冲突（YB conflict）：车辆在分流区的换道受驾驶员性格以及周边车况的影响，部分驾驶员偏向于早期换道，也就是在有车道标线分流区就开始变更车道为在无车道标线分流区的分流做好准备，车辆在变道过程中容易与目标车道的车辆发生冲突，主要表现形式为追尾或者横穿冲突。图 5-1 为 HB 冲突在有车道标线分流区的实际发生情景，车辆对变道的判断和操作直接影响冲突发生的可能性或者冲突的严重程度，若变道间隙较小、目标车道的前车减速、目标车道的后车车速较快，则发生事故的可能性较高。如图 5-1 所示，收费通道布设形式导致不同类型的车辆采取的变道方向不同，因此 MTC 车辆和 ETC 车辆的 HB 冲突也存在差异，MTC 车辆的 HB 冲突主要发生于车辆右侧，ETC 车辆的 HB 冲突主要发生于车辆左侧。

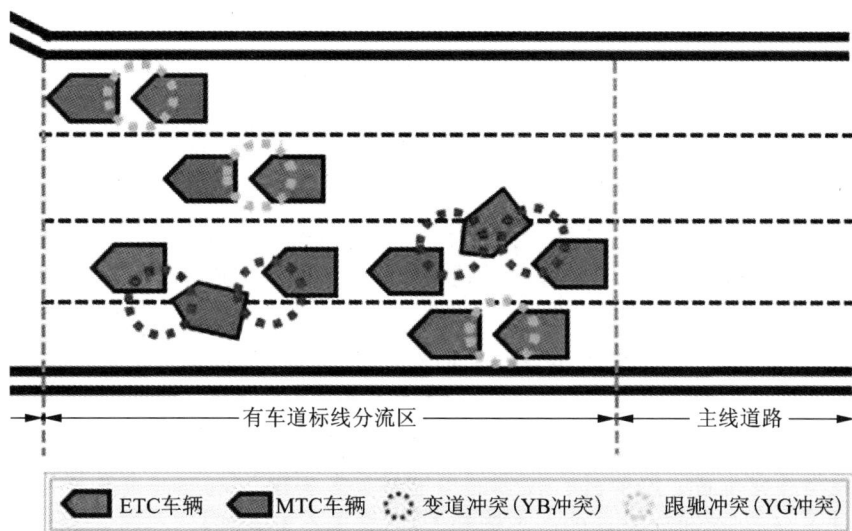

图 5-1　有车道标线分流区交通冲突示意图

（2）跟驰冲突（YG conflict）：如图 5-1 所示。对收费站不熟悉或者驾驶行为较为保守的驾驶员，会偏向于在有车道标线分流区保持运动状态不进行换道，这些车辆在此区域内会考虑分流以及因缴费而降低车速，跟驰的后车容易与前车发生冲突，主要表现形式为追尾冲突。同样根据车辆收费类型的不同，跟驰类型也有四组：ETC-ETC、MTC-MTC、ETC-MTC、MTC-ETC，由于 ETC 车辆和 MTC 车辆在收费站分流区的降速目标有差异，导致两种类型车辆之间存在速度差异，车速较低的 MTC 前车与车速较高的 ETC 后车之间发生的冲突严重性可能更高。

5.2.2 无车道标线分流区的交通冲突

（1）分流冲突（WF conflict）：在无车道标线分流区内，交通流整体处于紊乱的状态，每一辆车都需要强制选择对应的收费通道并完成分流，因此分流过程中极易与周边车辆发生冲突。对于车辆在此区域分流过程中产生的冲突，本书统一称为分流冲突（WF 冲突），如图 5-2(a) 所示。此类冲突的成因多样，可能是由于前车的减速，也可能是后车变向所致，表现形式主要为追尾冲突、横穿冲突。注意，本书对前后两车速度方向一致时产生的交通冲突有两种定义（在无车道标线分流区中），若行车方向与车道平行则为 WG 冲突，其余方向的冲突都视为分流造成的冲突，即 WF 冲突。

（2）跟驰冲突（YG conflict）：主要表现形式为追尾冲突，发生情景有两种。当交通量较大时，收费站通行能力有限导致其处于过饱和状态，因此容易发生通道车辆排队的情况。在不考虑违规变道的情况下，此时每个通道的车辆紧随前车行驶，无法实施变道行为，而且为了防止临近车道车辆插入，驾驶员通常倾向于保持较小的车辆间距行驶。在此情况下，当前车紧急刹车或者后车驾驶员判断车距失误，发生的冲突容易引发前后两车的碰撞，这一过程中，前后车辆间的追尾冲突严重。如图 5-2(a) 所示，除了上述在排队过程中发生的冲突，WG 冲突还可能发生在正常行驶过程中，对于已经完成分流的车辆或者尚未开始分流的车辆，可能存在前后车行驶方向与车道平行的情况，此种情况下，前车的减速会增强后车追尾的可能性。

（3）违规变道冲突（WW conflict）：收费站分流区极易发生车辆误入收费通道后放弃原来的收费通道，在重新选择收费通道过程中与选择其他通道的车辆以及本车道后方车辆发生交通冲突。此种交通冲突均发生在靠近收费通道的区域，冲突对象与冲突位置、角度具有较多的可能性，多表现为追尾冲突和横穿冲突。图 5-2(b) 分别举例示意了 ETC 车辆和 MTC 车辆在重新选择收费通道的情况下可能发生的冲突情景，可以看出，违规变道对周边车辆的正常行驶影响较大，是具有较高风险的行为。

（4）撞物冲突（WZ conflict）：车辆在此区域可能会因为驾驶员操作失误而与收费通道之间的物理隔离带发生碰撞，此种冲突在本书中称为 WZ 冲突。

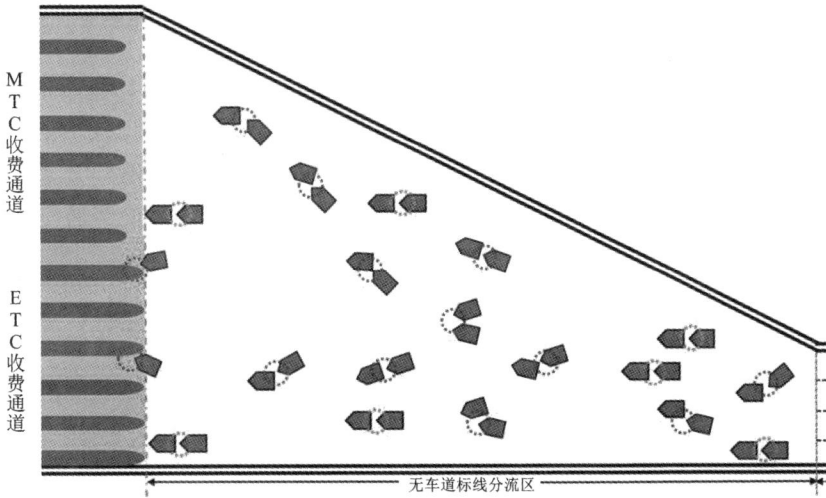

（a）WF冲突、WG冲突、WW冲突和WZ冲突示意图

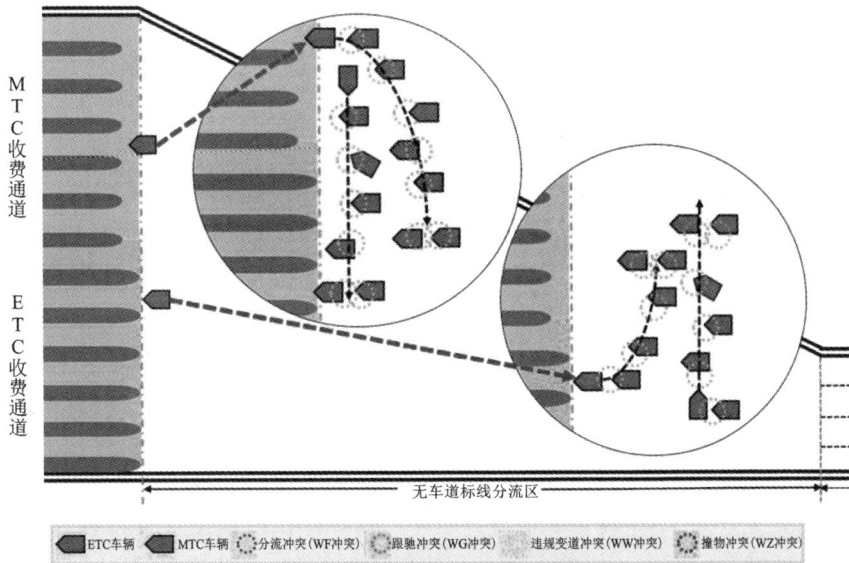

（b）违规变道冲突示意图

图 5-2　无车道标线分流区交通冲突示意图

5.3　收费站分流区交通冲突形成过程以及影响因素

由定义可知交通冲突是道路使用者采取非正常交通行为时与其他道路使用者相互作用产生的,其实质是道路交通系统中交通行为不安全因素的外在表现形式,也是道路交通系统运行状态的稳定性受到破坏的结果之一。道路交通系统由人、车、路和环境构成,这四个方面直接决定道路使用者采取何种交通行为以及是否会导致交通冲突[37, 146, 165]。从道路系统角度来看,收费站分流区内交通冲突的影响因素可以归纳为以下四个部分。

首先是驾驶员因素。其对交通冲突的直接作用形式为驾驶行为。驾驶行为特征是复杂的,一方面受多种内在因素以及外在因素共同作用的影响,另一方面表现出来的驾驶行为也影响着车辆的运行特征,从而影响道路交通系统运行状态。驾驶行为不仅与驾驶员的自身生理和心理状态有关,也与道路环境、交通流状况、天气情况、交通管制等外界环境因素有关。违规的驾驶行为更容易诱发交通事故,例如疲劳驾驶、超速行驶、误入收费通道、违章停车等。当驾驶员对收费通道错误估计和判断并进入错误收费通道时,车辆的退回和重新选择通道会破坏车流的稳定性,并且增加发生事故的风险。

其次是车辆因素。车辆的制动特性在冲突作用过程中体现了车辆采取规避措施的能力,若制动失效则必然导致交通事故[41]。

再次是道路因素。其直接关系到供车辆实施分流行为的区域环境,间接影响驾驶员的驾驶行为。具体来说,路面环境影响车辆的制动性能;主线道路以及收费车道的数量、收费通道的布设位置等决定车辆采取分流的起始状态和选择;分流区的几何设计(分流区长度、渐变率、道路线形等)、收费通道的设计(宽度、车道栏杆等)则会影响可发生分流行为的环境,若渐变段长度不足、渐变率过大、线形为曲线,会导致驾驶员产生行车偏移感和车辆安全判断视距不足,不能满足车辆在分流区进行减速和分流的安全要求,导致驾驶员采取措施不及时或不当,从而发生交通事故[34]。

最后,交通流状况(车流量、车头时距、行驶速度、车辆构成比例等)、气候与天气情况、交通管制(收费通道设计时速、收费标识设置位置及数量等)、收费站服务水平等环境因素也影响车辆在分流区内的行驶,与其他因素共同作用产生交通冲突。

图5-3总结了收费站分流区内交通冲突的发生过程,车辆处于临危状态时,若采取规避措施成功则会产生交通冲突,规避失败则会导致交通事故的发生。在交通冲突发生的全程,交通冲突参与者的交通状态以及驾驶行为受各方面因素的影响,在一定程度上影响着交通冲突的发生。

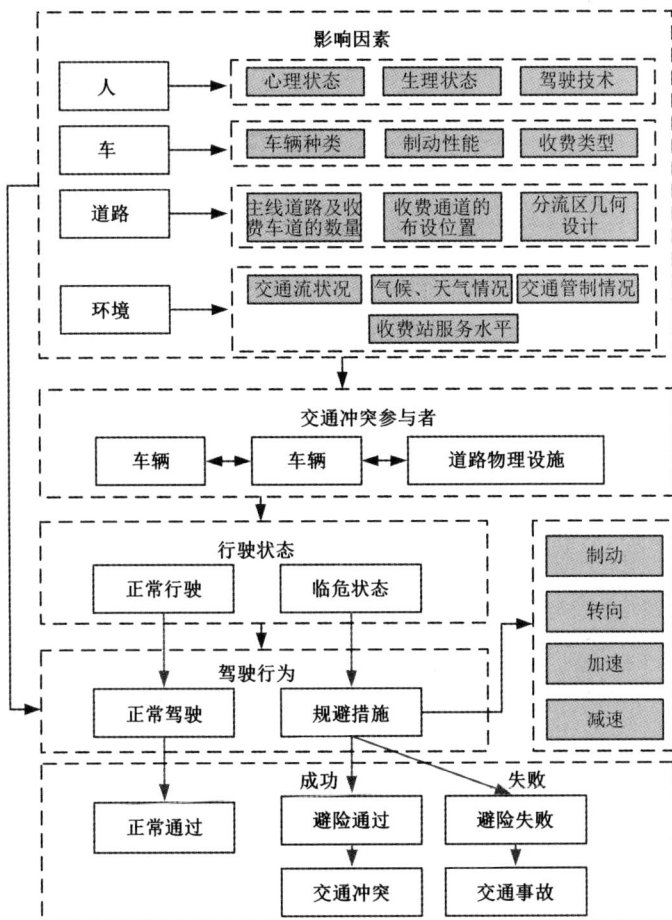

图 5-3　收费站分流区交通冲突的发生过程

5.4　混合型收费站分流区交通冲突特征

5.4.1　基于拓展距离碰撞时间的交通冲突估计

本书假设驾驶员可以在每一个时间离散点决定其驾驶决策，因此车辆安全在每一个时间离散点也会随之发生变化。基于微观车辆轨迹数据，获取车辆在每一时间步长的 ETTC 并对其危险状态进行判断，车辆在每一个时间步长时的安全状态被分为两种：安全和危险(0<ETTC<4 s)。基于以上章节相关车辆轨迹数据以及对 ETTC 的定义，对车辆在每一个时间步长时的交通冲突进行计算和判别。已知车辆在连续两个时刻的形心坐标 $O(x, y)$ 和速度坐标 $V(v_x, v_y)$，则车辆行车方

向和 x 轴正方向的夹角 θ 以及速度可以由式(5-1)和式(5-2)表示：

$$\sin\theta = \frac{y_2 - y_1}{\sqrt{(x_2 - x_1)^2 + (y_2 - y_1)^2}} \tag{5-1}$$

$$V_1 = (Vx, Vy) = (V\cos\theta, V\sin\theta) \tag{5-2}$$

考虑到实际的车辆行车角度与计算得到的角度之间的关系，车辆速度最终由式(5-3)计算得到。

$$\beta = \arcsin\left(\frac{y_2 - y_1}{\sqrt{(x_2 - x_1)^2 + (y_2 - y_1)^2}}\right)$$

$$V_1 = \begin{cases} (V(-\cos\beta), V\sin\beta), & \forall x_2 < x_1 \\ (V\cos\beta, V\sin\beta), & \forall x_2 > x_1 \end{cases} \tag{5-3}$$

将车辆速度代入 ETTC 计算式(4-13)即可得后车车辆 j 在这一时刻的事故风险。作者计算了样本视频中所有车辆在每一个时间步长时的 ETTC，均为车辆与车辆之间的交通冲突，车辆在收费站分流区的撞物冲突在此研究中尚不考虑。除公交车和货车(样本约占6%)之外，通过删除在整个行驶过程中周边无任何临近车辆的情况(15辆小汽车)，共获得1016辆小汽车的冲突数据。以 ETTC 为 10 s 提取样本，以 4 s 评判车辆是否处于危险状态，最终总共获得75732个样本，包含59364个(78.39%)安全样本和16368个(21.61%)危险样本。需要注意的是，在数据处理过程中，首先，对距离本车最近的车辆进行筛选，保证车辆最危险的状态被识别；其次，计算得到的两车间的 ETTC 值可以为正值或负值。为了便于后续分析，本书选取了 ETTC 在±10 s 之间的情况进行研究。

5.4.2　交通冲突空间分布特征

车辆在收费站分流区内的危险交通冲突具有多频性和差异性，如图5-4所示。首先，4个样本车辆在分流区内均多次发生危险交通冲突，这是由于分流区的区域较大，车辆周边环境、自身运动参数以及驾驶员判断会随着位置或者时间的变化而发生变化，在这一过程中车辆随时面临着发生事故的风险，从而造成多次交通冲突。其次，各个样本车辆发生冲突的位置、次数均有差异，如车辆2的冲突较少且集中在分流区后端，车辆1的冲突则较多且几乎分布于全部分流区内。

分流区内的车辆安全情况在每一时刻都是具有差异性的。图5-5为随机选取的2个样本时段内分流区发生危险交通冲突的位置，1 s 内分流区发生冲突的位置和数量均具有随机性。全部样本中危险样本发生的空间分布如图5-6所示，MTC 车辆和 ETC 车辆的冲突在分流区前端处于混杂状态，随后交织分布在分流区内；随着车辆逐渐完成分流，冲突点在分流区后段逐渐分隔开来，交织情况减少。

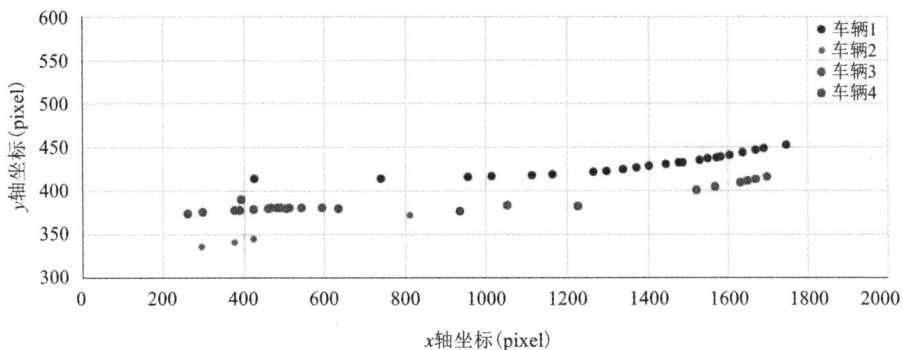

图 5-4　样本车辆在分流区内危险冲突点的位置示意图

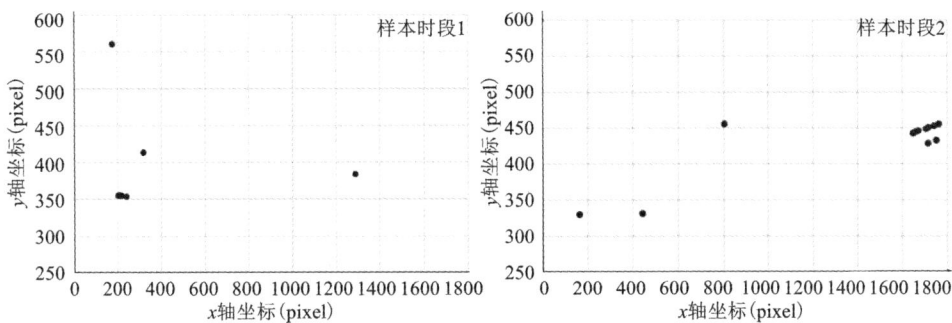

图 5-5　样本时段的分流区内危险冲突点的位置示意图(1 s)

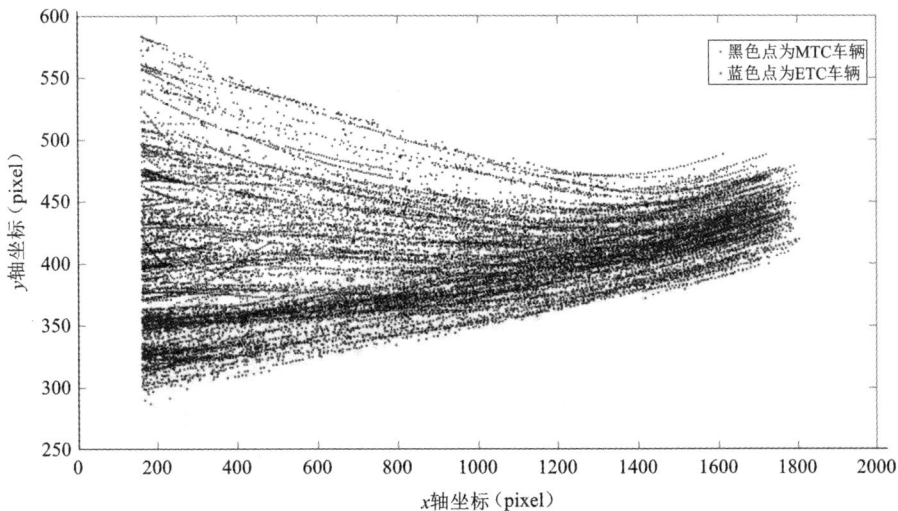

图 5-6　全部危险样本冲突点的空间分布图

5.4.3 交通冲突严重性特征

表 5-1 总结了全部危险样本的交通冲突严重性特征。全部危险样本的 ETTC 平均值为 2.12 s,MTC 车辆和 ETC 车辆危险样本的 ETTC 平均值分别为 2.17 s 和 2.07 s,表明 ETC 车辆在收费站分流区具有更高的交通事故风险。如图 5-7 所示,ETTC 集中分布在 1.5 s 至 3.5 s 区间内,危险程度较高的冲突数量相对较少。危险程度较高的冲突中(0 至 1 s),ETC 车辆的危险样本数量多于 MTC 车辆。随着危险程度提高,MTC 车辆的危险样本数量逐渐多于 ETC 车辆。ETC 车辆的 ETTC 值更小可能是与其速度有关,后面章节将采用模型进一步探究速度和交通冲突之间的影响关系。

表 5-1　危险样本交通冲突严重性特征

类别	ETTC/s			平均全程行驶时间/s	TET/s			
	样本量/个	平均值	标准差		平均值	标准差	最小值	最大值
总样本	16368	2.12	1.12	18.67	2.10	0.07	0.1	9.3
MTC 车辆	8408	2.17	1.1	19.04	1.96	0.10	0.1	8.8
ETC 车辆	7960	2.07	1.14	18.17	2.29	0.11	0.1	9.3

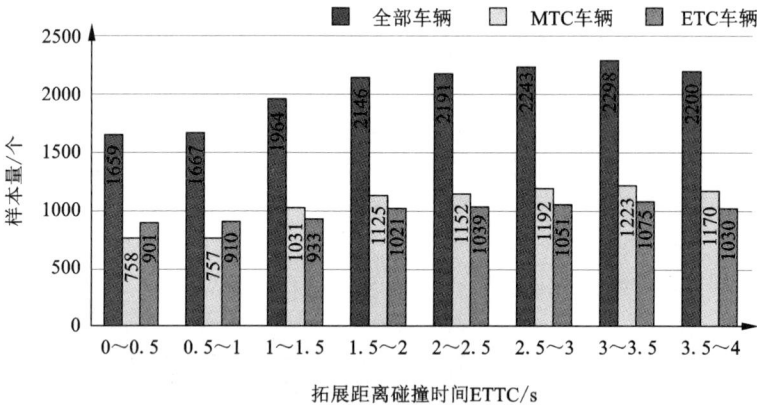

图 5-7　危险样本的交通冲突频率分布直方图

车辆在收费站分流区可能多次发生危险交通冲突,危险状态具有延续性,本节引入暴露危险时间(TET)对车辆危险持续时间进行分析[182]。对于某辆车在分流区内的 TET 值可由式(5-4)和式(5-5)计算得出,其中 t 为时刻,$ETTC^*$ 为 ETTC 的临界值,Δt 为时间步长,δ_i 为时刻 t 时的转换变量,N 为冲突频率。

$$\mathrm{TET}(t) = \sum_{t=1}^{N} \delta_i \cdot \Delta t \tag{5-4}$$

$$\delta_i = \begin{cases} 1, & \forall\ 0 < \mathrm{ETTC}_t < \mathrm{ETTC}^* \\ 0, & 其他 \end{cases} \tag{5-5}$$

车辆在收费站分流区内的 TET 平均值为 2.1 s，约占平均行驶时间的 1/9，代表车辆在分流区内的危险状态是具有时间持续性的。ETC 车辆的 TET 平均值高于 MTC 车辆，说明 ETC 车辆暴露于事故的持续时间较长。注意，虽然从危险程度来看，ETC 车辆在收费站分流区处于更为危险的状态，但由于研究样本收费站为混合型收费站，仅能证明同时存在两种车辆情况下每种车辆的安全状况，若全面推广 ETC 车辆，分流区的交通流会趋于平稳并且车辆交织的情况也会随之减少，其在分流区的安全将会得到大大提升。

5.4.4　交通冲突与车道选择的关系

车辆在收费站的车道选择与其分流行为以及碰撞风险之间具有潜在的高度相关性，其中车道选择包含三个方面：一是车辆在分流区前端的主线道路上的车道选择，称为初始车道选择；二是车辆在分流区终端的收费区域的收费通道选择，称为收费通道选择；三是车辆在分流区内车道变换的整体变换情况，称为车道变换。车辆起始以及最终车道的选择，决定了车辆在分流区两端的位置并直接影响车辆分流的方向、纵向位移以及执行分流的位置或者时间等，间接影响车辆在分流区内发生事故或冲突的可能性以及严重性。

（1）初始车道选择的影响。

表 5-2 统计了来自不同初始车道的样本的安全状态，结果显示，初始车道 3 的样本危险比例最低（18.67%），反之初始车道 1 样本的危险比例为最高（25.90%），表明来自车道 3 的车辆具有相对较低的事故风险，而车道 1 驶来的车辆更容易在分流区发生事故。车辆选择初始车道的分布特性影响危险样本的分布如表 5-2 所示，选择初始车道 2 的危险样本数量最多，其次依次为初始车道 3、车道 4、车道 1；来自初始车道 3 的安全样本数量则为最多。

通过对危险样本 ETTC 的计算可知，选择初始车道 2 的车辆发生冲突的严重性更高，来自初始车道 1 与初始车道 3 的车辆的发生冲突的严重性略低于初始车道 2 的车辆，但差异并不大，来自初始车道 4 的车辆发生冲突的严重性最低，可能是由于其较低的行驶速度。根据第 3 章的讨论可知，ETC 车辆和 MTC 车辆在初始车道选择上具有差异性，导致其发生危险的可能性也存在差异性。

表 5-2　危险样本及安全样本的初始车道分布特征

初始车道	车辆类型	危险样本			安全样本量及占比/个(%)	总样本量/个
		样本量及占比/个(%)	ETTC平均值/s	ETTC标准差/s		
1	MTC	530(22.41)			1835(77.59)	2365
	ETC	1992(27.02)	2.12	1.11	5381(72.98)	7373
	总样本	2522(25.90)			7216(74.10)	9738
2	MTC	2057(20.77)			7846(79.23)	9903
	ETC	3380(25.98)	2.10	1.13	9631(74.02)	13011
	总样本	5437(23.73)			17477(76.27)	22914
3	MTC	3369(18.70)			14644(81.3)	18013
	ETC	1899(18.62)	2.11	1.15	8299(81.38)	10198
	总样本	5268(18.67)			22943(81.33)	28211
4	MTC	2452(19.82)			9917(80.18)	12369
	ETC	689(27.56)	2.18	1.07	1811(72.44)	2500
	总样本	3141(21.12)			11728(78.88)	14869

　　图 5-8 进一步根据车辆的收费类型,对两种车辆的安全以及危险样本在各个初始车道的分布进行了探讨。如图 5-8 所示,不论是安全样本还是危险样本,选择同一初始车道的不同种类汽车的样本比例呈现不均衡性。危险样本中,来自初始车道 1 的 ETC 车辆危险样本比例最高,表示经过初始车道 1 驶入分流区并发生

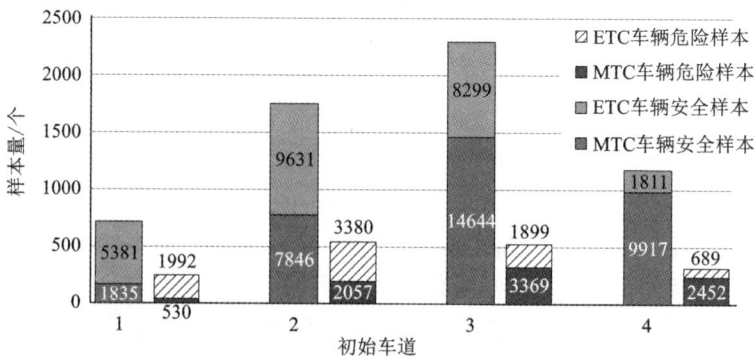

图 5-8　MTC 及 ETC 车辆危险及安全样本的初始车道分布特征

危险交通冲突的车辆大多为 ETC 车辆；反之，选择初始车道 4 的危险样本多为 MTC 车辆。由表 5-3 可知，MTC 车辆在各个初始车道的危险性的分布与总体样本相似，来自不同车道的 ETC 车辆发生事故的可能性则具有差异，选择初始车道 4 的 ETC 车辆具有最高的事故风险，其次才为初始车道 1 的车辆。

（2）收费通道选择的影响。

在一个区域内，车辆行驶终点的选择直接影响车辆行驶路线以及其分流行为。在收费站分流区内，车辆在末端的收费通道选择决定了车辆的最终位置。例如从相同初始车道驶进分流区的车辆中，选择正对初始车道位置的收费通道的车辆比选择其他收费通道的车辆，理论上不需要进行垂直道路方向的位移，即不需要进行变道分流，其因分流而产生的冲突则较少。车辆的收费通道选择不仅决定着其分流行为，也影响其在分流区内的事故风险。

如表 5-3 所示，选择收费通道 1 的车辆发生危险交通冲突的可能性最高（27.18%）。虽然整体上冲突可能性从收费通道内侧向外侧呈现递减趋势，但同时存在异质性，选择收费通道 3、6、10 和 12 的车辆相较于其相邻内侧车道的车辆更加危险。从样本数量来看，车辆的收费通道选择的不均衡性也导致选择不同收费通道的车辆发生事故的频数不均衡，其中选择收费通道 3 的车辆发生的事故最多，选择内侧收费通道的车辆发生事故的数量多于选择外侧收费通道的车辆。虽然选择收费通道 1 的车辆发生冲突的可能性最高，但其危险样本的 ETTC 平均值却较大，说明冲突危险性较低。选择收费通道 12 的危险样本的 ETTC 值最小，其余相对较小的收费通道为 3、2、8、4，代表选择以上收费通道并发生冲突的车辆可能面临更为危险的情况。

表 5-3　危险样本及安全样本的收费车道分布特征

收费通道	危险样本			安全样本量	总样本量/个
	样本量及占比/个(%)	ETTC 平均值/s	ETTC 标准差/s		
1	1658(27.18)	2.22	1.10	4441	6099
2	2980(23.28)	2.03	1.16	9823	12803
3	3322(23.43)	2.02	1.14	10858	14180
4	1190(21.66)	2.07	1.15	4305	5495
5	1605(19.82)	2.29	1.09	6494	8099
6	1597(22.87)	2.13	1.11	5386	6983
7	1150(19.73)	2.20	1.09	4678	5828
8	1311(19.21)	2.03	1.11	5513	6824

续表5-3

收费通道	危险样本			安全样本量	总样本量/个
	样本量及占比/个(%)	ETTC 平均值/s	ETTC 标准差/s		
9	818(16.64)	2.27	1.04	4098	4916
10	469(18.99)	2.28	1.09	2001	2470
11	238(12.99)	2.42	0.97	1594	1832
12	30(14.78)	1.50	0.89	173	203
总计	16368(21.61)	2.12	1.12	59364	75732

(3)车道变换的影响。

表5-4从车辆车道变换角度继续深入分析了车道选择在安全样本与危险样本中的特征。由于样本在各类变道上的分布不均,很难根据样本的数量对比发现准确规律,从危险样本在各类中的占比来看,选择向道路内侧变换1车道的危险样本比例最高(26.9%),其次选择向道路外侧变换1车道的危险样本比例也高达25.47%,向道路外侧变换2~5车道的样本中约有20%会发生事故。

选择向道路内侧变换3车道的危险样本ETTC平均值最高,反之向道路外侧变换9车道的危险样本ETTC平均值最小,说明MTC车辆向道路最外侧变换发生的事故严重性最高。变换车道数量和车辆事故风险之间并不存在明显的正相关关系,样本数量的限制可能是此表面特征形成的原因,两者深层次的关系需在后续研究中基于模型进行探究。

表5-4 危险样本及安全样本的车道变换分布特征

车道变换方向	车道变换数量	安全样本			危险样本						总样本量/个
		样本量			样本量及占比/个(%)			ETTC 平均值/s			
		全部	MTC	ETC	全部	MTC	ETC	全部	MTC	ETC	
道路内侧	3	33	—	33	1(2.94)	—	1	2.72	—	2.72	34
	2	791	—	791	111(12.31)	—	111	2.23	—	2.23	902
	1	6183	—	6183	2275(26.90)	—	2275	2.15	—	2.15	8458
不变换	0	11621	274	11347	3320(22.22)	202	3118	2.02	2.11	2.01	14941

续表5-4

车道变换方向	车道变换数量	安全样本 样本量			危险样本 样本量及占比/个(%)			危险样本 ETTC平均值/s			总样本量/个
		全部	MTC	ETC	全部	MTC	ETC	全部	MTC	ETC	
道路外侧	1	7118	1323	5795	2433 (25.47)	402	2031	2.05	2.18	2.03	9551
	2	7323	6350	973	1902 (20.62)	1478	424	2.18	2.19	2.16	9225
	3	7515	7515	—	2040 (21.35)	2040	—	2.21	2.21	—	9555
	4	6621	6621	—	1656 (20.01)	1656	—	2.03	2.03	—	8277
	5	6186	6186	—	1355 (17.97)	1355	—	2.23	2.23	—	7541
	6	2733	2733	—	621 (18.52)	621	—	2.21	2.21	—	3354
	7	2217	2217	—	481 (17.83)	481	—	2.34	2.34	—	2698
	8	875	875	—	151 (14.72)	151	—	2.21	2.21	—	1026
	9	148	148	—	22 (12.94)	22	—	1.10	1.10	—	170

5.4.5 交通冲突与行驶速度的关系

车辆行驶速度是众多交通安全研究中的关键研究点，也是决定车辆事故的关键因素。表5-5对收费站分流区内危险样本及安全样本的速度特征进行了总结，可以看出，危险车辆在收费站分流区内的平均速度(19.68 m/s)高于安全车辆(16.99 m/s)，代表速度较高的车辆更容易与前车发生危险交通冲突，这与车辆ETTC的定义也是相符的。在危险样本中，ETC车辆的平均速度高于MTC车辆，进一步说明ETC车辆在收费站分流区的高速度特征以及速度与交通事故风险之间存在显著的正相关关系。安全样本与危险样本的车辆初始速度也存在差异性，安全样本进入分流区的平均初始速度低于危险样本，MTC车辆和ETC车辆的初始速度也具有相同特征。

从安全样本和危险样本的初始速度频数累积分布图(见图5-9)可以看出，安全样本的初始速度集中区间(60~85 km/h)大于危险样本的初始速度集中区间(65~90 km/h)，安全样本速度低于85 km/h的高达91.21%，同量级的累积频率在危险样本中为初始速度小于 90 km/h。单因素方差分析被用于检查以下数据之间的差异性：危险车辆和安全车辆的平均速度，危险车辆和安全车辆的初始速度，危险 MTC 车辆和危险 ETC 车辆的平均速度和初始速度，安全 MTC 车辆和安全 ETC 车辆的平均速度和初始速度。结果显示，六对数据组之间均存在显著的差异性，具有统计意义。

表 5-5　危险样本及安全样本的速度特征

类别		车辆类型	平均值	标准差	P 值	
平均速度/ （m·s^{-1}）	危险样本	总样本	19.68	4.29		<0.001
		MTC	19.36	4.36	<0.001	
		ETC	20.02	4.18		
	安全样本	总样本	16.99	4.35		
		MTC	16.62	4.22	<0.001	
		ETC	17.51	4.46		
初始速度/ （m·s^{-1}）	危险样本	总样本	75.55	9.92		<0.001
		MTC	74.39	9.83	<0.001	
		ETC	76.78	9.86		
	安全样本	总样本	70.79	9.55		
		MTC	69.81	8.92	<0.001	
初始速度/ （m·s^{-1}）	安全样本	ETC	72.13	10.19		

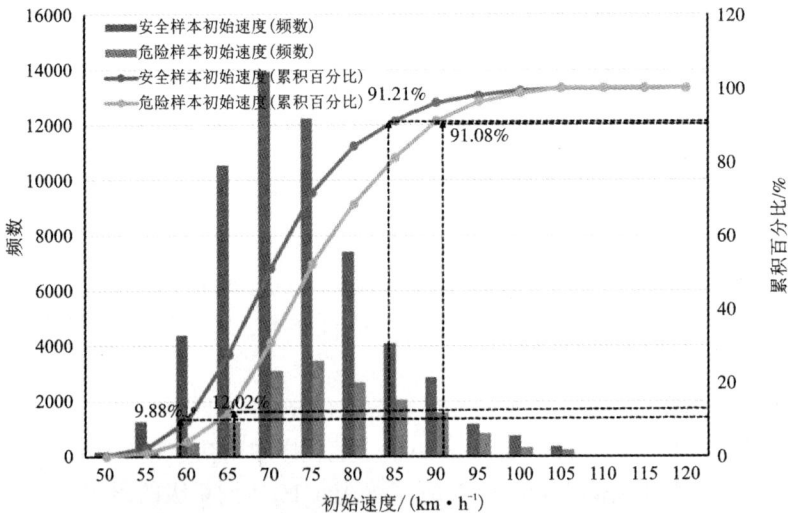

图 5-9　危险样本及安全样本的初始速度频数累积分布

5.5　本章小结

本章首先定义了收费站分流区交通冲突，综合考虑了冲突发生位置及冲突角度，划分了收费站分流区交通冲突类别并探讨了每类冲突的诱发情境以及特征。同时，系统地研究了分流区交通冲突发生机理，从人、车、路和环境四个角度详细剖析了各因素对交通冲突产生的作用。其次，基于微观车辆轨迹数据和 ETTC，识别了分流区所有样本车辆在每一时刻的安全状态，并综合分流区特性以及车辆特性，分析了车辆交通冲突的空间分布和严重性特征，探索了交通冲突与车辆的车道选择、行驶速度之间的关系。

研究结果表明，车辆在分流区内的交通冲突具有多频次和差异性表现，收费类型不仅影响交通冲突的空间分布，还会导致严重程度的差异，ETC 车辆且行驶速度较高的车辆在收费站分流区具有更高的交通事故风险。

本书为深入理解半约束车辆运动交通冲突贡献了理论基础，为直观刻画收费站分流区交通冲突特征以及车辆事故风险的预测提供了技术支撑，为交通安全管理者精准地评估复杂道路节点车辆安全提供了理论指导和实证参考。

第6章

收费站分流区车辆事故风险评估模型优选

6.1 引言

模型是事故风险评估的骨干，本章的任务是筛选出适用于收费站分流区微观车辆轨迹的最优模型。目前被广泛应用于交通安全研究的事故风险评估模型有参数模型和非参数模型两类，分别在模型解释能力和较高预测精度方面上具有优势，本书将会选取有代表性的六种模型，对比模型效能以及结果，最终选取适合应用于分流区安全评估的模型。

交通安全研究中广泛使用的事故风险评估模型包含两大类：参数模型（parametric model）和非参数模型（non-parametric model），两类模型的差异为是否对总体样本进行假设分布和是否有明确的目标函数形式。参数模型通常假设总体样本服从某个分布，此分布可由特定参数确定，非参数模型则不做任何总体分布假设，因此只能以非参数统计的方式进行模型推断。参数模型明确制定了目标函数的形式，可以通过数据结构化表达式和参数集表示，有学者考虑到事故发生与影响因素之间复杂的关系，多采用广义线性回归模型（generalized linear model, GLM）探究影响因素与车辆事故之间的关系[49, 50, 54, 100]。参数模型具有良好的理论解释性和清晰的计算结构，并且具有较快的模型学习和训练速度。然而参数模型的局限性也很明显，有限的复杂度使得参数模型通常仅能解决简单问题。此外，若原始数据不满足分布假设，可能会产生不正确的推论，因变量和自变量之间预先定义的潜在关系也同时受到模型本身的约束[66-68]。

非参数模型中数据分布假设自由，算法可以自由地从训练数据中学习任意形式的函数，实现对数据的分类或者回归。相较于参数模型，非参数模型具有较高的预测精度，其对总体的假设自由增强了模型的适用性和功能性，而且还能够用更加精简的变量或者图形揭示自变量与因变量之间的关系[54, 56, 69, 189]。虽然非参数模型在以上方面具有优势，但其通常容易发生过拟合，模型结果的可读性差，不能估计影响因素对车辆事故风险的边际效应（marginal effects），从而不利于构建风险管控措施的优先级，因此在安全分析应用中相比参数模型缺少实用性和便捷性[49]。

6.2　参数事故风险评估模型

参数模型主要包含线性回归模型和广义线性回归模型，广义线性回归模型（GLM）是对传统线性模型的拓展延伸，通过连接函数把因变量取值变换到自变量的线性预测的取值范围$(-\infty, +\infty)$中，具有很大的灵活性并且规避了线性模型在因变量值分布方面的局限，放松了对因变量的分布限制。交通安全研究中，车辆的事故/冲突数多为非负、随机、离散或者二项分布，并不服从正态分布，因此多采用 GLM 模型进行探究。泊松回归和负二项回归用来评估事故的发生频数，当预测事故是否发生时，因变量类型为二项分布的分类变量，因此常用 LR 模型进行拟合和评估。LR 模型通过 logit 变换，将连续性的因变量值通过此变换映射到合理区间，基础的 LR 模型中事故发生概率可由 $P(y=1)$ 表示，$\mathrm{logit}(P)$ 与自变量 x 建立线性回归关系，如式(6-2)所示；通过转换，事故发生概率 P 可由式(6-3)计算得出。

$$y = \mathrm{Bernoulli}(p) \tag{6-1}$$

$$\mathrm{logit}(P) = g(y_n) = \ln\frac{P}{1-P} = \ln\frac{p(y_n)}{1-p(y_n)} = \beta x + \varepsilon_n$$
$$= \beta_{0n} + \beta_{1n}X_{1n} + \beta_{2n}X_{2n} + \cdots + \beta_{kn}X_{kn}, \ n = 1, 2, \cdots, N \tag{6-2}$$

$$P = p(y_n) = \frac{e^{g(y_n)}}{1 + e^{g(y_n)}} \tag{6-3}$$

式中：N 是全部样本的数量；x 是数量为 k 的一组自变量；β 是一组与自变量相应的系数，代表 x 改变单位量时 $\mathrm{logit}(P)$ 的平均改变量，是优势比(odds ratio, OR)的自然对数，能够实际地解释模型结果。

模型需满足各个观测样本独立不相关性质假设(independence from irrelevant alternatives, IIA)，残差合计为 0 且服从二项分布。注意，LR 模型已经被不断优化并运用到事故风险评估模型中，例如考虑随机影响以及随机参数的 LR 模型、基于贝叶斯条件的 LR 模型、考虑变化因素影响下的 LR 模型等，后续章节将对这类方法进行详细讨论。

6.3　非参数事故风险评估模型

随着交通大数据的发展，交通安全研究数据变得丰富且呈现多源特征，目前对于车辆安全的研究不仅仅凭单一的事故数据及其他易获取的宏观信息，还可以获得微观的车辆行驶特征和区域范围的宏观交通状态。数据的丰富、多源一方面使得安全研究更加严谨，能够探究多种因素影响下的交通安全状态；另一方面却增强了探究车辆事故成因以及评估风险的难度, 对事故风险评估模型的要求较高。随着人工智能的发展, 机器学习算法很好地解决了上述问题, 能够通过机器强大的逻辑推理能力挖掘大数据样本下多种因素与被解释变量之间的内在关系, 本书将此类算法称为非参数模型。非参数模型可以用来进行分类或回归, 比如当预测是否存在潜在交通事故时, 为分类问题。

6.3.1 决策树算法

决策树(decision trees, DT) 是一种被常用于分类和回归的无参数监督学习方法, 以树状结构直观展示多个解释变量与被解释变量之间的关系, 其训练思想简洁且模型本身的解读性强, 可以说是最直观的机器学习模型之一。决策树的基本原理是根据某个度量从数据集中训练出一系列的划分规则, 通过不断划分数据集生成决策树, 其中每一步的划分都能够使得当前的信息熵增益达到最大, 常用的基本决策树算法有 ID3(interactive dichotomizer-3)、C4.5、C5.0、CART(classification and regression trees) 等。

CART 的功能比其他两种算法更为强大, 是由 Breiman 等提出[190], 采用二分递归分割, 以基尼指数(gini index) 来定义信息的增益并选择划分属性。基尼指数越小, 样本纯度越高, 分类效果就越好。虽然决策树模型便于解释, 但是容易产生过拟合, 使得模型对数据的泛化性能较差。在实际计算中, 通常采用剪枝、设置叶节点所需的最小样本数或最大深度等策略避免过拟合问题[56, 191, 192]。基尼系数定义如下所示:

$$\text{Gini}(y) = \sum_{k=1}^{K} p_k (1 - p_k) = 1 - \sum_{k=1}^{K} p_k^2 \tag{6-4}$$

可以利用经验基尼系数估计:

$$\text{Gini}(y) = \text{Gini}(D) = 1 - \sum_{k=1}^{K} \left(\frac{|D_k|}{|D|} \right)^2 \tag{6-5}$$

式中: $D = \{y_1, \cdots, y_N\}$, 为随机变量 y 生成的数据集; $|D|$ 代表 D 的总样本个数(N); 假设 y 取值空间为 $\{c_1, \cdots, c_k\}$; p_k 表示 y 取 c_k 的概率。

信息的增益是针对随机变量 y 和描述该变量的特征定义的, 此时 $D = \{(x_1, y_1), \cdots, (x_N, y_N)\}$, $x_i = (x_i^1, \cdots, x_i^n)$ 为描述 y_i 的特征向量, n 是特征的数量。对于单一特征 A, 数据集 $D = \{(A_1, y_1), \cdots, (A_N, y_N)\}$, 特征 A 能够带来的关于 y 的信息量的大小即为信息的增益, A 取值范围为 $\{a_1, \cdots, a_m\}$。因此信息的增益可以表示成下式[193]:

$$g_{\text{Gini}}(y, A) = \text{Gini}(y) - \text{Gini}(y \mid A) \tag{6-6}$$

$$\text{Gini}(y \mid A) = \sum_{j=1}^{m} p(A = a_j) \text{Gini}(y \mid A = a_j) \tag{6-7}$$

$$\text{Gini}(y \mid A = a_j) = 1 - \sum_{k=1}^{K} p_k^2 (y = c_k \mid A = a_j) \tag{6-8}$$

6.3.2 随机森林算法

随机森林(random forest, RF)是一种集成学习算法,在决策树为基学习器构建 Bagging 集成的基础上,进一步在决策树的训练过程中引入了随机属性选择[194],多用来对挖掘出的影响因素进行重要度排序,识别出影响事故风险的关键因素。决策树在选择划分属性时是在当前结点的属性集合中选择一个最优属性,而随机森林每划分一个分类回归树时都是基于自助采样(bootstrap)方法,从原始样本中随机选择出一个包含 k 个属性的子集,然后再从这个子集中选择一个用于划分的最优属性[191]。

随机森林算法拥有决策树的所有优点,同时弥补了决策树算法的一些缺陷。首先,随机森林算法规避了单一决策树算法可能出现的过拟合或误差较大问题。通过对特征引入随机扰动,可以进一步增加个体模型之间的差异,提升了最终模型的泛化能力。其次,随机森林算法通过对每个决策树取平均值,能够减少预测误差,提升预测精度,还能够处理具有高维特征的样本,使其被有效运行在大数据集上[195, 196]。随机森林模型预测精度主要受以下方面的影响:树之间的相关性(相关性增高会导致预测结果不准确)、每一棵树的预测精度(单棵树预测精度的增强会提升整体森林的预测精度)以及森林中树的总数(在计算效率条件下,通常树的数量越大,模型效果越好)。计算前通常需要对三个主要参数进行标定:森林中树的个数(num of estimators)、树的最大深度(max depth)和分割节点时考虑的特征的随机子集的大小(max features)。

6.3.3 支持向量机算法

支持向量机(support vector machines, SVM)是一种从样本数据出发,按照监督学习方式对数据规律进行学习并二分类的广义线性分类器,其具有非线性拟合能力和较强的小样本学习能力,不易陷入局部最优[197],因此也常被使用在事故风险评估研究中。模型基本思想是在特征空间找到一个最优分离超平面(optimization hyperplane),将样本分类并且满足误分类最小(structural risk minimization principle)、学习策略为间隔(margin)最大的要求,即两个异类支持向量到超平面的距离之和最大,寻找最优结果的过程为凸二次规划问题[61, 198]。当训练样本线性可分时,距离超平面最近的训练样本点为支持向量(support vector),可用线性方程划分平面;当数据在低维线性不可分时,可以通过核函数映射到高维转化为线性可分,划分平面的方程可分别表示如下[191]:

$$\omega^{\mathrm{T}}x+b=0 \tag{6-9}$$

$$\omega^{\mathrm{T}}\phi(x)+b=0 \tag{6-10}$$

其中,训练样本集为 $D=\{(x_1, y_1), (x_2, y_2), \cdots, (x_n, y_n)\}$,$y$ 为二分类因

变量，ω 为法向量(决定超平面的方向)，b 为位移项(决定超平面与原点之间的距离)，$\phi(x)$ 表示将 x 映射后的特征向量。求解 SVM 模型中的最优分离超平面可表示优化问题，如式(6-11)所示，而当训练数据线性不可分时，引入松弛变量，进行软间隔最大化。

$$\min_{\omega, b, \varepsilon} \frac{1}{2}\omega^{\mathrm{T}}\omega + C\sum_{i=1}^{n}\varepsilon_i \qquad (6-11)$$

$$\mathrm{s.t.}\ y_i(\omega^{\mathrm{T}}\varnothing(x_i)+b) \geq 1-\varepsilon_i,\ \varepsilon_i \geq 0,\ i=1,\ \cdots,\ n$$

式中：ε_i 为松弛变量；C 为用于调节对错分样本惩罚程度的惩罚参数，C 越大代表越不能容忍误差，C 过大和过小分别容易导致模型的过拟合和欠拟合。

可通过拉格朗日乘子法将上述优化转换为对偶变量的优化，从而求解与原问题等价的对偶问题以获得最优解，对偶问题如式(6-12)所示，引入核函数简化问题可得到式(6-13)，式中 α_i 为拉格朗日乘子，$k(x_i,\ y_i)$ 表示核函数。核函数存在多种形式，目前多采用线性核、多项式核、径向基核(RBF)以及 sigmoid 核，本书采用 RBF 核函数，其函数公式为式(6-14)，其中 γ 为内核参数，γ 越大，支持向量越少；反之，支持向量越多。支持向量的个数影响模型训练和预测的速度[199]。

$$\max_{\alpha}\sum_{i=1}^{n}\alpha_i - \frac{1}{2}\sum_{i=1}^{n}\sum_{j=1}^{n}\alpha_i\alpha_j y_i y_j(x_i)^{\mathrm{T}}\varnothing(x_j) \qquad (6-12)$$

$$\max_{\alpha}\sum_{i=1}^{n}\alpha_i - \frac{1}{2}\sum_{i=1}^{n}\sum_{j=1}^{n}\alpha_i\alpha_j y_i y_j k(x_i,\ x_j) \qquad (6-13)$$

$$\mathrm{s.t.}\ \sum_{i=1}^{n}\alpha_i y_i = 0,\ C \geq \alpha_i \geq 0$$

$$k(x_i,\ x_j) = \exp(-\gamma\|x_i - x_j\|^2),\ \gamma > 0 \qquad (6-14)$$

6.3.4　K 邻近算法

K 邻近算法(K-nearest neighbor, KNN)是一种基于邻居的监督学习，为基本的分类与回归学习算法，经常应用于决策边界不规则的分类情况。其基本原理为基于某种距离度量找出训练集中与给定新实例最靠近的 k 个训练样本，然后基于这 k 个"邻居"的信息进行预测，在分类预测中找到这 k 个样本中出现最多的类别并标记作为预测结果[200, 201]。K 邻近算法是典型的懒惰学习(lazy learning)算法，训练过程不能用显式表达，仅简单地存储训练数据的信息，没有相关参数训练，测试时将测试样本与训练样本进行比较和计算距离，最终实现判别。模型含有三个要素：k 值、距离的度量和分类决策规则。其中 k 值的选择高度依赖数据，当 $k=1$ 时为最邻近算法，通常 k 值过小易导致过拟合，降低预测效果，k 值越大越能抑制噪声的影响，但是过大也会使得分类界限模糊并且不相关的实例对结果产生影响，就需要使用交叉验证法确认 k 值。实际算法应用中，距离可通过以下公式计算[202, 203]：

$$d_{ij} = (\sum_{m=1} |x_{im} - x_{jm}|^p)^{1/p} \tag{6-15}$$

式中：d_{ij} 是实例 i 和 j 之间的距离；x_{im} 和 x_{jm} 分别是两个实例是第 m 个自变量的值；当 p 值为 2 时是常用的欧氏距离（Euclidean distance），p 值为 1 时是曼哈顿距离（Manhattan distance）。

K 邻近算法具有易于理解和实现的优势，适用于数值型和离散型数据，可对稀有事件进行分类，但其计算较为复杂、计算量大，并且模型可解释性较差，因而在应用中适用于样本量较小和样本较平衡的情况。

6.3.5　神经网络算法

在机器学习领域，神经网络（neural networks，NN）是人工神经网络的简称，是一种模仿人类神经网络行为特征，进行大规模并行信息处理的算法。该算法为分布式存储、高度冗余和非线性运算，因此具有较强的运算速度、学习能力、适应性和容错能力，已经成为一种强大的分类和回归分析模型。M-P 神经元模型是对神经网络的首次数学抽象，针对单个的神经元进行了数学建模，主流的神经网络模型为多层前馈神经网络（multi-layer feed-forward NN），是多层感知机模型（multi-layer perceptron，MLP），以层（layer）为基本单位，每一层都可想象成是由若干个 M-P 神经元排列组成的神经层，包含输入层、隐层和输出层[191, 204]。

目前已有多种训练神经网络的算法被提出，包括反向传播神经网络（back-propagation，BP）、卷积神经网络（convolutional NN，CNN）、长短时记忆神经网络（long short-term memory networks，LSTM）等，其中 BP 算法的结构较为简单、可塑性强、数学意义明确，因此其应用得最为广泛。BP 算法原理是在迭代的每一轮中利用梯度来更新结构中的参数，最终使得损失函数最小化，训练过程分为信号正向传播和误差逆向传播，根据逆向传至隐层的误差对神经网络连接权和阈值进行调整，最终迭代停止并得到最优结果。BP 算法首先计算损失函数的梯度，如式（6-16）所示，继而进行局部梯度的反向传播，如式（6-17）所示[193]：

$$\delta^{(m)} = \frac{\partial L(y, v^{(m)})}{\partial v^{(m)}} \times \varnothing'_m(u^{(m)}) \tag{6-16}$$

$$\delta^{(i)} = \delta^{(i+1)} \times w^{(i)T} \times \varnothing'_i(u^{(i)}) \tag{6-17}$$

式中：δ 为局部梯度；v 为激活值；m 为层数；$w^{(i)}$ 为第 i 层（L_i）与 $i+1$ 层之间的权值矩阵；$u^{(i)}$ 为 L_i 中神经元；$\varnothing_i$ 为激活函数；运算符"×"代表矩阵乘法。激活函数代表模型结构中的非线性扭曲力，常见的有 Sigmoid 函数[见式（6-18）]、双曲正切函数[见式（6-19）]、线性整流函数、ELU 函数等，scikit-learn 中默认激活函数为双曲正切函数。神经网络的隐含层数以及每层神经元数（节点数）是模型估计中的关键参数，会影响模型训练效果和误差，实际计算中可将精度曲线作为参考进行决定。

$$\varnothing(x) = \frac{1}{1+e^{-x}} \tag{6-18}$$

$$\varnothing(x) = \frac{e^x - e^{-x}}{e^x + e^{-x}} \tag{6-19}$$

6.4 收费站分流区车辆事故风险建模与优选

6.4.1 数据来源与模型构建

为对比多种模型对于收费站分流区事故风险评估的表现，本书构建六种评估模型，分别使用 LR、KNN、SVM、NN、DT、RF 模型评估车辆发生事故的可能性。模型估计基于 5.3.1 节获取的车辆在分流区的运行以及危险状态判断数据，样本总数为 75732。以 1 s、2 s、3 s、4 s 为 ETTC 判断阈值，危险样本比例分别为 4.39%、9.82%、15.67% 和 21.61%。总样本数据集通过随机选取分为训练集（80%数据）和验证集（20%数据），被解释变量为二分类变量：具有潜在事故（$y=1$）和不具有潜在事故（$y=0$）。模型输入样本以及考虑的候选变量与第 7 章相同，具体内容如表 7-2 所示。

非参数模型基于 scikit-learn 进行学习，为了提高模型预测效果，使用 10 折交叉验证（10-fold cross validation）将原始训练数据集分为训练子集和验证子集。如图 6-1 所示，原始训练集 D（training dataset）被分成 10 个子集 D_i，$i \in \{1,$

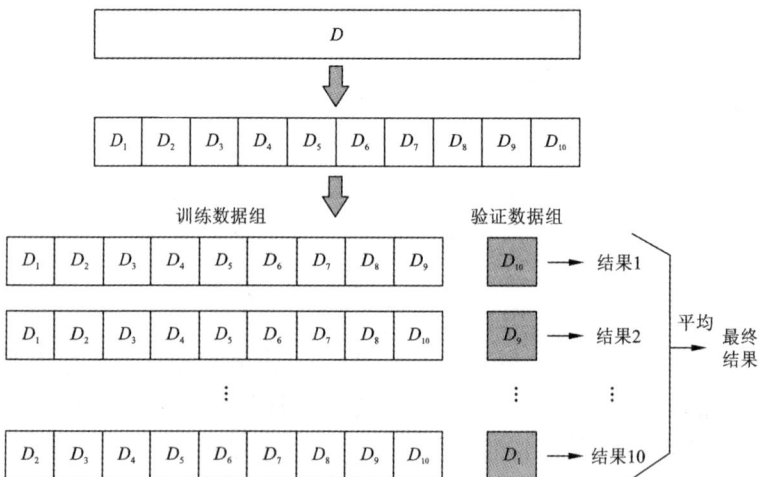

图 6-1 10 倍交叉验证示意图

2，…，10}。在每一次迭代中，轮流将其中 9 份做训练，1 份做测试进行试验，每次得到预测的准确率都以 10 次均值作为对算法精度的估计值，即最终的模型输出结果。各模型中的关键参数，如 KNN 模型中的临近分类器数量（K 值）、SVM 模型 RBF 核函数的 γ（gamma）值、NN 模型的隐含层数（hidden layer size）、DT 模型的决策树最大深度（max depth）、RF 模型的树的个数（num of estimators）由通过训练和验证过程的正确率曲线（accuracy curve）确定，其余参数采用默认值。

模型在不同 ETTC 阈值下的正确率曲线如图 6-2~图 6-5 所示，五种非参数模型均呈现出不同的精度曲线。一般来说，训练精度高表明训练子集具有良好的预测性能，而验证精度高则可以避免过拟合现象。因此在保证验证精度的前提下，最终选取的关键参数值具有较高的训练过程精度。

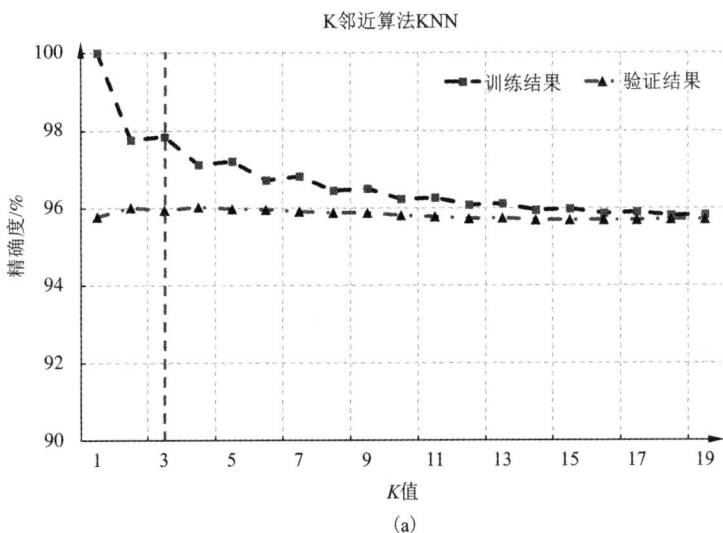

(a)

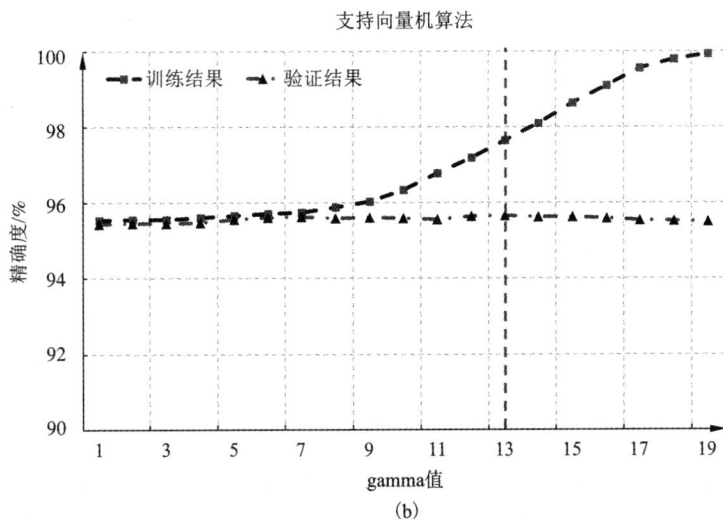

(b)

神经网络算法

(c)

决策树算法

(d)

随机森林算法

(e)

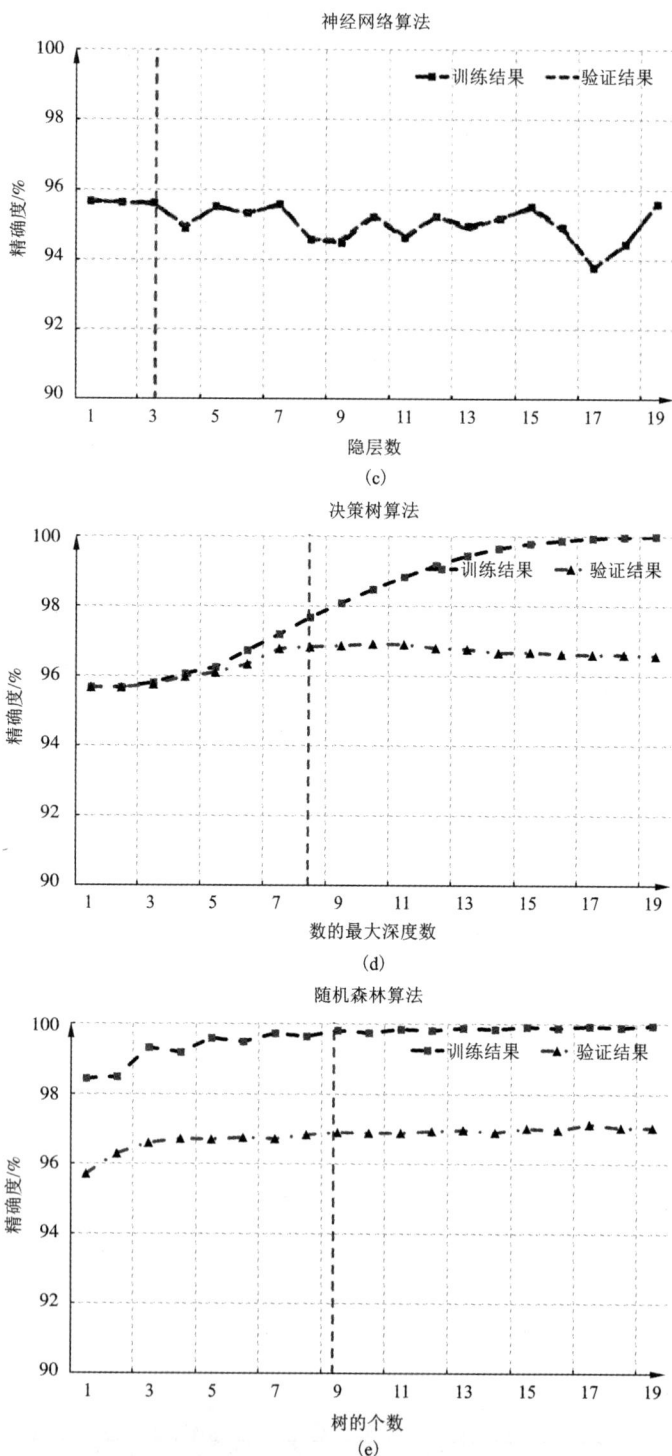

图 6-2 模型预测精正确率曲线以及关键参数选取(ETTC 阈值=1 s)

图 6-2 中 KNN 模型的训练精度随着 K 值的增大呈现出波动下降的趋势，而验证精度的变化浮动较小，当临近分类器数量为 3 时，能够保证训练和验证精度都相对较高。SVM 模型中的关键参数 RBF 核函数的 γ（Gamma）值被设定为一个具有 19 个不同值的几何序列（$10^{-4} \sim 10^{-2.3}$），结果显示训练精度在第 7 个值之前较稳定，之后呈显著上升趋势，验证精度则在第 13 个值之后开始下降，因此选取第 13 个值作为模型参数。

NN 模型的训练和验证的正确率曲线具有相似度非常高的趋势，因此选取精度最高时隐层的数量，此时为 3 个隐层。DT 模型的正确率曲线的变化趋势与 SVM 模型相似，当决策树的最大深度为 8 层时，模型具有最高的验证精度和相对较高的训练精度。RF 模型的训练和验证的正确率始终保持在较高水平，随着树的个数增加，其模型预测精度缓慢提升，为了避免过拟合现象，选取树的个数为 9 为模型参数。ETTC 阈值为 2 s、3 s、4 s 条件下五个非参数模型的正确率曲线，如图 6-3 至图 6-5 所示，以相同方法确定模型中关键参数的取值，具体取值如图中所示，在此不进行赘述。

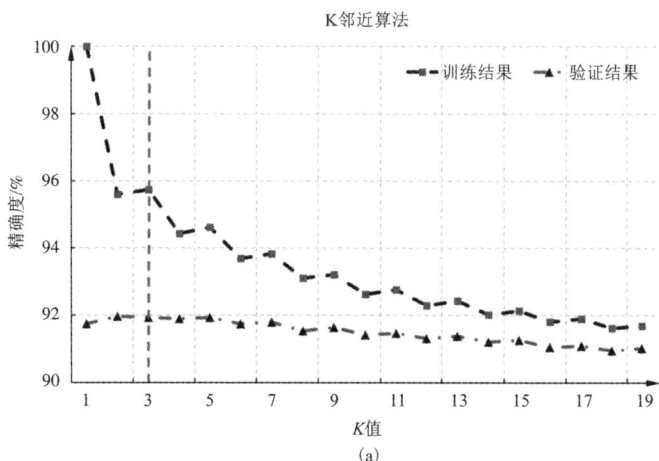

(a)

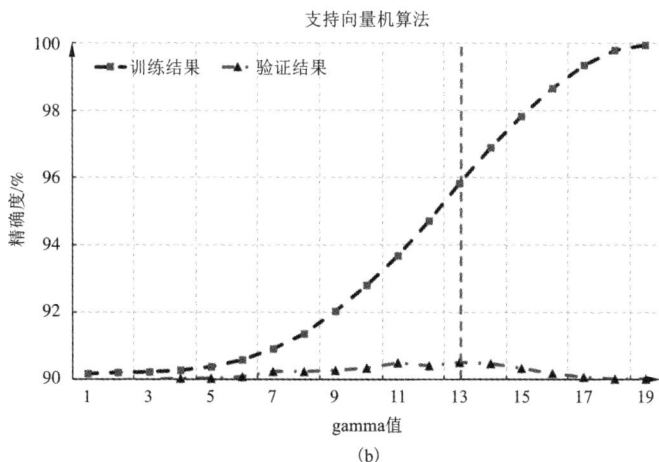

(b)

神经网络算法

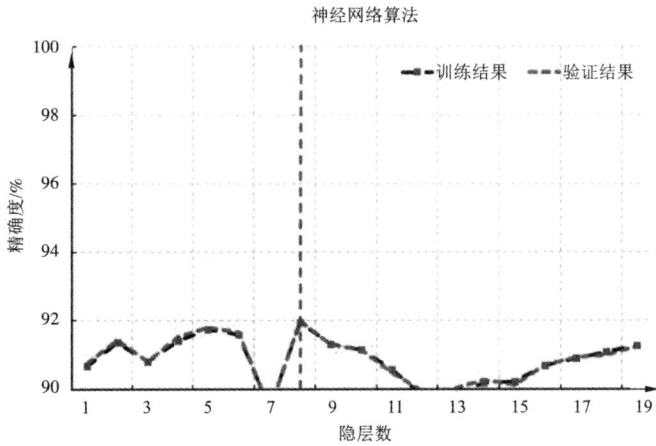

(c)

决策树算法

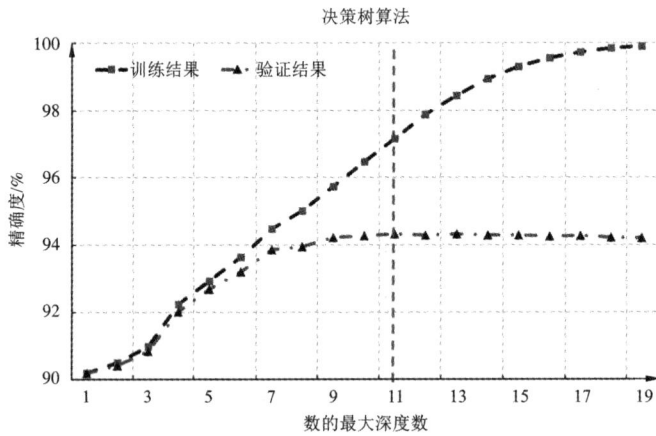

(d)

随机森林算法

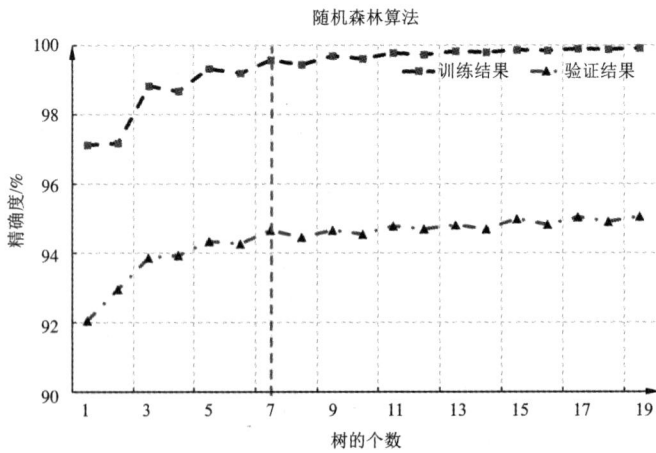

(e)

图 6-3　模型预测精正确率曲线以及关键参数选取（ETTC 阈值＝2 s）

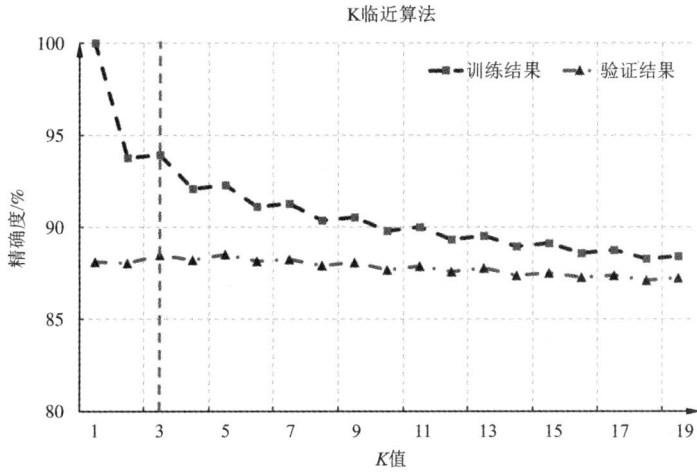

(a)

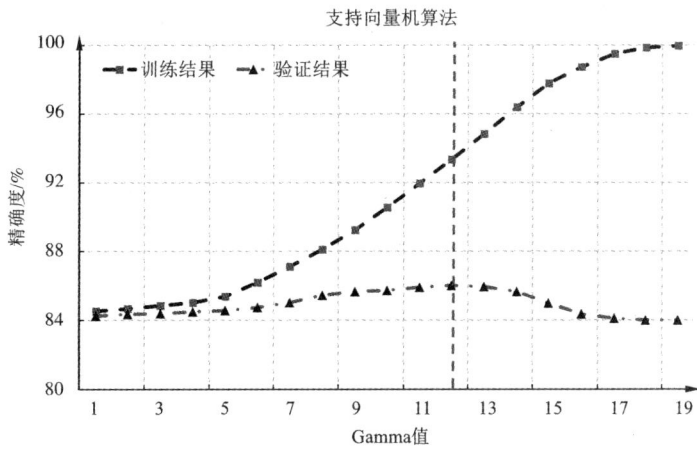

(b)

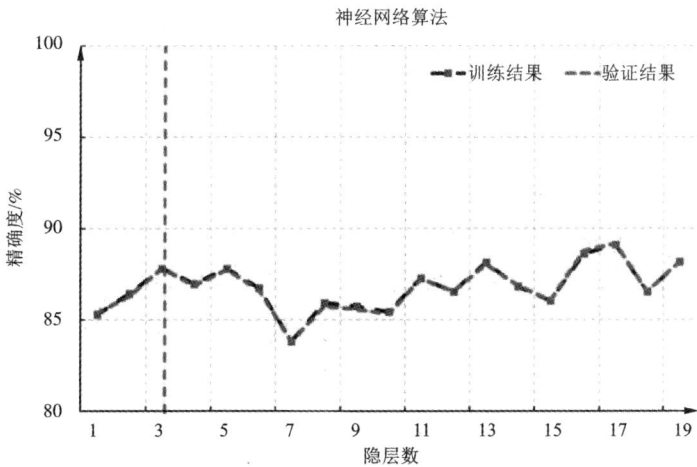

(c)

决策树算法

随机森林算法

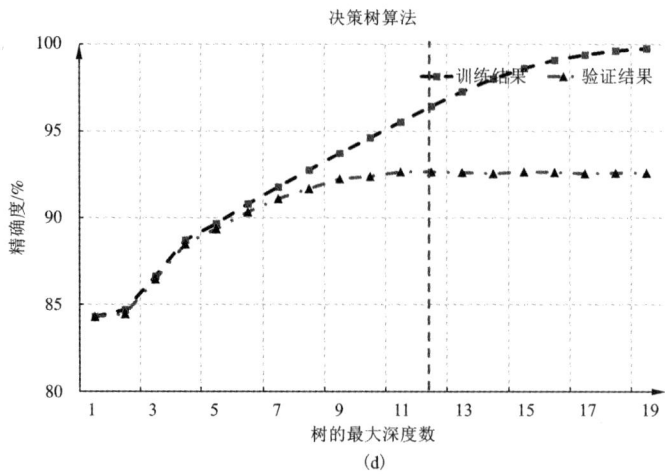

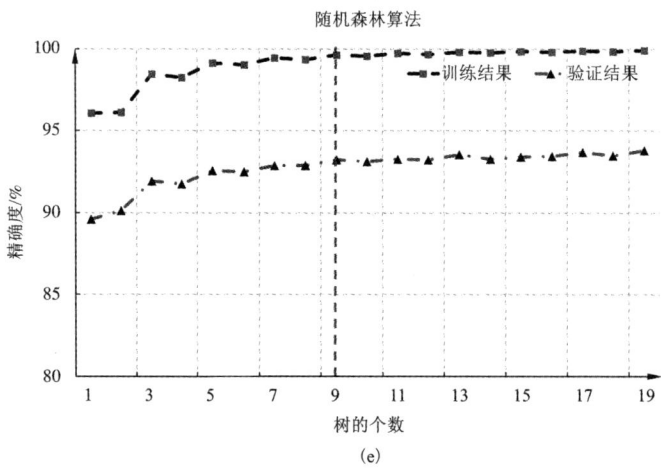

图 6-4 模型预测精正确率曲线以及关键参数选取(ETTC 阈值=3 s)

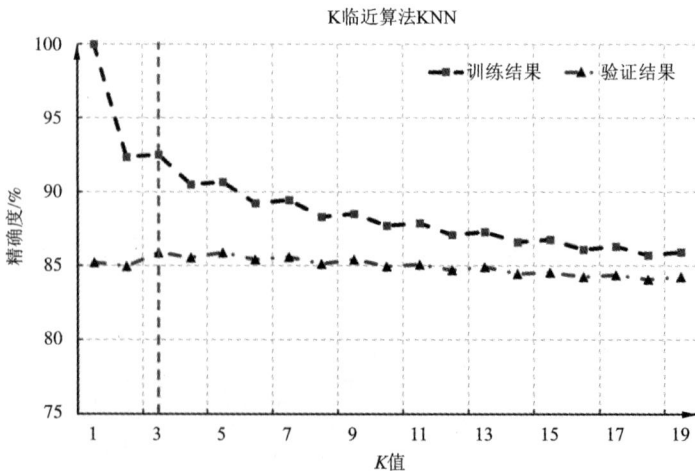

K临近算法KNN

支持向量机SVM

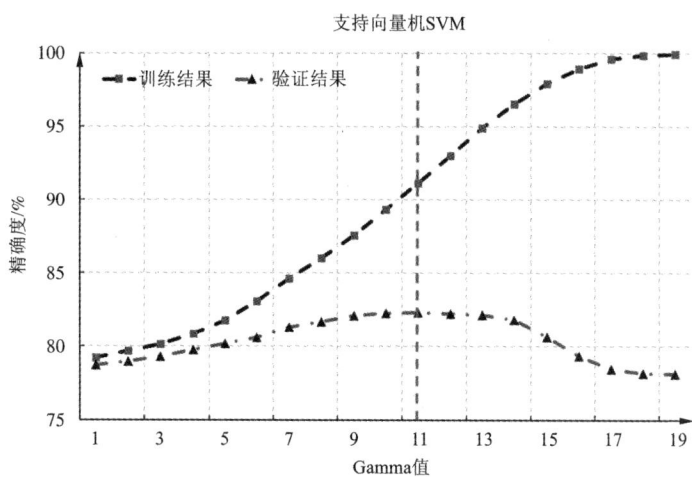

神经网络Neural network

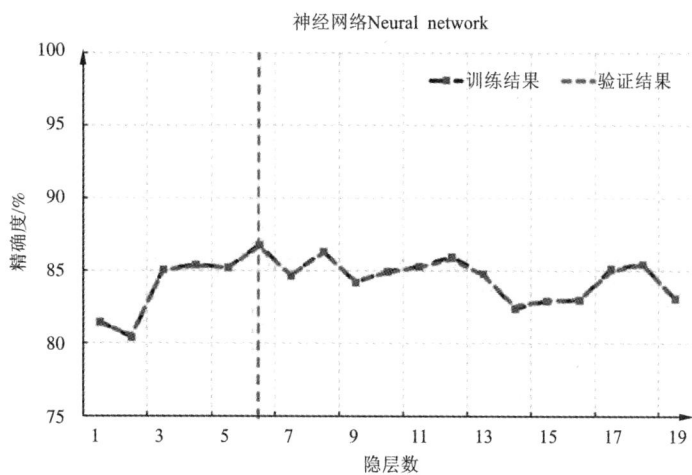

决策树Decision tree

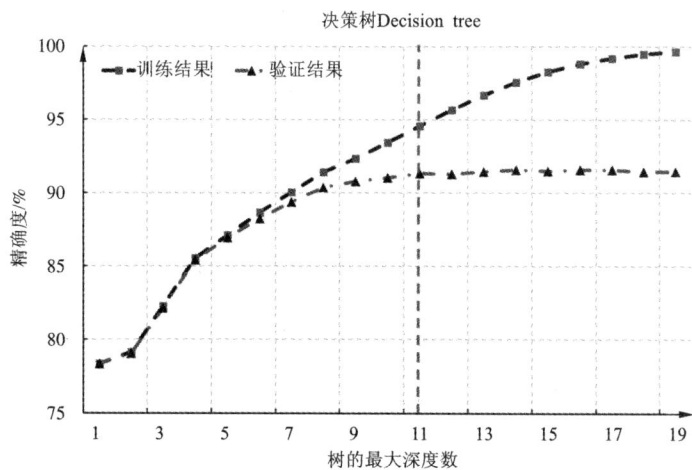

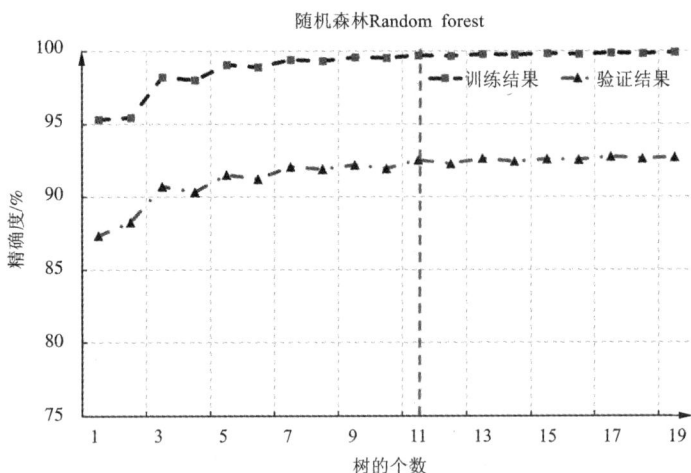

图6-5　模型预测精正确率曲线以及关键参数选取（ETTC阈值=4 s）

6.3.2　模型结果对比与分析

　　以模型正确预测的准确度（占样本总数的百分比）对模型效果进行验证和对比，亦称为模型精度，通常精度高的模型效果优于精度低的模型，表6-1列举了LR、KNN、SVM、NN、DT、RF模型在训练、验证以及预测时的精度。总的来看，大部分模型的预测精度都高于90%，验证了这些模型的有效性，可能是由于微观车辆轨迹数据提供了大量的车辆动态微观信息，可为预测事故风险提供更多细节，模型对车辆事故的评估准确度均较高。

表6-1　不同模型的训练、验证、预测精度

精度/%	LR	KNN	SVM	NN	DT	RF
ETTC 阈值=1 s						
训练（training）	95.70	97.84	97.64	95.61	98.48	99.82
验证（validation）	—	95.95	95.67	95.58	96.92	96.89
预测（prediction）	95.40	96.01	95.68	95.37	96.90	96.87
ETTC 阈值=2 s						
训练（training）	92.60	95.74	95.83	91.93	97.16	99.58
验证（validation）	—	91.93	90.53	91.99	94.33	94.66

续表6-1

精度/%	LR	KNN	SVM	NN	DT	RF
预测(prediction)	92.59	92.22	95.35	91.13	94.26	94.90
ETTC 阈值 = 3 s						
训练(training)	90.50	93.92	93.35	87.82	96.45	99.64
验证(validation)	—	88.47	86.04	87.80	92.64	93.24
预测(prediction)	90.38	88.75	92.61	84.51	92.97	93.52
ETTC 阈值 = 4 s						
训练(training)	89.20	92.53	91.13	86.83	94.58	99.71
验证(validation)	—	85.92	82.34	86.69	91.35	92.51
预测(prediction)	88.60	86.04	88.09	88.37	91.27	92.43

再者，随着 ETTC 阈值的增大，各模型的预测准确度均呈现为下降趋势，可能是安全样本与危险样本比例变化导致的。当 ETTC 阈值为 1 s 和 2 s 时，六个模型的预测精度均高于90%，其中 ETTC 阈值为 1 s 时各模型的预测精度差异微小，暗示各模型对分流区事故风险预测的准确率相差较小。当 ETTC 阈值增长到 2 s 时，LR、KNN、NN 模型的预测精度下降幅度大于其余三种模型，其中 NN 模型效果最差(91.13%)。当 ETTC 阈值为 3 s 时，KNN 和 NN 模型的预测精度下降到90%以下，预测准确度欠佳。当 ETTC 阈值为 4 s 时，KNN 模型的预测准确度最低，KNN、SVM、NN 模型的预测准确度低于 LR 模型。

大部分非参数模型的训练精度高于验证精度和预测精度，可能是复杂的模型结构导致非参数模型无法避免过拟合问题，然而参数模型的结构简单有效，使得 LR 模型的训练精度和预测精度近似相等。另一种成因可能是数据结构，以往部分研究提出非参数模型在宏观事故数据的水平上具有优秀的模型精度[56, 61, 66]，例如 Dong 等人[59]在使用 SVM 模型进行事故风险评估时，数据来源为宏观事故数据，其余解释变量数据均是基于 15 min、30 min 或者 1 h 的集计数据，这些数据的结构与本书所使用数据的结构明显不相同，本书数据是以 0.1 s 为时间间隔的微观数据，因变量是车辆微观交通冲突而非事故数，这些差异可能会导致模型性能的改变。

横向对比来看，DT 和 RF 模型精度能一直保持优于90%，模型效果始终优于其他模型。随着 ETTC 阈值的增大，KNN、SVM、NN 模型的预测准确度开始表现欠佳，大部分情况的预测准确度低于 LR 模型，表明不是所有非参数模型效果都优于参数模型。相较于参数模型，虽然 DT 和 RF 模型具有较高的预测精度，且不需要检验数据分布假设，但其工作过程类似"黑箱"操作，无法给出明确的函数表达式，对结果的解释能力欠佳，不利于捕捉各因素与车辆事故风险之间的内在联系。以 DT 模型的结果为例，最优模型结果为决策树最大深度分别为 8(1 s)、11(2 s)、12(2 s)、11(4 s)时，较多的层数导致决策树结构复杂，其可视性和直观性较弱，增加了实际分析的难度。另外，常用的 DT 模型(CART)为二叉树，只能将因变量进行二分类，不能分析所有变量对事故风险的影响，因此 DT 模型并不适用于分析特定变量对车辆安全的影响[55, 190]。

由于最优决策树深度较高不便展示，图 6-6 选取最大深度为三层时 DT 模型的预测结果进行示例说明。如图 6-6(d)所示，本车速度、前车速度、两车距离为 DT 模型主要分类器，说明这些参数是影响分流区车辆安全的关键变量。决策树第一层以两车距离对车辆事故风险进行分类，暗示此参数对分流区车辆安全最为重要，距离小于 7.977 m 的交通冲突在此层被判断为潜在事故，其余两层继而以本车速度、前车速度、两车距离为判断依据对事故进行分类。可以看出，DT 模型结果仅揭示了三个参数与分流区车辆事故风险之间的关系，为粗密度分类，更适用于探索关键变量和预测影响因素较少的事故。

参数模型在对分流区车辆事故风险评估表现上也具有优劣性。首先，参数模型的预测精度位于中上水平，规避了模型过拟合问题，对分流区事故风险评估具有较好的表现。其次，参数模型不仅适用于捕捉多个解释变量与事故之间的内在联系，模型估计结果为直观的函数表达式，能够用来准确预测事故发生的概率，估计每一个因变量对事故的边际效应，更适用于实际工程应用。然而若出现违反参数模型假设的情况，则会导致模型的错误估计，再者，虽然能够通过因变量相关性检验剔除高度相关变量，但很难完全消除相关因素对模型结果的误差影响，更重要的是 LR 模型不能横向比较各参数对事故的影响程度，难以识别出关键变量。根据以上原因，部分研究提倡当同时使用参数模型和非参数模型进行事件预测，以两种方式的互补来弥补模型表现的不足[59, 63]。也有许多研究对参数模型进行补充，以拓展模型的适用性，例如在 LR 模型中引入弹性效应计算各参数变化对车辆事故的影响程度，使得 LR 模型具有和 DT、RF 等非参数模型相似的功能。另外，通过引入随机变量和改变模型估计方法，LR 模型能够分析样本之间的差异性，这是非参数模型不能求解的。因此，充分考虑对模型结果信息以及功能的要求后，可选择参数模型探究分流区车辆事故与各因素之间的关系，具体模型估计结果将在后续章节中讨论。

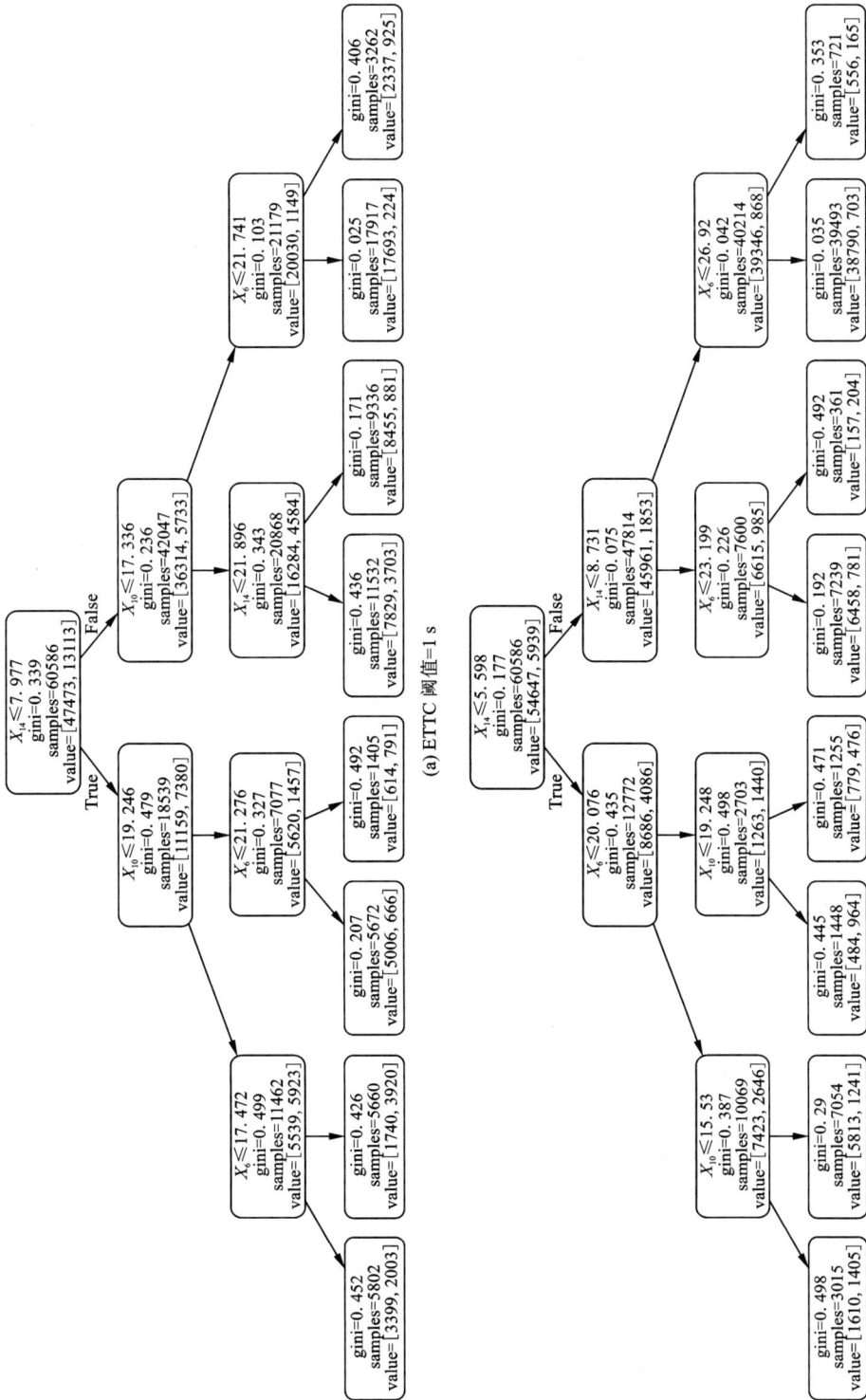

(a) ETTC阈值=1 s

(b) ETTC阈值=2 s

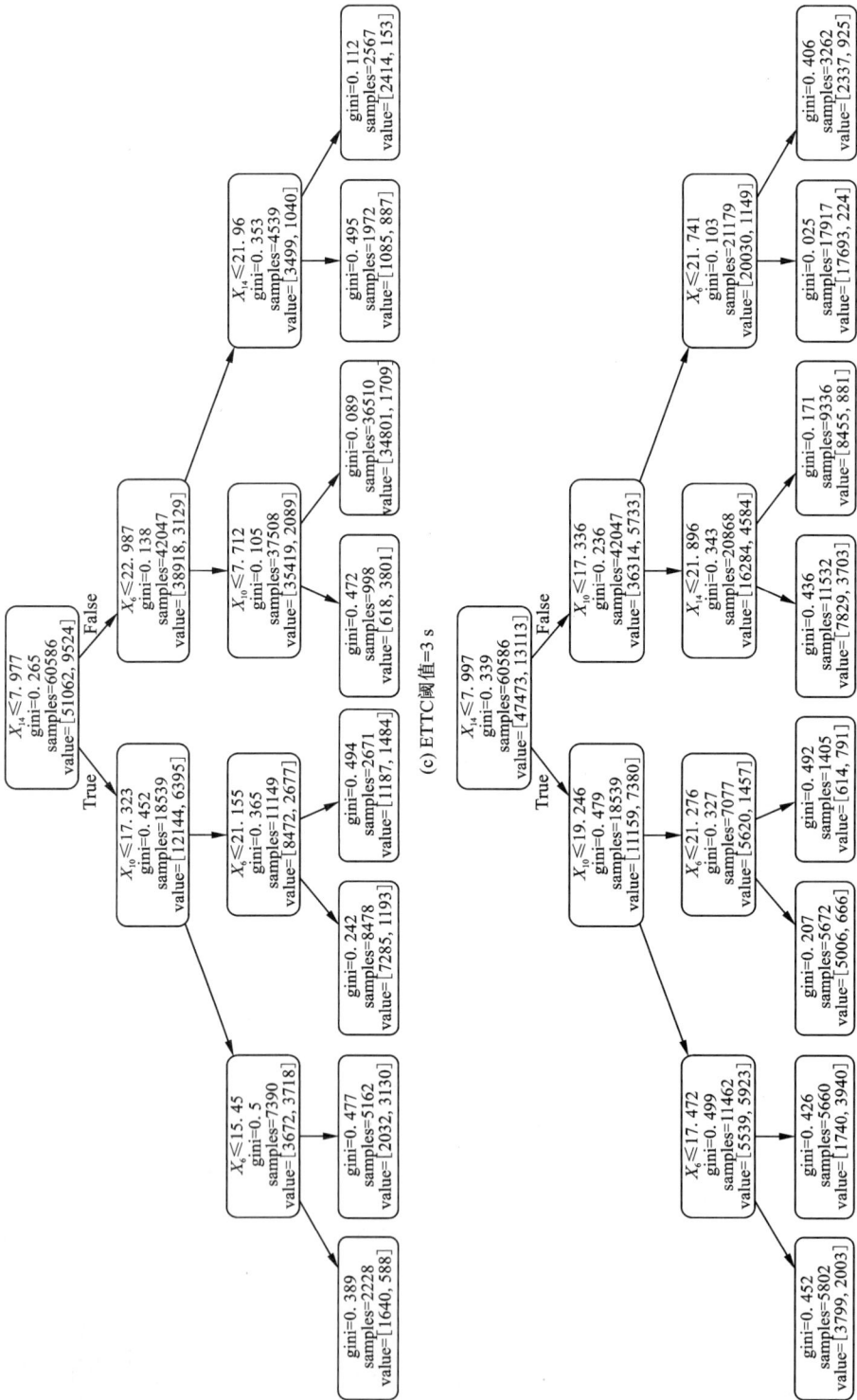

图6-6　不同ETTC阈值情况下DT模型结果示例

(c) ETTC阈值=3 s

(d) ETTC阈值=4 s

注：X_6是本车速度（F_v），X_{10}是前车速度（L_v），X_{14}是两车距离（D_{ij}）；本图仅展示了最大深度为3时的模型结果，不是最优模型结果。

6.5　本章小结

　　本章基于收费站分流区微观车辆轨迹以及对半约束车辆运动交通冲突的估计，详细讨论了参数模型与非参数模型在事故风险评估领域的应用以及各自优势，选取 LR、决策树、随机森林、支持向量机、K 邻近、神经网络六种算法对相同数据样本的车辆事故风险进行评估。通过对比模型结果与精度发现，大部分模型的预测精度均高于 90%，验证了这些模型对事故风险评估的有效性。另外，随着 ETTC 阈值的增大，各模型的预测准确度均呈现为下降趋势，非参数模型的过拟合问题导致模型的训练精度高于验证精神和预测精度，参数模型训练和预测精度近似相等。同时，提出由于非参数模型的工作机制类似"黑箱"，模型结果的解释性和可读性较差，参数模型虽然受数据分布假设的影响，但预测精度位于中上水平并且能够很好地解释模型，方便将模型应用到交通安全管理实践工作中，建议使用参数模型研究收费站分流区车辆事故风险。

第 7 章

基于贝叶斯方法的收费站
分流区车辆事故风险评估

7.1 引言

第 3 章和第 4 章研究分别对收费站分流区车辆进行了精确的微观轨迹提取和准确的交通冲突计算,为车辆安全研究提供了坚实的数据基础,本章将在此基础上继续构建车辆事故风险评估模型,深入探索车辆自身、交通流等因素对行车安全的影响机理。第 5 章对收费站分流区车辆冲突特征的分析表明,车辆行驶位置、车道选择、交通特性、跟驰类型等各方面因素均与车辆安全之间存在一定的相关性。但上述分析仅对各影响因素与车辆冲突之间的关系进行初步探索,并未构建模型和因变量与自变量之间的数学关系,因此需要通过建立更加缜密的模型进一步定量探究各个影响因素对车辆安全的真实影响程度。

提高模型的事故判别精度和适应能力是模型应用的关键,本章考虑到个体之间未观察到的异质性以及参数估计方法造成的结果误差,构建了基于贝叶斯方法的随机参数 logistic 模型,进一步保证对分流区事故风险评估的准确度。另外,本章结合车辆在收费站分流区内的运动及环境特征,挖掘车辆类型、收费通道选择、行驶速度、行驶位置以周边车流与车辆安全之间的联系,实现了模型从理论研究到实践运用的转变,对分流区车辆事故风险影响机理进行详细剖析和解读,为交通安全管理者理解分流区交通事故的关键诱导因素、制定和实施安全管理决策提供了理论基础和实证指导。

目前基于车辆微观冲突的安全研究中,对车辆由安全状态转变为危险状态的可能性的命名有两种,即事故风险(crash risk)和碰撞风险(collision risk),两者暂无明确区分且在较多情境下通用,因此,本书将危险状态的交通冲突视为发生事故,以事故风险表示车辆在收费站分流区发生事故的可能性。

7.2　基于贝叶斯方法的随机参数事故风险评估模型

7.2.1　随机参数 logistic 回归模型

基础 LR 模型虽然能够被便捷地运用到评估车辆事故风险中, 但仍存在局限。首先, 模型要求样本独立不相关, 解释变量独立地影响车辆安全, 很明显, 这种假设在实际情形下是很难满足的。外在环境因素方面, 如交通流情况、道路条件、天气情况与驾驶行为之间是相互作用的, 交通冲突的产生受复杂关系的影响, 无法用独立的影响因素揭示。其次, 基础 LR 模型假设影响交通冲突的因素对每个车辆的作用效果是相同的, 然而在实际交通场景中, 不同车辆或者不同驾驶员的驾驶行为是具有差异性的, 发生潜在交通事故时, 其对各个影响因素的感知不同, 也使得所采取的规避措施不同, 因此需要进一步捕捉样本中未被观测到的异质性(unobserved heterogeneity)。随机参数 LR(random parameter logistic regression, RPLR)模型能够有效解决上述局限, 不仅能够有效捕捉样本对因变量反映的个体异质性, 而且能够避免 IIA 假设对模型的约束, 也常被称为混合 logit 模型。混合 logit 模型效用函数定义如下:

$$U_{ni} = V_{ni} + \omega_{ni} = X_{ni}\beta + \varepsilon_{ni} + \omega_{ni} \tag{7-1}$$

式中: U_{ni} 为车辆 n 选择方案 i 的随机效用; $X_{ni}\beta$ 为确定效用, X_{ni} 和 β 分别是一组自变量和其系数; ε_{ni} 为误差项; ω_{ni} 为独立且服从相同分布(IID)的随机项, 即不可观测效用, 随机项的分布有多种形式, 常用且拟合优度较好的为正态分布[146, 205]。

以 $f(\beta/\theta)$ 表示随机项分布的函数, 车辆 n 的选择方案 i 的条件概率为 $L_{ni}(\beta)$, 则车辆 n 的事故风险概率为 P_{ni} 与 $L_{ni}(\beta)$ 之间的关系, 可由下式表达[206, 207]:

$$P_{ni} = \int L_{ni}(\beta) f(\beta/\theta) \, \mathrm{d}\beta \tag{7-2}$$

$$L_{ni}(\beta) = \frac{\exp[V_{ni}(\beta)]}{\sum_{j=1}^{J} \exp[V_{ni}(\beta)]} \tag{7-3}$$

基于基础 LR 模型, 考虑随机参数的 RPLR 模型可由下式表示:

$$\mathrm{logit}(P) = g(y_n) = \ln \frac{P}{1-P} = \ln \frac{p(y_n)}{1-p(y_n)} = \beta x + \varepsilon_n = \beta_{0n} + \beta_{1n}X_{1n} + \beta_{2n}X_{2n} + \cdots + \beta_{kn}X_{kn} +$$

$$\varepsilon_n, \ (n = 1, 2, \cdots, N) \tag{7-4}$$

$$P = p(y_n) = \frac{\mathrm{e}^{g(y_n)}}{1+\mathrm{e}^{g(y_n)}} \tag{7-5}$$

$$\beta'_k = \beta_k + \omega_n, \quad \omega_n \sim N(0, \sigma_n^2) \tag{7-6}$$

式中：P 为发生潜在冲突的概率；x 是一组自变量；β 是一组与自变量相应的系数；k 表示自变量的数量；N 表示全部样本的数量；ε_n 为误差项且服从均值为 0 的正态分布；β'_k 为个体车辆第 k 个解释变量的系数；β_k 为固定参数；ω_n 为服从正态分布 $N(0, \sigma_n^2)$ 的随机分布项，常数项 β_0 也可同样表示为随机参数。

注意，不是所有系数都需要考虑随机分布，当 RPLR 模型中仅有常数项对事故风险的影响具有随机性时，可称之为随机效应 LR（random effects logistic regression，RELR）模型。以往的许多研究结果表明，与传统模型相比，RPLR 模型能够提高模型的性能[40, 50, 51, 63]。传统 LR 模型的参数估计通常采用最大似然估计法（MLE），然而由于 RPLR 模型的似然函数较为复杂，MLE 方法很难对其进行求解。目前多采用基于贝叶斯的马尔科夫链蒙特卡洛抽样方法（markov chain mento carlo，MCMC）对模型的后验分布进行估计，这样不仅可以克服在求解极大似然函数极值过程中的复杂运算[195, 208]，而且可以提高模型拟合度并降低参数估计的不确定性[102]。

7.2.2 基于贝叶斯方法的模型参数估计

（1）基于马尔科夫链蒙特卡洛的贝叶斯方法

贝叶斯方法是近年来迅猛发展的统计学方法之一，其与传统的模型参数估计方法不同，传统方法（又称频率学派，frequentist school）假设样本总体服从某特定分布，如 $f(x; \theta)$，其中 θ 为待估计、给定的参数，而贝叶斯方法（bayesian school）则将 θ 视为随机变量（随机向量）并用概率分布来描述，即先验分布（prior distribution）。相较于传统方法通过最优化（如 MLE、OLS）进行参数估计，贝叶斯估计是反复使用贝叶斯定理将先验分布更新为后验分布（posterior distribution），并以后验分布作为统计推断的依据[209, 210]。在给定模型中，对于随机向量 θ（参数）与随机向量 y（样本数据），存在以下关系：

$$f(\theta|y) = \frac{f(\theta, y)}{f(y)} = \frac{f(y|\theta)\pi(\theta)}{f(y)} \propto f(y|\theta)\pi(\theta) \tag{7-7}$$

$$f(y) = \int f(\theta, y)\mathrm{d}\theta = \int f(y|\theta)\pi(\theta)\mathrm{d}\theta \tag{7-8}$$

式中：$f(\theta|y)$ 为参数 θ 在样本数据 y 条件下的条件分布密度，即后验分布；$\pi(\theta)$ 为参数 θ 的先验分布；$f(\theta, y)$ 为 θ 与 y 的联合分布；$f(y|\theta)$ 为给定参数 θ 时 y 的密度函数；$f(y)$ 为 y 的边缘分布。

贝叶斯估计中 $f(y|\theta)$ 通常表示为似然函数 $L(\theta; y)$，其中 θ 为函数，数据 y 为给定，$L(\theta; y)\pi(\theta)$ 为后验分布的密度核。相较于传统的最优化估计方法，贝叶斯估计更加灵活和精确，首先不需要进行优化计算，能够避免求解复杂模型时

烦琐的优化计算,模型求解过程较为简单;其次,传统方法则只能推导大样本的渐进分布,例如使用 MLE 求解模型时,仅能以中心极限定理假设参数样本分布来进行统计推断,而贝叶斯估计给出了参数的后验分布,可以精确地计算有限样本分布[102, 195]。

贝叶斯分析的主要结果为后验分布,由于可能包含复杂的积分,$f(\theta|y)$ 通常无法用解析式表达,目前多使用马尔科夫链蒙特卡洛抽样方法对模型的后验分布进行采样和估计[211]。MCMC 是采用马尔科夫链蒙特卡洛抽样方法中的 Gibbs 抽样方法对样本进行抽样模拟,得到联合分布的随机抽样,由于每次随机抽样为上次抽样的函数,生成的序列即为马尔科夫链。当马尔科夫链趋近于平稳分布,此时的分布为所求的后验分布,继而对马尔科夫链的收敛特性、后验分布样本以及后验分布概率密度图进行统计和推断,以求解并获得贝叶斯模型结果[212]。

(2)模型评估准则

检验贝叶斯模型的拟合精度通常有两种准则方法:离差信息准则(deviance information criterion, DIC)和受试者工作特征曲线下的面积(area under curve, AUC), DIC 可由式(7-9)计算得出:

$$\text{DIC} = \overline{D(\theta)} + p_D = -2\ln L + p_D \tag{7-9}$$

式中: $D(\theta)$ 为参数估计的贝叶斯偏差; $\overline{D(\theta)}$ 为偏差的后验均值,为对数似然函数的-2 倍,可度量模型拟合程度; p_D 代表有效参数数量。

DIC 值越小,模型拟合度越高;若 DIC 值相差 10 以上,则可以大致排除具有较大 DIC 值的拟合结果[51, 213]。

受试者工作特征曲线(receiver operating characteristic, ROC)反映了不同判断阈值影响下模型预测的准确度变化,适用于因变量为二分类变量的模型,例如本书中车辆事故的叛变(1 代表发生事故, 0 代表不发生事故)。ROC 曲线如图 7-1(a)所示,横纵坐标取值均为 0 至 1,横坐标为假阳性率(false positive rate, FPR),即误报率,计算公式见式(7-10),其中 FP 是被预测为事故的非事故样本数量, TN 为预测正确的非事故样本数量, FPR 值为 1 减去真阴性率;纵坐标为真阳性率(true positive rate, TPR),即敏感度,计算公式见式(7-11),其中 TP 为预测正确的事故样本数量, FN 是被预测为非事故的事故样本数。真阳性率指样本中事故样本按照模型预测结果被准确地判为事故的比例,反映了模型发现事故的能力。真阴性率指样本中非事故样本按照模型预测结果被准确地判为非事故的比例,反映了预测模型判别非事故的能力。

模型预测相关比率的关系如图 7-1(b)所示,图中的 θ 为阈值。不断地改变判别阈值后,会在坐标系中生成一组关键点,即 ROC 曲线。曲线下方的面积为 AUC,能够综合评估预测模型正确分类事故和非事故的能力,用来表示预测准确

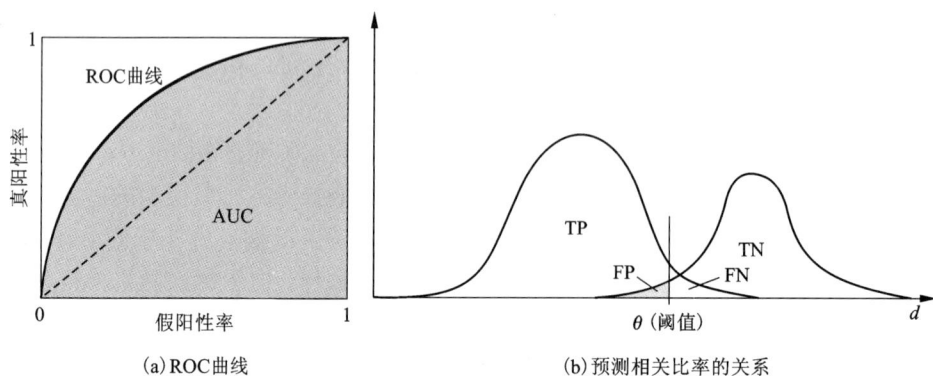

(a)ROC曲线　　　　　　　(b)预测相关比率的关系

图7-1　ROC 曲线及相关比率关系示意图

性, AUC 值越高, 曲线下方的面积就越大, 说明预测准确率越高, AUC 值在 0 至 1 之间变化, 小于 0.5 时代表模型分类能力很差[214], 本书使用 R 语言 pROC 包计算 AUC[215]。敏感度和 AUC 较高、误报率较低的模型具有优秀的预测性能。

$$FPR = \frac{FP}{(FP+TN)} \tag{7-10}$$

$$TPR = \frac{TP}{(TP+FN)} \tag{7-11}$$

7.3　收费站分流区车辆事故风险评估建模

7.3.1　数据来源和模型构建

基于 1103 辆车在收费站分流区的行驶轨迹数据, 以 ETTC 计算并判断车辆在每一时刻的安全状态(是/否具有潜在事故), 其中 ETTC 阈值为 4 s。由于车辆在收费站分流区内的分流行为与其他瞬时行为相比是一个耗时的过程, 车辆在整个区域内发生冲突的时间、位置、频次都是随机的, 为充分探究分流区内各个位置交通安全的差异性, 本节根据分流区内道路的垂直车道标线和水平车道长度将样本分流区划分为 12 个子区段(segments), 子区段的位置及编号如图 7-2 所示。每个子区段的长度为 30 m, 前两个子区段为有车道标线分流区, 其余十个子区段为无车道标线分流区。

另外, 收费通道 3 个一组, 共划分为 4 组(target lane group), 以减少过多自变量对模型估计的影响, 其中收费通道组 1 皆为 ETC 通道, 收费通道组 2、3、4 为

MTC 通道，收费通道组 4 靠近道路外侧的两条 MTC 收费通道供货车通行。对每辆车在子区段内的安全状态进行判断，当发生一次及以上潜在事故时，判断车辆在此区域为危险状态（$y=1$），反之则为安全状态（$y=0$），样本总数为 13236，包含 4213（31.83%）个危险样本。危险样本中，MTC 样本和 ETC 样本的组成分别为 2372（31.13%）和 1841（32.78%）。

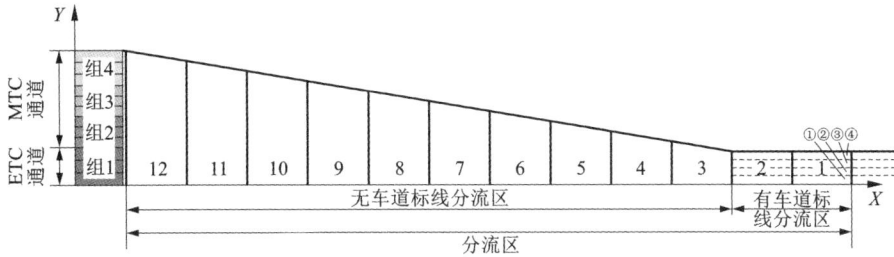

图 7-2　收费站分流区布局及分区示意图

　　MTC 车辆和 ETC 车辆在收费站分流区的交织是造成交通冲突的重要影响因素，因此为了探究两种车辆混杂对车辆安全的影响，本书引入了通常用以评价土地混合程度的熵指标（entropy index）估计车辆的混杂程度，并以 FMIX 表示混合程度 [见式（7-12）]。

$$\text{FMIX} = \frac{- \left[\sum_{j=1}^{k} P_j \ln(P_j) \right]}{\ln(k)} \tag{7-12}$$

式中：P_j 是每一种车辆 j 在区域内的比例；k（$\geqslant 2$）是车辆种类的数量；FMIX 值域为 [0，1]，值越大代表混杂程度越高[216]。

　　本书涉及两种收费类型车辆，$\text{FMIX}_{\text{MTCETC}}$ 代表 MTC 车辆和 ETC 车辆的混合熵，当每种车辆的比例为 50% 时，$\text{FMIX}_{\text{MTCETC}}$ 值为 1，区域处于最高混合状态。

　　模型候选变量及其含义如表 7-1 所示，分别考虑了车辆本身内在特性、行驶状况、道路环境因素以及周边车流因素。将各变量带入模型进行估计前，对各个解释变量之间的相关性进行检验，检验结果中具有较强相关性的变量及其相关性如表 7-2 所示，共有 12 个自变量（VTC_{type}，$\text{VL}_{\text{initial}}$，$V_{\text{vstd}}$，$\text{VAC}_{\text{max}}$，$\text{VAC}_{\text{std}}$，$\text{VDE}_{\text{std}}$，$S_{\text{w}}$，$S_{\text{LM}}$，$\text{FP}_{\text{ETC}}$，$\text{FP}_{\text{car}}$，$\text{FAC}$，$\text{FAC}_{\text{std}}$）与其他自变量之间存在较高相关性。相关性较高的因变量放置于同一个参数模型中容易重复对因变量产生作用并造成误差累积影响，因而对以上变量进行剔除之后，其余变量纳入模型估计。

表7-1　模型候选变量及其含义

变量分类	变量名称	变量符号	变量含义描述
车辆 i（后车）相关参数	车辆类型	$V_{type}(i)$	车辆类型，分类变量，其中1、2、3分别代表小汽车、公交车、货车
	收费类型	$VTC_{type}(i)$	车辆的收费类型，分类变量，其中0代表MTC车辆，1代表ETC车辆
	初始车道	$VL_{initial}(i)$	车辆的初始车道，分类变量，1至4分别代表4个初始车道，由车道内侧向外侧依次编号
	收费通道	$VL_{target}(i)$	车辆的目标收费通道，分类变量，1至4分别代表4个收费通道，由车道内侧向外侧依次编号
	平均速度	$V_v(i)$	车辆在分流区内的平均速度，连续变量，单位：m/s
	速度标准差	$V_{vstd}(i)$	车辆在分流区内行驶速度的标准差，连续变量，单位：m/s
	最大加速度	$VAC_{max}(i)$	车辆在分流区内的最大加速度，为正值表示，连续变量，单位：m/s²
	最大减速度	$VDE_{max}(i)$	车辆在分流区内的最大减速度，以绝对值表示，连续变量，单位：m/s²
	加速度标准差	$VAC_{std}(i)$	车辆在分流区内加速度的标准差，连续变量，单位：m/s²
	减速度标准差	$VDE_{std}(i)$	车辆在分流区内减速度的标准差，连续变量，单位：m/s²
车辆 i 所在分流区子区段相关参数	子区段编号	$S_{NO}(i)$	子区段编号，分类变量，1~12分别代表12个子区段
	子区段宽度	$S_w(i)$	子区段的平均宽度，连续变量，单位：m
	子区段车道划线特征	$S_{LM}(i)$	子区段车道划线特征，分类变量，0代表车道无划线标记，1代表车道有划线标记

续表7-1

变量分类	变量名称	变量符号	变量含义描述
车辆 i 在子区段内行驶过程中，子区段内交通流特征	车流量	$FVO(i)$	区段内的平均车流量，连续变量，单位：v/h
	周边 ETC 车辆比例	$FP_{ETC}(i)$	区段内的 ETC 车辆比例，连续变量，单位：%
	周边 ETC 和 MTC 车辆混合熵	$FMIX_{MTCETC}(i)$	区段内的 ETC 车辆和 MTC 车辆混合熵，连续变量
	周边小汽车比例	$FP_{car}(i)$	区段内的小汽车比例，连续变量，单位：%
	周边车辆平均速度	$F_v(i)$	区段内的车辆平均行驶速度，连续变量，单位：m/s
	周边车辆速度标准差	$F_{vstd}(i)$	区段内的车辆行驶速度标准差，连续变量，单位：m/s
	周边车辆平均加速度	$FAC(i)$	区段内的车辆平均加速度，连续变量，单位：m/s²
	周边车辆平均减速度	$FDE(i)$	区段内的车辆平均减速度，连续变量，单位：m/s²
	周边车辆加速度标准差	$FAC_{std}(i)$	区段内的车辆加速度标准差，连续变量，单位：m/s²
	周边车辆减速度标准差	$FDE_{std}(i)$	区段内的车辆减速度标准差，连续变量，单位：m/s²

表 7-2　模型候选变量中自变量相关性检验结果（高度相关）

变量	VL_{final}	V_{type}	V_v	VDE_{max}	S_{NO}	FDE	FDE_{std}
VTC_{type}	-0.91	—	—	—	—	—	—
	<0.001	—	—	—	—	—	—
$VL_{initial}$	0.53	—	—	—	—	—	—
	<0.001	—	—	—	—	—	—
V_{vstd}	—	—	0.59	—	—	—	—
	—	—	<0.001	—	—	—	—
VAC_{max}	—	—	—	0.87	—	—	—
	—	—	—	<0.001	—	—	—
VAC_{std}	—	—	—	0.86	—	—	—
	—	—	—	<0.001	—	—	—

续表7-2

变量	VL_{final}	V_{type}	V_v	VDE_{max}	S_{NO}	FDE	FDE_{std}
VDE_{std}	—	—	—	0.98	—	—	—
	—	—	—	<0.001	—	—	—
S_w	—	—	—	—	0.99	—	—
	—	—	—	—	<0.001	—	—
S_{LM}	—	—	—	—	0.65	—	—
	—	—	—	—	<0.001	—	—
FP_{ETC}	−0.62	—	—	—	—	—	—
	<0.001	—	—	—	—	—	—
FP_{car}	—	−0.69	—	—	—	—	—
	—	<0.001	—	—	—	—	—
FAC	—	—	—	—	—	0.74	—
	—	—	—	—	—	<0.001	—
FAC_{std}	—	—	—	—	—	—	0.74
	—	—	—	—	—	—	<0.001

注：表中第一纵列为相关性检验后模型中剔除的变量，将不带入模型结果估计。

7.3.2 模型结果

将筛选后的变量分别带入 RELR 模型和 RPLR 模型，使用 WinBUGS 求解贝叶斯模型，构造 3 条 MCMC 链进行贝叶斯推断，迭代次数为 5000，其中前 1000 次为 burn-in 样本，基于后 4000 次的仿真值进行模型参数推断，算法收敛性由内置的 brooks-gelman-rubin（BGR）和迭代图进行诊断。由于无信息先验分布（uninformative prior）对结果的影响较小，对 RELR 模型和 RPLR 模型的估计中，β_k 服从无信息先验分布—正态分布（0，1E−6），σ_n^2 服从 Inverse-gamma（0.001，0.001）[51]。

随机参数和随机效应模型考虑了每个样本之间的异质性，但在本节的数据样本中，具有每辆车在不同分流区子区段内的安全状态，因此每辆车的样本具有多个。由于未被观测到的异质性通常存在于车辆主体间，在进行贝叶斯估计时需对样本进行分组：n=1，2，…，a×m，其中 n 为样本总数，a 为车辆总数，m 为分流区子区段数量，异质性存在于 a 辆车之间，同一辆车的不同样本之间无未被观测到的异质性。模型中如果随机参数的标准差在 95%可信水平下不具有统计学意义，则将随机参数简化为固定参数。

　　RELR 模型和 RPLR 模型的估计结果如表 7-3 所示，结果显示，两个模型每个解释变量的影响效应在大体上是相同的（符号正负相同），模型收敛时 RPLR 模型的 DIC 值（11797.9）小于 RELR 模型（11887.1），代表 RPLR 模型的拟合效果更好。另外，RPLR 模型的 AUC 值（0.7892）大于 RELR 模型的预测精度（0.7804），代示考虑随机参数的 RPLR 模型对事故和非事故的识别效果更好。因此 RPLR 模型对收费站分流区的事故风险评估优于 RELR 模型，适用于分析分流区交通冲突与影响因素之间的关系。

表 7-3　RPLR 模型和 RELR 模型的估计结果

变量	RPLR 模型（随机参数）		RELR 模型（随机效应）	
	回归系数	标准误差	回归系数	标准误差
Intercept	1.70**	0.35	1.12**	0.65
Standard deviation of parameter	0.03**	0.01	—	—
V_{type}（bus VS car）	0.84**	0.29	0.76**	0.29
Standard deviation of parameter	0.17**	0.16	—	—
V_{type}（truck VS car）	-0.07	0.29	0.05	0.29
Standard deviation of parameter	0.37	0.24	—	—
VL_{target}（lane2 VS lane1）	0.24**	0.11	0.16*	0.11
VL_{target}（lane3 VS lane1）	-0.40**	0.13	-0.46**	0.12
VL_{target}（lane4 VS lane1）	-0.61**	0.20	-0.61**	0.21
V_v	-0.37**	0.02	-0.36**	0.04
Standard deviation of parameter	0.04**	0.01	—	—
VDE_{max}	0.02**	0.01	0.02**	0.01
S_{NO}（area2 VS area1）	2.62**	0.27	2.89**	0.30
S_{NO}（area3 VS area1）	2.64**	0.27	2.93**	0.30
S_{NO}（area4 VS area1）	2.68**	0.28	2.96**	0.30
S_{NO}（area5 VS area1）	2.77**	0.02	3.05**	0.02
S_{NO}（area6 VS area1）	2.77**	0.27	3.05**	0.30
S_{NO}（area7 VS area1）	2.78**	0.26	3.05**	0.29
S_{NO}（area8 VS area1）	2.84**	0.27	3.11**	0.29

续表7-3

变量	RPLR 模型(随机参数)		RELR 模型(随机效应)	
	回归系数	标准误差	回归系数	标准误差
S_{NO}(area9 VS area1)	2.82**	0.26	3.10**	0.27
S_{NO}(area10 VS area1)	2.73**	0.25	2.99**	0.26
S_{NO}(area11 VS area1)	3.31**	0.24	3.58**	0.24
S_{NO}(area12 VS area1)	3.52**	0.21	3.82**	0.21
FVO	0.0003**	<.0001	0.0003**	<.0001
$FMIX_{MTCETC}$	0.18**	0.08	0.15*	0.08
Standard deviation of parameter	0.05**	0.03	—	—
F_v	−0.08**	0.01	−0.07**	0.02
standard deviation of parameter	0.06**	<.0001	—	—
F_{vstd}	0.08**	0.01	0.09**	0.01
standard deviation of parameter	0.03**	0.02	—	—
FDE	−0.19**	0.04	−0.18**	0.04
FDE_{std}	0.18**	0.04	0.18**	0.03
random effect	—	—	0.68**	0.05
DIC	11797.9	11887.1		
AUC	0.7892	0.7804		

注：*代表在90%置信区间显著，**代表在95%置信区间显著；具有阴影表示的因变量为随机变量，表中回归系数代表均值，standard deviation of parameter 代表随机变量系数分布的标准差；"—"表示事故风险效用函数中无此项。

RPLR 模型拟合结果中的显著变量(95%置信区间)包含 23 个因变量和常数项，其中 5 个变量和常数项对不同车辆在收费站分流区的交通安全影响具有随机效应，分别为车辆类型(V_{type}-bus VS car)、车辆平均行驶速度(V_v)、周边 ETC 车辆和 MTC 车辆混合熵($FMIX_{MTCETC}$)、周边车辆平均速度(F_v)、周边车辆速度标准差(F_{vstd})。

7.4　收费站分流区车辆事故风险影响机理

7.4.1 车辆类型及收费通道选择对事故风险的影响

（1）车辆类型的影响

在控制住其他影响因素的情况下，公交车比小汽车更容易在收费站分流区内与其他车辆发生交通冲突，RPLR 模型结果中，车辆类型（V_{type}-bus VS car）的回归系数服从正态分布（0.84，0.17^2），如图 7-3 所示，暗示了几乎所有公交车都比小汽车具有更高的发生事故的风险。这可能是因为公交车在分流区规避交通冲突的灵敏度低于小汽车，并且公交车绝大多数为 ETC 车辆，由第 5 章的分析可知，ETC 车辆的行驶速度高于 MTC 车辆且高速行驶与事故风险呈现正相关关系，公交车在分流区内具有较高的事故风险。相对于小汽车，货车对事故风险的影响虽然呈现负效应，但并不显著。

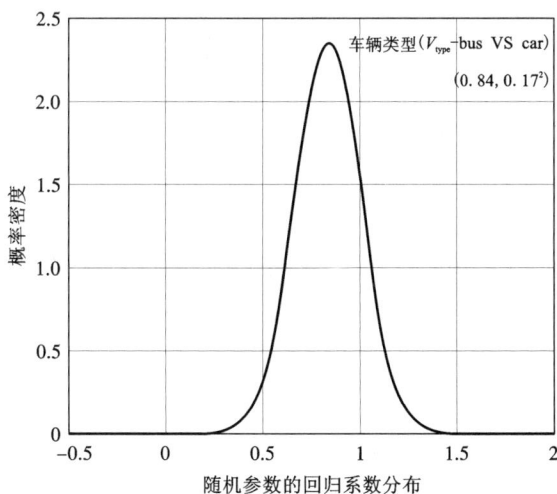

图 7-3　随机参数的系数分布（车辆类型）

（2）收费通道选择的影响

车辆也可由收费类型分为 ETC 车辆和 MTC 车辆，由相关性检验结果得知，车辆收费类型与车辆收费通道之间存在高度相关关系，其中收费通道组 1 中的 3 个收费通道均为 ETC 通道。三种收费通道组参数：VLtarget（lane2 VS lane1）、VLtarget（lane3 VS lane1）、VLtarget（lane4 VS lane1），均对车辆事故风险具有显著影响，为固定参数，系数分别为 0.24、-0.4、-0.61。相对于选择收费通道组 1

的 ETC 车辆,选择收费通道组 2 的车辆在收费站分流区更危险;反之,从收费通道组 3、4 通过的车辆发生事故的可能性更低,其中选择最外侧收费通道(收费通道组 4)的车辆最安全。从分流区内侧车流混杂的角度出发,主线混合式收费站普遍在外侧拓宽,分流区外侧的车流量小于内侧。再者主线车道多直接连通收费通道组 1、2,车辆需在分流区内侧完成分流后才能进入外侧,因此分流区内侧不仅车流量和车流复杂度均大于外侧并且会出现频繁的 MTC 车辆和 ETC 车辆的交织行为,导致此区域发生事故的可能性较高。

选择收费通道组 1、2 的车辆在分流区内的行驶路径均处于内侧区域,因此具有较高的事故风险。另外,对比从收费通道组 1 通过的 ETC 车辆,收费通道组 2 车辆的排队行为可能导致其追尾风险高于不需排队的 ETC 车辆。通常主线收费站规模越大,收费通道数量就越多,继而导致车辆在采取分流行为的可选择情形增加、受约束力变小、分流行为更加复杂,因此车辆的最终收费通道选择对其安全具有显著的影响。

在模型分析的基础上,对所有样本进行深度分类,得出以下四类:Group 1(ETC-收费通道组 1),选择收费通道组 1 的 ETC 车辆;Group 2(MTC-收费通道组 2),选择收费通道组 2 的 MTC 车辆;Group 3(MTC-收费通道组 3),选择收费通道组 3 的 MTC 车辆;Group 4(MTC-收费通道组 4),选择收费通道组 4 的 MTC 车辆。如图 7-4(a)所示,Group 1 的危险样本最多(1841),然而 Group 2 的危险样本占该组所有样本的比例为最高(34.98%),说明在全体车辆样本中,危险样本集中在行驶特征符合 Group 1 的车辆;在每组样本中,Group 2 的车辆具有最高的事故风险,此结论与模型估计结果相符。图 7-4(b)为四组样本的 ETTC 分布,其中 Group 1 的 ETTC 平均值最小,暗示 ETC 车辆发生事故时的严重程度更高,造成此现象的可能原因是 ETC 车辆的高速特性。

7.4.2　车辆行驶特征及交通流对事故风险的影响

(1)车辆行驶特征的影响

车辆在收费站分流区内的速度经历了不断变化,最终用速度限制以内的速度通过收费通道,其在分流区内的平均速度和最大减速度对事故风险具有显著影响。在控制住其他影响因素的情况下,最大减速度越大(VDE_{max})的车辆更有可能发生事故(系数为 0.02)。车辆平均速度为随机变量,其系数服从正态分布(-0.37, 0.04^2),如图 7-5(a)所示,系数均小于 0 时,暗示当车辆在分流区内的平均速度的降低导致其安全性降低。分流区内车流量较大且发生拥堵时车辆的行车特征可以解释以上结论,一方面行驶时间的增长拉低平均速度,另一方面车流量的增加是导致车辆交织和交通冲突的直接因素。

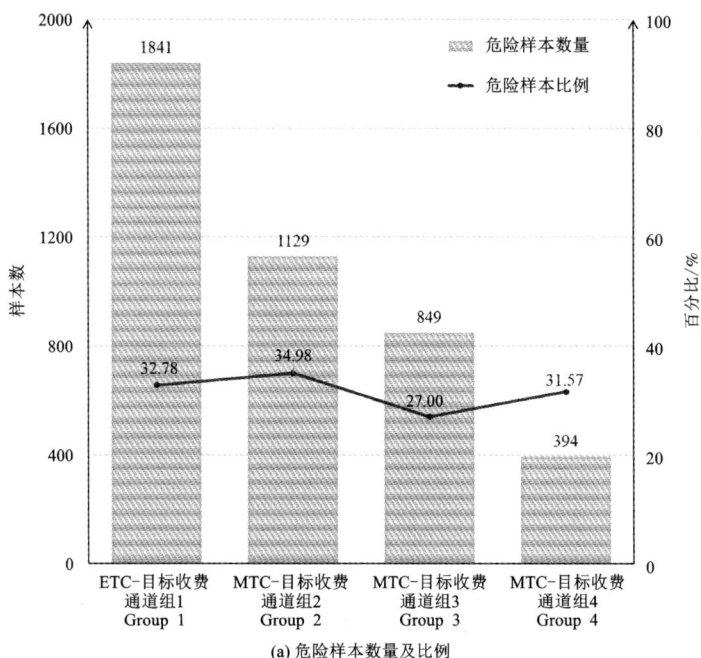

(a) 危险样本数量及比例

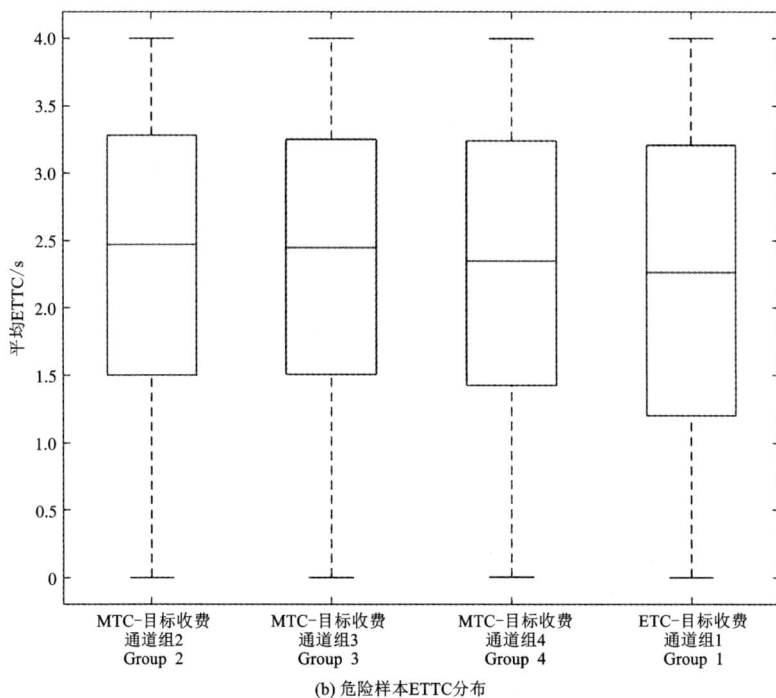

(b) 危险样本ETTC分布

图 7-4　分组样本的事故风险分布特征

（2）交通流的影响

车流量（FVO）在模型中的估计结果（系数为 0.0003）为车辆在车流量较大的情况下会增加事故风险这一发现提供了依据，同时也能够解释周边车辆平均速度（F_v）与车辆事故风险存在的显著负相关关系。但周边车辆平均速度（F_v）对车辆安全的影响具有个体异质性，其系数服从正态分布（-0.08，0.06^2），如图 7-5（c）所示，9.12% 的个体在周边车辆平均速度越高时越危险，其余 90.88% 的个体则具有相反效应。周边车辆平均速度的标准差（F_{vstd}）系数服从（0.08，0.03^2）正态分布，如图 7-5（d）所示，当周边车辆平均速度差异较大时，绝大多数车辆的安全性会降低，仅有 0.38% 的个体随着周边车辆平均速度的差异减小而更危险。

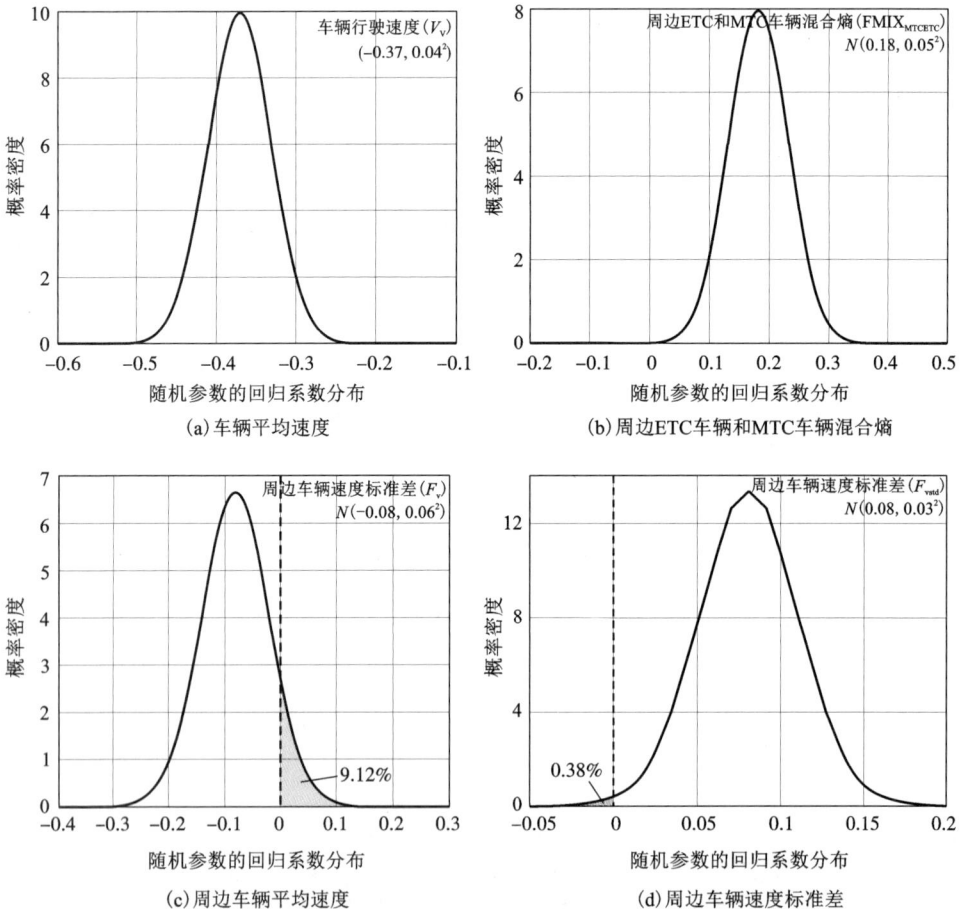

（a）车辆平均速度

（b）周边ETC车辆和MTC车辆混合熵

（c）周边车辆平均速度

（d）周边车辆速度标准差

图 7-5　随机参数的系数分布（车辆行驶特性和交通流特性）

周边车辆的平均减速度与事故风险之间存在显著的负相关影响(系数为 −0.19),可能是降速越少体现车辆未采取避险措施,或拥堵的车流导致车辆降速可能性的降低和事故风险的增加。周边车辆的行驶对车辆在分流区的安全影响是显著的,不仅表现在车流特性,而且车流组成也具有显著影响。周边 ETC 车辆和 MTC 车辆的混杂使得车辆在分流区内发生事故的可能性增加,其混合熵($FMIX_{MTCETC}$)为随机参数,图 7-5(b)表明其系数分布服从正态分布(0.18,0.05^2),虽然影响程度有差异,但不存在正负影响的异质性。

7.4.3　行驶位置对事故风险的影响

车辆在收费站分流区内的行驶位置也是影响其安全性的重要因素,模型结果显示不同子区段对车辆安全性具有显著的影响,子区段 2 至 12(S_{NO})的参数系数分别为 2.62、2.64、2.68、2.77、2.77、2.78、2.84、2.82、2.73、3.31、3.52,说明后端的子区段相对于最前端的子区段 1 均具有较高的车辆事故风险,车辆进入收费站分流区后越临近收费通道,其安全性具有降低趋势。车辆逼近收费通道时,减速行为明显且减速度较大,而多量车辆的速度明显变化可能导致车流的紊乱和交通冲突,另外分流区末端的排队行为也可能增加车辆发生追尾事故的风险。

危险样本的描述性分析结果支持模型估计结果,如图 7-6 所示,随着子区段

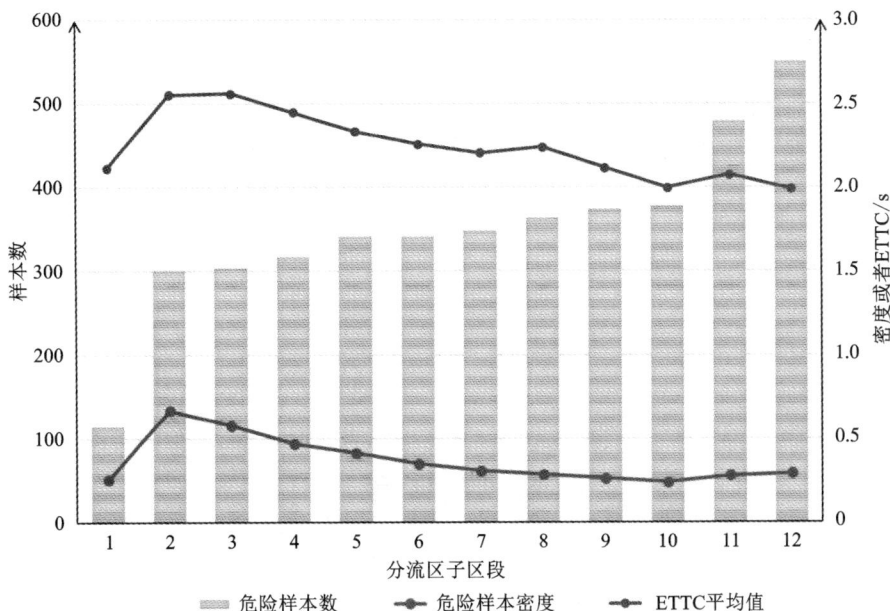

图 7-6　危险样本在分流区子区段内的分布特征

编号增加，危险样本数量呈现大体上升趋势，子区段 1 内的危险样本数量最少（115），子区段 12 内则发生了最多危险情况（550），并且 ETTC 平均值呈现下降趋势（除子区段 1 至 2），暗示车辆的事故风险和事故严重性均提升。从分流区子区段 1 至 2，危险样本和危险样本的 ETTC 平均值有突增，说明车辆在子区段 2 内发生事故的可能性激增但危险性相对较低。这可能是因为车辆刚进入分流区需进行分流准备和观察收费站通道的布局，所以行进一段距离之后才会开始分流行为，而分流行为的开始破坏了交通流的稳定性并增加了车辆之间的碰撞风险。

　　基于 7.3.1 节的深度分类，图 7-7 展示了四组分类样本的事故风险在分流区

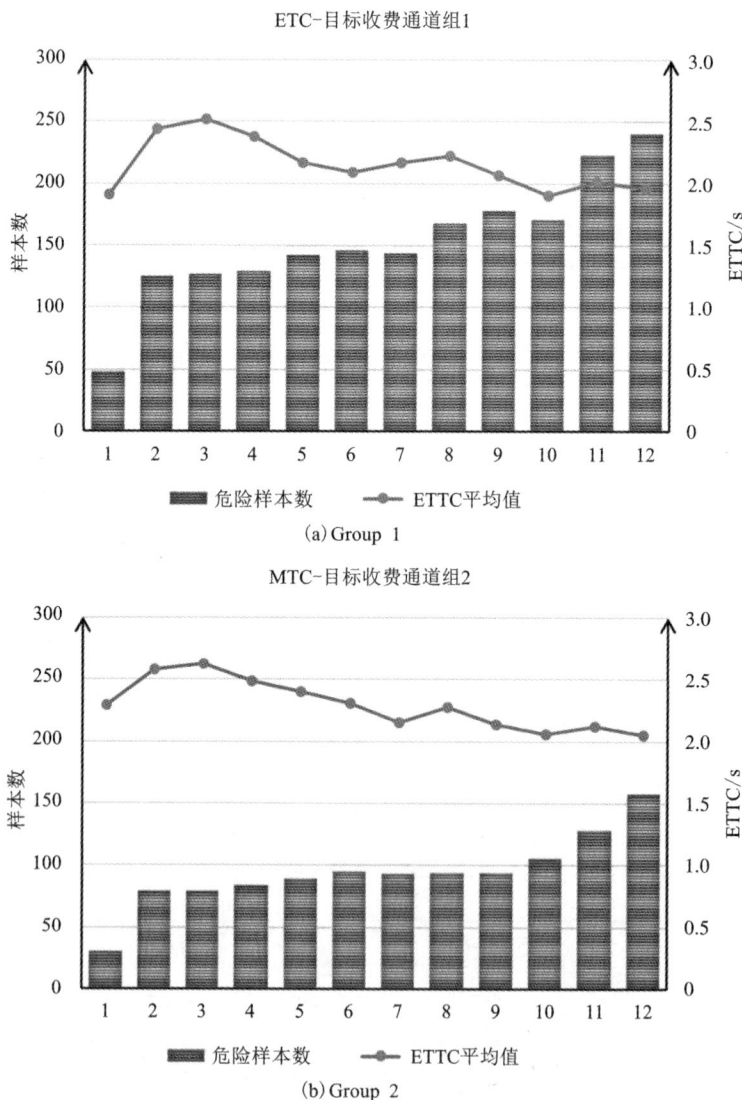

(a) Group 1

(b) Group 2

MTC-目标收费通道组3

(c) Group 3

MTC-目标收费通道组3

(d) Group 4

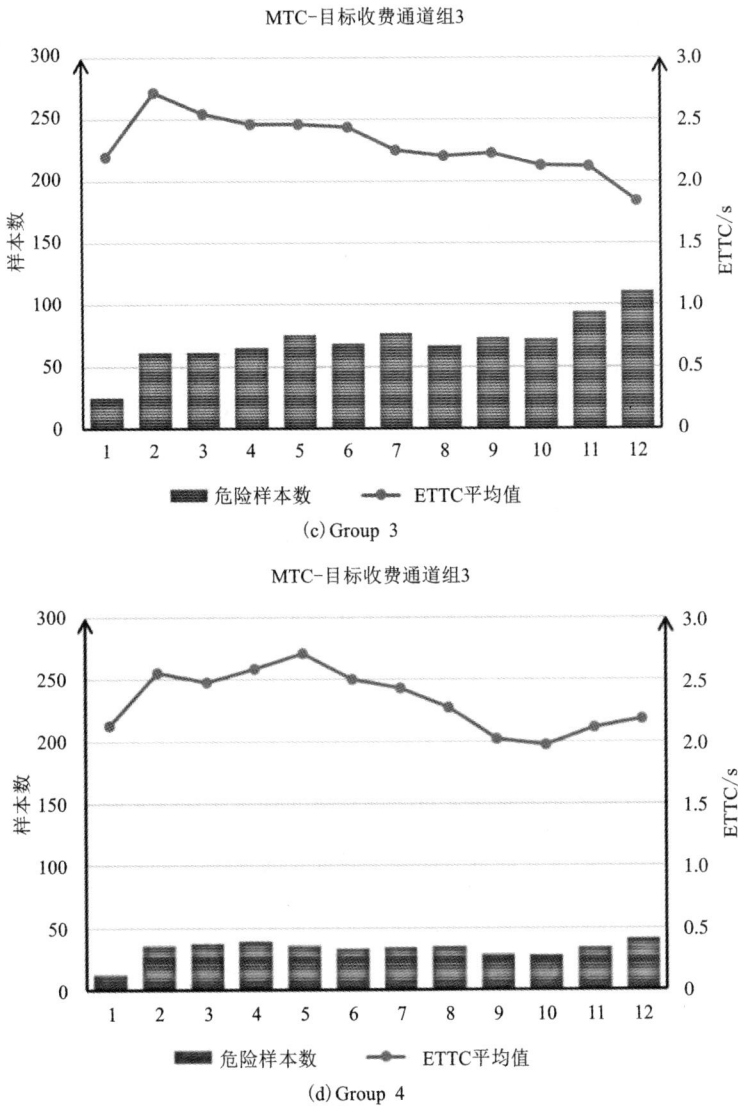

图 7-7　分组样本在分流区子区段内的事故风险分布特征

子区段内的分布。如图所示，前三组的车辆事故风险变化趋势与总样本的总趋势大致相似，然而 Group 4 具有事故变化差异性。首先，Group 4 的事故概率显著低于其他三组，可能是由于选择外侧收费通道的车辆数较少。其次，车辆在子区段3、4、12 内发生事故的可能性较高，潜在事故多发生在分流区的前端，可能原因是选择外侧收费通道的车辆与其他车辆的混杂以及相互作用主要分布在分流区前半段，而在分流区的后半段，Group 4 车辆多行驶在右侧拓展区域，此区域的车辆密集度偏低，所以车辆无法与其他车辆发生交通冲突。对车辆的深度分类有助于细化事故风险研究，提高事故风险评估的针对性和精准性，特别是对于混合型收费站此类服务多种类型车辆的收费站，车辆事故风险评估的细化有助于提高车辆安全性。

7.5 车辆事故风险弹性效应

随机参数回归模型可估计各因素对车辆事故风险的影响效应，但不能直接反映在因素影响下事故风险变化的量级，而弹性效应（elasticity effect）是一个能够有效自变量变化的指标[53, 85]。弹性效应包含直接弹性效应（direct elasticity effect）和交叉弹性效应（cross elasticity effect），前者指的是车辆发生事故的概率随着车辆某一属性值变化 1% 时发生的变化而变化，后者指的是非车辆属性值变化 1% 时引起的车辆发生事故概率的变化[85, 113]。

表 7-4 为随机参数回归模型的弹性效应分析结果，注意分类变量和连续变量的定义和含义不同，因此不能对两类变量的弹性效应进行相互比较[217]。分类变量中，分流区子区段相关的 11 个自变量（S_{NO}）的弹性效应（绝对值大于 100%）显著大于其他分类变量 V_{type} 和 VL_{target}（绝对值小于 100%），证明了车辆在分流区的行驶位置是影响安全的关键因素。车辆种类的变化对事故风险造成的变化大于车辆收费通道选择的变化，车辆种类（bus VS car）变化 1% 时造成的事故概率提升 74.24%，收费通道（lane2/lane3/lane4 VS lane1）变化 1% 时导致的事故概率变化分别为 32.94%、-23.36%、-32.38%。

表 7-4 RPLR 模型的弹性效应分析结果

分类变量	Mean/%	S.D./%	连续变量	Mean/%	S.D./%
V_{type}（bus VS car）	74.24	36.12	V_v	-4.43	1.81
VL_{target}（lane2 VS lane1）	32.94	28.34	VDE_{max}	0.07	0.06
VL_{target}（lane3 VS lane1）	-23.36	16.15	FVO	1.06	0.53
VL_{target}（lane4 VS lane1）	-32.38	14.32	$FMIX_{MTCETC}$	0.04	0.06
S_{NO}（area2 VS area1）	123.31	335.42	F_v	-0.94	0.50
S_{NO}（area3 VS area1）	127.97	343.16	F_{vstd}	0.09	0.16
S_{NO}（area4 VS area1）	133.35	351.95	FDE	0.12	0.10

续表7-4

分类变量	Mean/%	S.D./%	连续变量	Mean/%	S.D./%
S_{NO}(area5 VS area1)	148.02	374.89	FDE_{std}	0.06	0.07
S_{NO}(area6 VS area1)	147.53	374.28			
S_{NO}(area7 VS area1)	148.30	375.15			
S_{NO}(area8 VS area1)	157.85	390.07			
S_{NO}(area9 VS area1)	154.02	382.48			
S_{NO}(area10 VS area1)	134.39	50.25			
S_{NO}(area11 VS area1)	245.52	533.38			
S_{NO}(area12 VS area1)	283.39	593.70			

　　由于变量的含义不同，连续变量的弹性效应的值比分类变量的值偏小。车辆在分流区内平均速度(V_v)变化造成的事故概率变化最大，弹性效应为负效应 -4.43%，表明车辆平均速度是分析分流区车辆安全最重要的因素之一。除此之外，车辆周边车流量(FVO)和周边车辆平均速度(F_v)也可以视为影响分流区车辆安全的次要关键因素，其弹性效应分比为 1.06% 和 -0.94%，其余连续变量变化导致的事故概率变化幅度较小，弹性效应仅为 0.1% 左右。弹性效应分析结果有助于对比事故概率变化情况，以及在收费站分流区环境或车辆行驶状态发生变化时识别车辆安全状态的变化。

7.6　本章小结

　　基于第 6 章的模型选择结果，本章进一步考虑个体之间未观察到的异质性以及参数估计方法造成的结果误差，通过构建基于贝叶斯方法的随机参数 LR 模型，摆脱 IIA 假设约束并且有效捕捉解释变量未被观测到的异质性。最后基于模型结果对分流区车辆事故影响机理进行详细剖析和解读，探索车辆类型、收费通道选择、行驶速度、行驶位置以及周边车流对车辆在分流区行驶安全的影响，模型结果显示，随机参数模型效果优于随机效应模型，车辆类型、车辆平均行驶速度、周边 ETC 车辆和 MTC 车辆混合熵、周边车辆平均速度、周边车辆速度标准差对不同车辆在收费站分流区的交通安全影响具有随机效应。本章内容为交通安全管理者理解分流区交通事故影响机理、有效预测分流区车辆事故、制定和实施安全管理决策提供了理论基础和实证指导。

第 8 章
考虑时空动态变化的收费站
分流区车辆事故风险研究

8.1 引言

前两章研究提出了适用于收费站分流区交通安全分析的模型并探讨了车辆事故风险的影响机理,模型结果能够准确地评估分流区车辆事故风险,但由于模型结构,仅能将所有冲突场景同一化分析,其研究结果匹配于同分流区域内所有冲突场景,各影响因素对车辆在分流区内事故风险的影响为固定效应。换言之,在一个区域内不论车辆位于任何位置或者任何时间,各种因素对交通安全的影响都不会发生变化。然而相较于其他具有事故风险的区域,例如交叉口、施工区域以及高速公路合流区等,收费站分流区的范围较大,车辆的行驶路径以及行驶时间普遍较长,其在分流区内的分流行为不是一个瞬时行为,而是连续的分流过程(sequential diverging process)。在延续时间较长的分流全程内,车辆周边的分流区道路环境以及交通流是持续改变的,必然导致驾驶员的感知以及驾驶决策也具有动态特征,不仅车辆事故风险在不同行驶距离和时间上呈现出差异性,而且各因素与车辆安全之间的内在联系也会随着时间或者距离的变化而变化。

虽然第 7 章考虑到区域范围带来的误差影响,并通过子区段划分,探讨了车辆行驶于不同子区段内的安全状态,但区域的空间相关性会导致模型结果存在误差[53, 95, 218, 219],且子区段的划分依据会直接导致不同的模型结果,因此不适用于实际的交通安全管理。另外,这种划分是粗密度分类,不能刻画车辆事故风险在分流区内的连续动态变化,无法深入研究分流区车辆事故的动态演化机理,因此挖掘分流区车辆事故风险影响机理的连续动态变化是本章研究的关键内容。

以往的交通安全研究中对事故风险动态变化的捕捉可分为两大类,一是以事故为数据基础的研究通常分析了大范围空间和时间下事故的时空动态变化特征,通过定义单位区域或者时段对大范围时空进行分割,从而比较各单位时空内事故的差异,其中空间范围多是以网格为单位划分城市区域,时间范围则是多由5 min/15 min/30 min/1 h 的时间片段组成[51]。二是在基于微观交通冲突的安全研究中，数据基础是车辆在某一时刻的瞬时交通冲突，因此几乎没有研究将车辆的时间特征纳入解释变量范围，有部分研究考虑到了车辆位置对其安全状态的影响，但仅将位置特征设定为单一变量，未考虑位置特征的变化造成的其他因素对车辆风险事故的影响[46]。

有研究通过对车辆在施工区域合流行为时间变化动态特征以及时间变化影响机理的挖掘，证实了研究延续性驾驶行为动态特征的必要性并提出了有效的模型估计各影响因素随时间变化的程度[104, 105]，为本书研究收费站分流区连续的合流行为的动态变化提供了新的思路。有鉴于此，本章将基于微观车辆轨迹数据，提取车辆在收费站分流区内发生事故风险的时间以及空间特征，构建基于行驶时间变化和行驶距离变化的事故风险评估模型，探索车辆事故风险影响机理的时间变化和随空间变化特征。准确和详细地捕捉各影响因素对车辆安全影响的动态变化，有助于提升事故风险评估模型的精度，实现分流区车辆事故的动态差异化评估，为可变限速管理(variable speed limits)、动态信息指示(dynamic message signs)等动态交通管理提供理论依据和支持。本章通过对分流区车辆进行混行分类，探索不同混行情况下车辆安全的动态变化，对比各影响因素在不同混行情况下与车辆事故风险之间内在联系的差异，深入剖析收费站车辆混行对车辆安全的影响。

8.2 收费站分流区车辆事故风险时空动态变化特征

8.2.1 车辆行驶时间特征

本章为 5.3 节相关数据的延伸研究，基于轨迹数据获取车辆在每一时刻的 ETTC 并对其危险状态进行判断，其状态包含两种：安全和危险(0 s<ETTC<4 s)。小汽车和公交车的数量极少，因此本章集中分析小汽车在分流区内的事故风险，包含 585 辆 MTC 车辆(57.58%)和 431 辆 ETC 车辆(42.42%)，两者占比约为 3∶2。表 8-1 统计了车辆在收费站分流区的总行驶时间特征，车辆速度存在的差异性导致总行驶时间也存在差异性，车辆平均总行驶时间为 18.67 s，车辆经过收费站分流区最少需要 10.2 s，最多则需要 38.7 s；ETC 车辆的平均总行驶时间(18.17 s)小于 MTC 车辆的平均总行驶时间(19.04 s)，这可能是由于 ETC 车辆的行驶速度普遍大于 MTC 车辆的行驶速度。

表 8-1　车辆在收费站分流区内的总行驶时间统计　　　　　　　　单位：s

类别	样本量(百分比)	平均值	最小值	最大值	标准差	P 值
总样本	1016	18.67	10.2	38.7	2.55	
MTC 车辆	585(57.58%)	19.04	10.2	38.7	2.6	<0.001
ETC 车辆	431(42.42%)	18.17	13	28.2	2.39	

采用 T 检验进行两个方差未知的总体样本在统计意义上的差异性检验，检验结果显示，MTC 车辆和 ETC 车辆的总行驶时间之间有显著的差异性，具有统计意义。图 8-1 展示了两种车辆的总行驶时间的分布情况，ETC 车辆的总行驶时间的上四分位数、中位数、均值、下四分位数均小于 MTC 车辆。MTC 车辆的总行驶时间中存在部分较小的异常值，这可能是由于交通量较小时 MTC 车辆具有较高的行驶速度，能够快速通过收费站分流区。

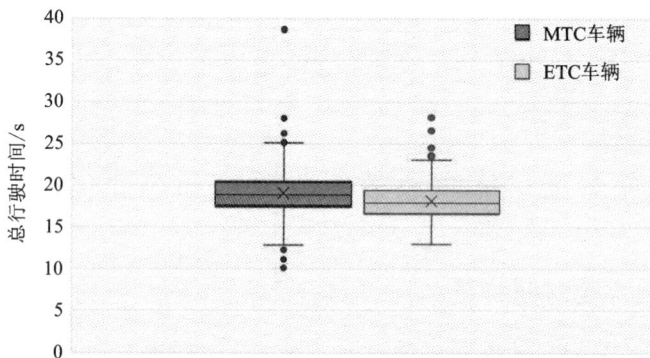

图 8-1　MTC 车辆和 ETC 车辆总行驶时间箱型图

8.2.2　车辆事故风险时间变化动态特征

在收费站分流区内，车辆平均需 18.67 s 才能完成分流并进入收费通道，在这段时间内，驾驶员的驾驶决策以及车辆的行驶状态会受交通流状态、道路环境、行驶位置、自身心理状态等条件的影响而发生变化，随之其安全状态也会发生变化。图 8-2 展示了样本车辆的事故风险随行驶时间变化的情况，在同一时刻，不同车辆的 ETTC 值并不相同，代表不同车辆的事故风险存在差异性。对于同一辆车辆，其事故风险在行驶时间内也是在不断变化的，例如样本车辆 2 在后段行驶中较为危险，其他时间段内相对安全。所有车辆的事故风险随行驶时间变化的情况也存在差异性，描述性统计分析不能够得出具有代表性的结论，需要后续研究进一步探究行驶时间对车辆事故风险的影响情况。

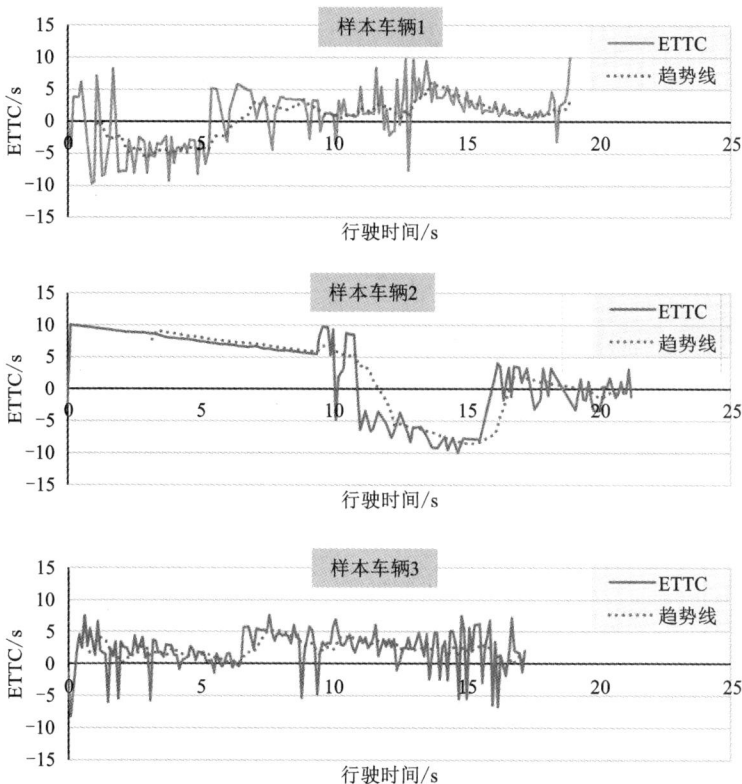

图 8-2　车辆事故风险随行驶时间变化的分布情况

　　速度是车辆事故风险的决定性影响因素之一，图 8-3 展示了车辆样本的行驶速度随行驶时间变化的情况，三辆车辆的行驶时间存在差异，样本车辆 1、车辆 2 和车辆 3 的行驶时间分别为 19 s、22 s、17.5 s。虽然三者的速度变化呈现出统一的下降趋势，但是不同样本的行驶速度随行驶时间的变化存在一定差异。例如，样本车辆 1 在行驶中段的速度保持持平特征，然而样本车辆 2 的速度则在行驶前段基本没有发生变化。图 8-4 进一步分析了危险样本和安全样本的平均速度随行驶时间变化的情况，可以很明显地看出，危险样本的平均行驶速度大于安全样本，危险样本的行驶时间也少于安全样本，两者的速度随着行驶时间的增加而减小。

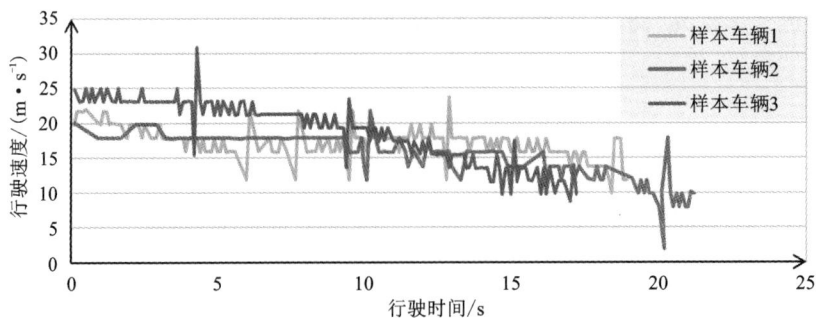

图 8-3　车辆行驶速度随行驶时间变化的分布情况

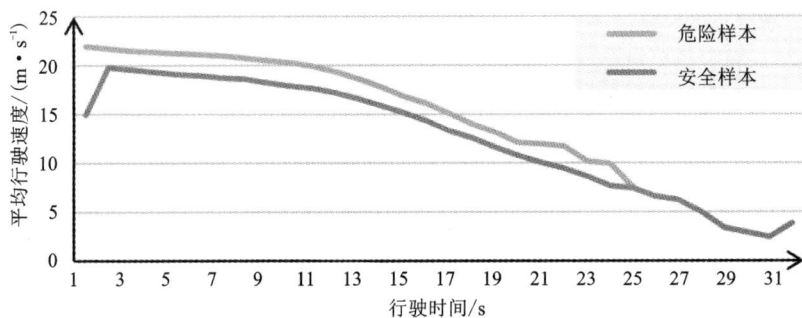

图 8-4　危险样本和安全样本的平均速度随行驶时间变化的分布情况

8.2.3　车辆事故风险空间变化动态特征

在收费站分流区内，车辆空间位置特征主要表现为车辆进入分流区时的行驶距离，而且分流区的道路长度不会发生变化，因此每辆车的行驶距离是相同的。图 8-5 和图 8-6 分别展示了车辆事故风险以及行驶速度随着行驶距离变化的情况，同一行驶距离的不同车辆的事故风险和行驶速度、同一车辆在分流区内不同位置的事故风险、不同车辆的事故风险随行驶距离变化的趋势均存在差异性。对于同一辆车，其事故风险随行驶距离变化的趋势与随着行驶时间变化的情况相似，不同之处在于变化的横坐标。不同车辆的横坐标均为相同的行驶距离，因此基于行驶距离变化的车辆事故风险的分布较为均匀，但不能够体现行驶速度对车辆在分流区内分流行为的影响。

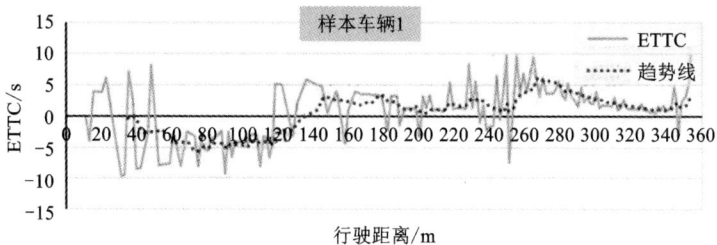

(a)

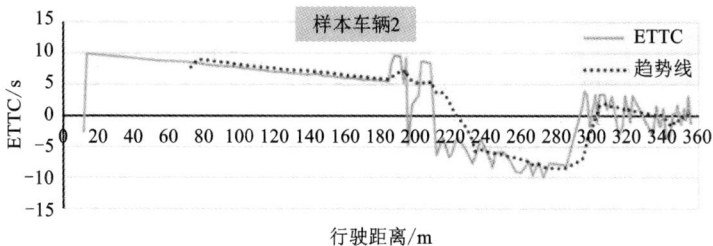

(b)

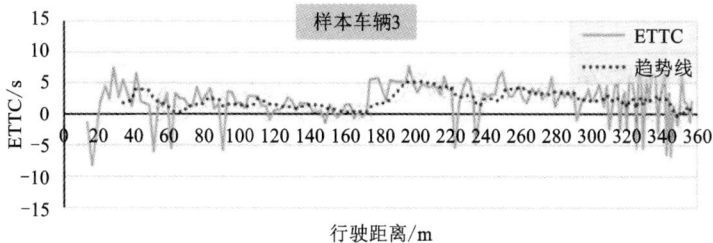

(c)

图 8-5   车辆事故风险随行驶距离变化的情况

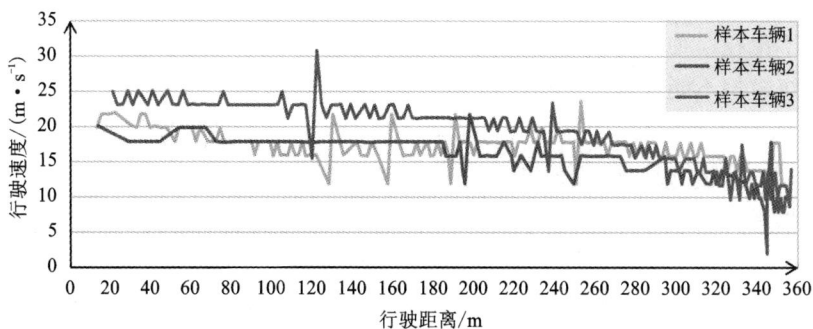

图 8-6   车辆行驶速度随行驶距离变化的分布情况

图 8-7 展示了危险样本和安全样本的平均速度随行驶距离变化的分布情况，与时间变化特征相同，危险样本的行驶速度大于安全样本，并且两者都表现为下降趋势，但行驶距离由行驶速度和行驶时间决定，因此两种样本的平均行驶速度随行驶距离变化的特征和随行驶时间变化的特征之间具有差异。相较于时间变化特征，平均行驶速度随着行驶距离的下降更为平缓，且在分流区中间段存在一定波动。

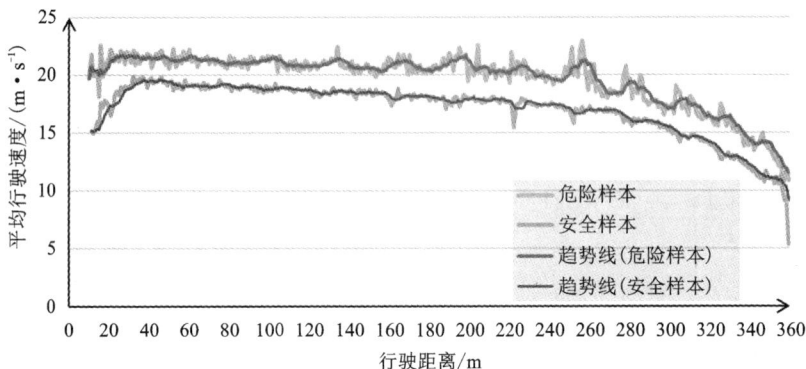

图 8-7　危险样本和安全样本的平均行驶速度随行驶距离变化的分布情况

8.3　基于时空动态变化的车辆事故风险评估模型

8.3.1　基于行驶时间变化的随机参数 logistic 回归模型

传统随机参数贝叶斯条件 LR（standard random parameters logistic regression，S-RPLR）模型假设解释变量对同一个样本的被解释变量的作用效果是固定不变的，即不论在何种情况或者时刻，模型估计结果中同一个样本的参数系数为固定值。传统模型不能合理地解释在不同时刻，因变量受自变量的影响是否存在变化以及怎样变化，而且当因变量与自变量之间的关系受其他因素的显著影响时，其将不再适用。特别是对于收费站分流区内车辆的事故风险，由于车辆在分流区内的行驶时间跨越幅度大，其他参数对事故风险的影响可能会随着行驶时间的变化而变化。为了能够捕捉这种动态变化以及评估分流区车辆事故风险，本书采用基于时间变化的 RPLR 模型（time-varying random parameters logistic regression，T-RPLR）构建收费站分流区时间变化事故风险评估模型。

T-RPLR 模型很好地克服了 S-RPLR 模型在车辆事故风险评估分析时，把时间看成是同质的并假设各个解释变量对被解释变量的影响程度在全部的分流过程中保持恒定的缺陷，揭示了时间的异质性影响。T–RPLR 模型是 S–RPLR 模型的拓展，前者的基本结构和参数定义与后者相同，但是在 T–RPLR 模型中，自变量的回归系数可以表示成基于时间（t）变量的线性函数[104, 220-222]，模型形式如下：

$$P = p(y_n^t) = \frac{e^{g(y_n^t)}}{1 + e^{g(y_n^t)}}, \ n = 1, 2, \cdots, N \tag{8-1}$$

$$g(y_n^t) = \ln \frac{p(y_n^t)}{1 - p(y_n^t)} = \beta x + \varepsilon_n = \beta_0 + \beta_1 X_{1n} + \cdots + \beta_k X_{kn} + \cdots + \beta_K X_{Kn} + \varepsilon_n$$
$$= \beta_0 + (\delta_1 + \gamma_1 t) X_{1n} + \cdots + (\delta_k + \gamma_k t) X_{kn} + \cdots + (\delta_K + \gamma_K t) X_{Kn} + \varepsilon_n \tag{8-2}$$

$$\beta_k' = \beta_k + \omega_k, \ \omega_k \sim N(0, \delta_i^2) \tag{8-3}$$

式中：P 为发生潜在冲突的概率；x 为一组自变量；β 为一组与自变量相应的系数；K 为自变量的数量；N 为全部样本的数量；ε_n 为误差项，即无法由自变量解释的内容，服从均值为 0 的正态分布；参数 t 为车辆进入收费站分流区之后的行驶时间；"$\delta_k + \gamma_k t$" 是考虑行驶时间作用下，第 k 个自变量的系数 β_k，此值并不是恒定的，而是随着时间变化而变化的。

需要注意的是，并非每个自变量与事故风险之间的关系都随着时间变化而变化，当 γ_k 的值为 0 时，表示此因素对因变量的作用是在任何时刻都相同的，此时 δ_k 等于 β_k。

模型中考虑不同样本的解释变量对交通冲突影响的随机性，即未被观察到的异质性。当第 k 个解释变量具有随机性影响时，其系数 β_k' 可以表示为式（8-3），β_k' 由固定系数 β_k 和随机分布误差项 ω_k 组成，ω_k 服从期望为 0、方差为 σ_i 的正态分布。需要注意的是，并非每个自变量都需要被考虑成随机参数，即不是所有的解释变量都对交通冲突有随机影响，模型可用基于马尔科夫链蒙特卡洛仿真的贝叶斯统计方法求解。Weng 等人[105]的研究通过对比基础随机参数模型和考虑时间变化的随机参数模型的预测性能，证实了 T–RPLR 模型具有更高的模型效能。

8.3.2　基于行驶距离变化的随机参数 logistic 回归模型

基于行驶距离变化的随机参数贝叶斯条件 LR 模型（distance–varying random parameters logistic regression，D–RPLR）与 T–RPLR 相似，同样是基于 S–RPLR 模型，将自变量的回归系数表示成基于行驶距离（d）变量的线性函数，研究自变量对事故风险的作用随行驶距离变化的情况。模型形式如下：

$$g(y_n^d) = \ln \frac{p(y_n^d)}{1 - p(y_n^d)} = \beta x + \varepsilon_n = \beta_0 + \beta_1 X_{1n} + \cdots + \beta_k X_{kn} + \cdots + \beta_K X_{Kn} + \varepsilon_n$$
$$= \beta_0 + (\delta_1 + \gamma_1 d) X_{1n} + \cdots + (\delta_k + \gamma_k d) X_{kn} + \cdots + (\delta_K + \gamma_K d) X_{Kn} + \varepsilon_n \tag{8-4}$$

式中各个参数的定义与上节内容相同,除了参数 d 代表车辆进入收费站分流区之后的行驶距离。并非模型中所有变量的系数均受行驶距离作用并且需要被考虑成随机参数,模型用 MCMC 的贝叶斯统计方法求解。

8.3.3　考虑时空动态变化的事故风险建模

(1)模型构建

本章共有 75732 个样本被用于安全分析,其中包含 59364(78.39%)个安全样本和 16368(21.61%)个危险样本。以车辆在收费站分流区的安全状态为因变量,即 $y=0$ 代表安全状态,$y=1$ 代表危险状态,相较于以上章节的候选变量,本章进一步考虑了车辆安全在时间和空间上的变化,引入了关键变量行驶时间和行驶距离,同时增加了前车相关因素,用以考量前车对本车安全的影响。候选变量及其含义见表 8-2 所示,包含 6 个后车相关参数,4 个前车相关参数和 5 个周边车流相关参数。

将各变量带入模型进行估计前,对各个解释变量之间的相关性进行检验时,应当剔除检验结果中具有较强相关性的变量,以减少相关变量对模型结果造成的误差影响。结果显示,T、FL_{target}、$LL_{initial}$、LL_{target}、FP_{ETC} 和 LM 6 个自变量与其他变量之间存在较强的相关关系,将不纳入模型估计,另外参数 FVO 在模型结果中不显著,因此也被剔除了。

将筛选后的变量分别带入基础 LR 模型、基于时间变化的 LR 模型(TLR)以及基于距离变化的 LR 模型(DLR),分别对三类模型的随机参数(S-RPLR、T-RPLR、D-RPLR)和随机效应(S-RELR、T-RELR、D-RELR 模型结果)进行估计。使用 WinBUGS 求解贝叶斯模型,构造 3 条 MCMC 链进行贝叶斯推断,迭代次数为 2000,其中前 500 次为 burn-in 样本,基于后 1500 次的仿真值进行模型参数推断,算法收敛性由内置的 BGR 和迭代图进行诊断。随机参数 β_k' 服从无信息先验分布—正态分布(0, 1E-6),σ_n^2 服从 Inverse-gamma(0.001, 0.001)。

模型中如果随机参数的标准差在 95% 可信水平下不具有统计学意义,则将随机参数简化为固定参数。对于同一个因变量,同时考虑参数的随机性以及随时间变化的变化极大地增加了模型估计的复杂度,实际计算中很难得出结果,也不便于分析车辆事故风险随机变化或随时间/距离变化的变化,因此本研究对于变量仅单一考虑一种情况下的变化情况,即随机性和随时间/距离变化的变化不重合。

(2)模型结果

模型估计结果如表 8-3 所示,六个模型中几乎所有参数都在 95% 置信区间显著,并且参数正负相同,所有模型的 AUC 值均大于 0.9,代表模型均对收费站分流区车辆事故具有较高的预测精度,其中随机参数模型效能总是优于随机效应模型,说明模型中样本的异质性处理对车辆交通冲突评估具有重要意义。

表 8-2　基于行驶时间和距离变化的事故风险评估建模候选变量

变量分类	变量名称	变量符号	变量含义描述
后车相关参数	行驶时间	T	车辆进入收费站分流区之后的行驶时间，连续变量，单位：s
	行驶距离	D	车辆进入收费站分流区之后的行驶距离，单位：m
	后车收费型	FTC_{type}	后车车辆的收费类型，分类变量，其中0代表MTC车辆，1代表ETC车辆
	后车初始车道	$FL_{initial}$	后车车辆的初始车道，分类变量，1至4代表4个初始车道
	后车收费通道	FL_{target}	后车车辆的目标收费通道，分类变量，1至4分别代表4个收费通道组
	后车行驶速度	F_v	后车车辆的行驶速度，连续变量，单位：m/s
前车相关参数	前车收费型	LTC_{type}	前车车辆的收费类型，分类变量，其中0代表MTC车辆，1代表ETC车辆
	前车初始车道	$LLi_{initial}$	前车车辆的初始车道，分类变量，1至4代表4个初始车道
	前车收费通道	LL_{target}	前车车辆的目标收费通道，分类变量，1至4分别代表4个收费通道组
	前车行驶速度	L_v	前车车辆的行驶速度，连续变量，单位：m/s
	两车距离	D_{ij}	后车与前车的中心点之间的距离，连续变量，单位：m
其他参数	周边车流量	FVO	车辆所在区段的平均车流量，连续变量，单位：v/h
	周边ETC车辆的比例	FP_{ETC}	车辆所在区段的ETC车辆比例，连续变量，单位：%
	周边ETC车辆和MTC车辆混合熵	$FMIX_{MTCETC}$	车辆所在区段的ETC车辆和MTC车辆混合熵，连续变量
	所在区域的车道划线	LM	车辆所在区段的车道划线情况，分类变量，其中0代表车道无划线，1代表车道有划线

注：表格中灰色阴影变量为存在高度相关并且在模型实际估计中被剔除的因变量。

表8-3 基于行驶时间和距离变化的事故风险评估模型结果

参数	基础 LR 模型				基于时间变化的 LR 模型（TLR）				基于距离变化的 LR 模型（DLR）			
	S-RELR		S-RPLR		T-RELR		T-RPLR		D-RELR		D-RPLR	
	回归系数	标准误差	回归系数	标准误差	回归系数	标准误差	回归系数	标准误差	回归系数	标准误差	回归系数	标准误差
Intercept	2.39**	0.35	1.74**	0.67	1.93**	0.52	0.94**	0.40	1.52**	0.47	1.03**	0.31
D	-0.003**	0.0004	-0.003*	0.001	-0.0003*	0.002	-0.002*	0.003	-0.002*	0.001	-0.004**	0.002
$FL_{initial}$（lane2 VS lane1）	0.38**	0.10	0.58**	0.11	0.81**	0.17	1.11**	0.25	1.12**	0.17	1.03**	0.21
$FL_{initial}$（lane3 VS lane1）	0.28**	0.09	0.46**	0.10	0.80**	0.18	1.07**	0.24	1.05**	0.18	1.03**	0.22
$FL_{initial}$（lane4 VS lane1）	0.18**	0.10	0.31**	0.12	0.56**	0.17	0.86**	0.24	0.82**	0.19	0.75**	0.24
FTC_{type}	0.11**	0.06	0.13**	0.06	0.34**	0.09	0.34**	0.09	0.31**	0.10	0.33**	0.11
F_v	0.59**	0.01	0.68**	0.01	0.60**	0.02	0.63**	0.02	0.59**	0.02	0.62**	0.02
LTC_{type}	0.10**	0.05	0.11**	0.06	0.13*	0.09	0.19**	0.10	0.29**	0.10	0.17**	0.09
L_v	-0.67**	0.01	-0.73**	0.03	-0.68**	0.01	-0.67**	0.01	-0.67**	0.01	-0.67**	0.02
$FMIX_{MTCETC}$	0.29**	0.06	0.27**	0.06	0.28**	0.06	0.24**	0.05	0.29**	0.05	0.28**	0.05
D_{ij}	-0.20**	0.003	-0.23**	0.01	-0.20**	0.01	-0.19**	0.01	-0.19**	0.01	-0.19**	0.01

续表 8-3

| 参数 | 基础 LR 模型 | | | | 基于时间变化的 LR 模型(TLR) | | | | 基于距离变化的 LR 模型(DLR) | | | |
| | S-RELR | | S-RPLR | | T-RELR | | T-RPLR | | D-RELR | | D-RPLR | |
	回归系数	标准误差	回归系数	标准误差	回归系数	标准误差	回归系数	标准误差	回归系数	标准误差	回归系数	标准误差
Intercept	0.01^{**}	0.001	0.01^{**}	0.001	0.01^{**}	0.001	0.006^{**}	0.001	0.01^{**}	0.001	0.01^{**}	0.001
D	—	—	0.005^{**}	0.0004	—	—	—	—	—	—	—	—
$FL_{initial}$ (lane2 VS lane1)	—	—	0.01^{**}	0.003	—	—	—	—	—	—	—	—
$FL_{initial}$ (lane3 VS lane1)	—	—	0.01^{**}	0.003	—	—	—	—	—	—	—	—
$FL_{initial}$ (lane4 VS lane1)	—	—	0.01^{**}	0.004	—	—	—	—	—	—	—	—
FTC_{type}	—	—	—	—	—	—	—	—	—	—	—	—
F_{v}	—	—	—	—	—	—	—	—	—	—	—	—
LTC_{type}	—	—	0.01^{**}	0.001	—	—	—	—	—	—	—	—
L_{v}	—	—	—	—	—	—	0.006^{**}	0.001	—	—	0.01^{**}	0.001
$FMIX_{MTCETC}$	—	—	—	—	—	—	—	—	—	—	0.01^{**}	0.001
D_{ij}	—	—	—	—	—	—	—	—	—	—	—	—

随机变量系数分布的标准差

续表8-3

参数	基础 LR 模型 S-RELR 回归系数	S-RELR 标准误差	S-RPLR 回归系数	S-RPLR 标准误差	基于时间变化的 LR 模型(TLR) T-RELR 回归系数	T-RELR 标准误差	T-RPLR 回归系数	T-RPLR 标准误差	基于距离变化的 LR 模型(DLR) D-RELR 回归系数	D-RELR 标准误差	D-RPLR 回归系数	D-RPLR 标准误差
Intercept	—	—	—	—	—	—	—	—	—	—	—	—
D	—	—	—	—	0.0001^*	0.0001	0.0003^{**}	0.0001	—	—	—	—
$FL_{initial}$ (lane2 VS lane1)	—	—	—	—	-0.08^{**}	0.02	-0.08^{**}	0.03	-0.005^*	0.001	-0.004^{**}	0.001
$FL_{initial}$ (lane3 VS lane1)	—	—	—	—	-0.06^{**}	0.02	-0.09^{**}	0.02	-0.004^{**}	0.001	-0.004^{**}	0.001
$FL_{initial}$ (lane4 VS lane1)	—	—	—	—	-0.06^{**}	0.02	-0.08^{**}	0.03	-0.004^{**}	0.001	-0.003^{**}	0.001
FTC_{type}	—	—	—	—	-0.02^{**}	0.01	-0.02^*	0.01	-0.001^{**}	0.0005	-0.001^*	0.0005
F_v	—	—	—	—	-0.002^*	0.001	-0.0004^*	0.0003	—	—	-0.0001^*	0.0001
LTC_{type}	—	—	—	—	-0.001^*	0.01	-0.01^*	0.01	-0.001^*	0.0005	-0.0001^*	0.0004
L_v	—	—	—	—	—	—	—	—	—	—	—	—
$FMIX_{MTC,ETC}$	—	—	—	—	—	—	—	—	—	—	—	—
D_{ij}	—	—	—	—	-0.001^{**}	0.001	-0.002^{**}	0.001	-0.0001^*	0.00003	-0.0001^{**}	0.00003
AUC (the area under ROC)	0.9378		0.9380		0.9379		0.9383		0.9264		0.9297	
DIC (deviance information criterion)	10346.4		10342.3		10344.1		10339.4		10360.4		10369.3	

（注：TLR 模型中变量 t 的系数或 DLR 模型中 d 的系数）

注：* 代表在90%置信区间显著，** 代表在95%置信区间显著；具有系数分布标准差的参数为随机变量，随机变量的回归系数服从正态分布，表中所示的系数实为均值；"—"表示事故风险评估函数中此项不显著，因此估计计算结果中无此项。

随机参数模型中，T-RPLR 模型具有最高的 AUC 和最低的 DIC，说明 T-RPLR 模型的预测效果最好；其次分别为 S-RPLR 和 D-RPLR，说明考虑时间变化的模型对事故的预测更准确，考虑距离变化时的预测准确度降低。可能原因是在收费站分流区内，车辆行驶距离的数值变化范围大于行驶时间的数值，增加了贝叶斯估计中模型的复杂度，导致模型估计结果误差的增大。

在 TLR 模型结果中，T-RPLR 模型效能优于 T-RELR，两者随时间变化的参数和参数正负相同，考虑参数随机性造成参数系数变化的浮动较小。T-RPLR 模型估计得出，共 8 个解释变量对收费站分流区车辆事故风险的影响随时间变化的变化，包含行驶距离、后车初始车道、后车收费类型、后车行驶速度、前车收费类型和两车距离，模型估计结果中这些参数的系数可由随时间变化的函数表示，在时间动态变化的条件下，其对事故风险的影响程度不仅会发生变化，而且可能呈现为相反情况。

另外，模型中常数项和前车行驶速度(L_v)的随机参数标准差在95%置信区间显著，暗示这两个参数是随机参数，前车行驶速度对事故风险的影响存在未观察到的个体间异质性。D-RPLR 模型的效能虽然略逊于 T-RPLR 模型，但两模型的预测精度差异较小，并且模型结果具有一定相似度。首先，D-RPLR 模型中的显著变量和变量系数正负与 T-RPLR 模型相同；其次，除行驶距离(D)之外，其余7个因变量对收费站分流区车辆事故风险的影响也随距离发生变化，模型中常数项、前车行驶速度(L_v)和周边 ETC 车辆和 MTC 车辆混合熵($\mathrm{FMIX_{MTCETC}}$)为随机变量。

在以随机变量的均值代表其系数的前提条件下，T-RPLR 模型和 D-RPLR 模型估计结果可由以下公式进行表达，式(8-5)为 T-RPLR 模型估计结果，式(8-6)为 D-RPLR 模型估计结果：

$$\ln \frac{p(y_n^t)}{1-p(y_n^t)} = 0.94+(-0.002+0.0003t)D+(1.11-0.08t)FL_{\mathrm{initial(lane2\ VS\ lane1)}} +$$

$$(1.07-0.09t)FL_{\mathrm{initial(lane3\ VS\ lane1)}}+(0.86-0.08t)FL_{\mathrm{initial(lane4\ VS\ lane1)}}+(0.34-0.02t)$$

$$\mathrm{FTC_{type}}+(0.63-0.0004t)F_v+(0.19-0.01t)\mathrm{LTC_{type}}-0.67L_v+0.24\mathrm{FMIX_{MTCETC}}+$$

$$(-0.19-0.002t)D_{\mathrm{ij}} \tag{8-5}$$

$$\ln \frac{p(y_n^t)}{1-p(y_n^t)} = 1.03-0.004D+(1.03-0.004d)FL_{\mathrm{initial(lane2\ VS\ lane1)}}+(1.03-0.004d)$$

$$FL_{\mathrm{initial(lane3\ VS\ lane1)}}+(0.75-0.003d)FL_{\mathrm{initial(lane4\ VS\ lane1)}}+(0.33-0.001d)\mathrm{FTC_{type}}+$$

$$(0.62-0.0001d)F_v+(0.17-0.0001d)\mathrm{LTC_{type}}-0.67L_v+0.28\mathrm{FMIX_{MTCETC}}+$$

$$(-0.19-0.0001d)D_{\mathrm{ij}} \tag{8-6}$$

8.4　基于行驶时间变化的车辆事故风险影响机理

8.4.1　本车特征对车辆事故风险时间变化动态的影响

　　从模型估计结果来看，车辆在分流区内安全状态受各因素影响的动态变化是显著的，不仅影响程度存在时间变化动态差异，甚至影响的正负也会随着时间的变化发生完全转变，证实了不能将整个分流区内发生的交通冲突同一化，应当根据行驶时间细化车辆事故风险评估模型。图 8-8 展示了本车行驶特征相关参数的系数随车辆行驶时间变化的分布情况，其中车辆行驶距离(D)、初始车道($FL_{initial}$)和收费类型(FTC_{type})的系数值都可能存在正数和负数的情况，暗示此三个因素对车辆事故风险的影响存在积极影响和消极影响的异质性。

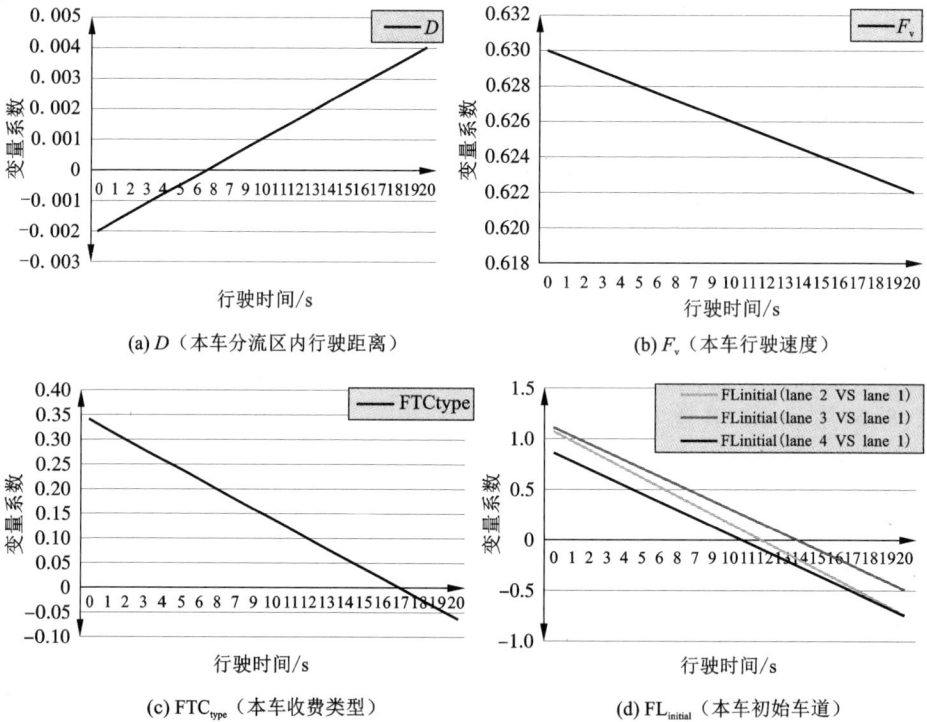

(a) D（本车分流区内行驶距离）　(b) F_v（本车行驶速度）

(c) FTC_{type}（本车收费类型）　(d) $FL_{initial}$（本车初始车道）

图 8-8　参数系数随车辆行驶时间动态变化的分布情况(本车相关参数)

　　(1)行驶距离

　　行驶距离(D)参数的系数值随着行驶时间的增加呈现动态上升趋势：当行驶时间小于 6.7 s 时，系数值小于 0，此时行驶距离对车辆安全为负面影响，即距离越短车辆越危险；行驶时间越短，系数绝对值越大，暗示同一行驶距离的不同车辆中，花费行驶时间越少的车辆越危险，可能是由于分流区前端为未拓宽区域，有限空间导致车辆之间的距离较近并形成潜在冲突。另外在分流过程前段，车辆处于高速状态，相同距离且行驶时间越少暗示车辆具有较高的行驶速度，增加了车辆避险难度，因而其事故风险越高。

反之，当车辆在分流区行驶时间超过 6.7 s 时，系数值大于 0，行驶距离越大越容易导致车辆发生事故，并且其影响程度随着时间的增加而增大，说明车辆越靠近收费通道越危险，且同一行驶距离的不同车辆中，花费行驶时间越多的车辆越危险。换言之，行驶距离较短的车辆的事故风险随着行驶时间($t>6.7$ s)的增加而减少，车辆在分流区末端的排队行为或者临时更换收费通道的行为可能是发生此种事故风险动态变化的原因。上章非动态事故风险评估模型估计结果指出车辆越靠近收费通道越危险，而本章通过引入时间变化动态影响不仅验证了上章结论，更深入发现在行驶时间较少的情况下，车辆驶进分流区的距离越短可能事故风险越高，证明了基于行驶时间的动态事故风险评估模型的精准性、信息充足性以及有效性。

（2）行驶速度

分流区内车辆的行驶速度(F_v)始终与事故风险之间存在正相关关系，模型估计结果中本车的行驶速度的系数在任何行驶时间下的值都大于 0，而且随着行驶时间的增加，其系数呈现下降趋势，揭示了行驶速度较高的车辆在分流区越危险，并且其发生事故的可能性会随着进入分流区的时间增长而略微减小。可能是车辆越深入收费站分流区，群体车辆的降速或者车辆排队现象导致车辆间行驶速度差异的减小，导致高速车辆的高事故风险特征弱化。因而，减少分流区前端的车流行驶速度差异会有助于改善收费站的安全。

（3）收费类型

如图 8-8(c)所示，本车收费类型(FTC_{type})对分流区车辆事故风险也存在时间变化的动态变化，其系数从 0.34 起随着行驶时间的增加而减少，在 17 s 之后系数为负，说明在分流区内 ETC 车辆发生事故的风险随着行驶时间的增加而减少。这具体表现为行驶时间小于 17 s 时，ETC 车辆具有更高的事故风险；反之，当行驶时间超过 17 s 时，则 MTC 车辆更加危险。车辆在收费站分流区的平均行驶时间为 18.67 s，模型结论说明在绝大多数的行驶时间内，ETC 车辆更容易发生交通事故，可能原因是 ETC 车辆较高的行驶速度降低了车辆规避事故的可能性，特别是当前车为速度较低的 MTC 车辆时，ETC 车辆的事故风险可能更高。

然而当车辆行驶到分流区后段时，ETC 收费通道采取不停车收费方式，使得完成通道选择的 ETC 车辆能够快速且有序地通过分流区后段，MTC 车辆则受到收费通道通行能力的限制出现排队现象，因此 ETC 车辆在此时是比 MTC 车辆安全的。从另一方面来看，通常 MTC 车辆需要花费更多的时间才能完全驶过收费站分流区，因此 MTC 危险样本在行驶时间较长时的频数大于 ETC 危险样本，样本的分布不均可能导致以上模型估计结论。

（4）初始车道

车辆初始车道对其在分流区内的安全影响也存在时间变化动态特征（收费站分流区初始车道的布局见图 3-9），如图 8-8(d) 所示，参数初始车道 2、3、4 的系数具有时间变化动态下降趋势，从开始分流时的正值逐渐下降到结束分流时的负值，暗示着与来自初始车道 1 的车辆相比，选择初始车道 2、3、4 的车辆发生事故的可能性随着行驶时间的增加而减小，此三类车辆分别在进入分流区之后的 13.9 s、11.9 s、10.8 s 之前比选择初始车道 1 的车辆危险，在此时间点之后的事故风险低于选择初始车道 1 的车辆。

参数初始车道 2 的系数在车辆分流全程中都比初始车道 3、4 的系数大，说明行驶时间小于 13.9 s 时从初始车道 2 驶来的车辆事故风险最高，当行驶时间大于 13.9 s 时则选择初始车道 1 的车辆发生事故的可能性最高；反之当车辆行驶时间小于 10.8 s 时，选择初始车道 1 的车辆最安全。可能是初始车道 1 位于道路最内侧，为高速车道，来自此车道的车辆完成分流前的降速需要更长的时间，其分流导致的交通冲突多发生在行驶时间较长时，因此在分流初期比其他车辆安全，在分流后期比其他车辆危险。另外，选择初始车道 2 的车辆不仅具有相对高速的特点，且通常车辆组成的 ETC 和 MTC 混合程度较大，两因素作用下同时提升了初始车道 2 车辆的事故风险，当分流进入后半程，车速降低并且两种车辆分流开来，初始车道 2 车辆的事故风险也会随之降低。以上分析能够很好地支持和解释章节 3.4.4 节的发现。

以上结论为收费站分流区的安全改善提供了更加有效的理论支持，例如应当在分流区前端安装更为明显的警示标志和实施较强约束的分流管理措施，以警示车辆在此区域采取谨慎的分流行为，从而减少较高车速状态下车辆的交通冲突；在分流区末端针对 MTC 车辆设立追尾警示标志，或采取严格措施减少车辆临时换道的行为；基于车辆类别和车辆初始车道制定不同的动态警示标准，根据其行驶状态发布实时的安全分流引导信息，从而实现定制化和区别化的安全管理，使得每辆车在分流区内都能安全稳定地通行。

8.4.2 前车特征对车辆事故风险时间变化动态的影响

车辆在分流区发生事故的前提是与另外一辆车发生交通冲突，本书在第 4 章将分流区冲突定义为本车与前车之间发生的冲突，计算过程中纳入了两辆车的动态参数，因此前车的特征对后车事故的发生也起着重要作用。模型估计结果发现，前车对后车事故风险的影响有两个特征：前车的行驶速度（L_v）和前车收费类型(LTC_{type})。模型结果中两参数系数随着行驶时间变化的分布情况如图 8-9 所示。前车速度对后车事故风险的影响不存在时间变化动态的变化,但是模型估计结果发现,此参数为随机变量,其回归系数服从正态分布(-0.67 , 0.006^2),说明前车行驶速度对不同后车车辆安全性的影响具有异质性。系数均值为负数,暗示前车行驶速度越低,后车越容易发生事故,可能是前车的速度降低导致两车速度差的增加,两车间距离不变的条件下,速度差越大导致后车规避事故的可能性越低。

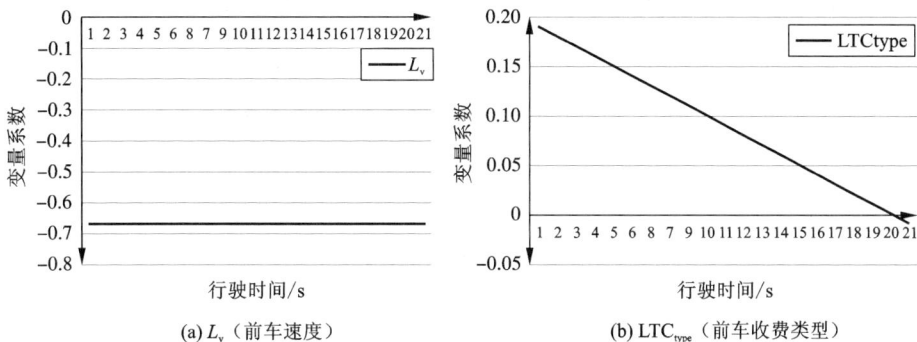

(a) L_v (前车速度)   (b) LTC_{type} (前车收费类型)

图 8-9 参数系数随车辆行驶时间动态变化的分布情况(前车相关参数)

前车收费类型对后车事故风险的影响具有时间变化动态特征,随着行驶时间的增加,前车收费类型的系数从正值降低到最终的负值,代表收费类型为 ETC 的车辆发生事故的可能性随着时间增加而减小。从分流开始到行驶了 19 s,ETC 前车更容易与后车发生事故;行驶时间超过 19 s 后,MTC 前车则会导致更大的事故风险。此结论有助于在实现车联网之后,通过每辆车的特征以及动态行车状态,判断最有可能与本车发生交通冲突的前车并评估事故发生的可能性,这是对事故风险评估最终输出功能的拓展,并且关键影响因素的纳入在一定程度上会提升事故风险评估的准确度。

8.4.3 交通流特征对车辆事故风险时间变化动态的影响

基于行驶时间变化的分流区事故风险评估模型结果中,MTC 车辆和 ETC 车辆混合度($FMIX_{MTCETC}$)对分流区车辆事故风险影响的估计结果与采用非时间变化模型的估计结果一致, $FMIX_{MTCETC}$ 的系数为恒定正值(0.24),再次验证了两种车辆的混合不仅会导致车流的紊乱,也会降低车辆在分流区内的安全性,这是由混合型收费站物理构造决定的,也是此类型收费站事故频发的根本原因。此结论不仅验证了混合型收费站在车辆安全方面的弊端,同时也为收费站改善措施提供了理论支持。现阶段,国家大力推广 ETC 普及率,增加 ETC 通道,鼓励消除 MTC 车辆，此类措施便能够减少车辆的混合。从安全方面来看，具有单一类型车辆的稳定车流的形成有利于降低车辆在分流区的事故风险。

如图 8-10(b) 所示，两车距离(D_{ij})的系数随着行驶时间增长，从初始时的 -0.19 下降到 20 s 时的 -0.23，说明两车距离越短越容易导致车辆事故。随着行驶时间的增加，距离较短的两车的事故风险越高，可能是随着进入分流区时间的增长，车辆逐渐开始分流，分流行为的增大导致距离较短的两车发生事故的可能性增加。另外，车辆在分流区末端的排队行为也在一定程度上解释了此结论。

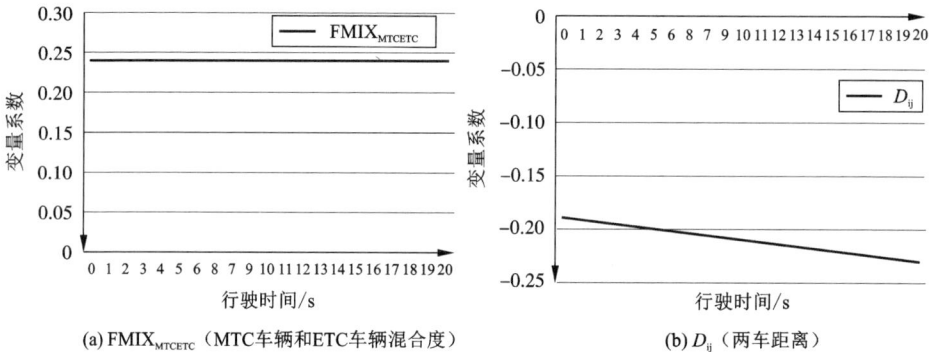

(a) FMIX$_{MTCETC}$（MTC车辆和ETC车辆混合度）   (b) D_{ij}（两车距离）

图 8-10   参数系数随车辆行驶时间动态变化的分布情况（交通流相关参数）

8.5   基于行驶距离变化的车辆事故风险影响机理

收费站分流区车辆事故风险动态变化还体现了基于行驶距离的变化，对于同一收费站，各车辆的总行驶距离为固定常数，车辆在每一瞬时时刻的行驶距离由车辆进入分流区的行驶时间和行驶速度决定。D-RPLR 模型估计结果见 8.3.3 节，其中后车初始车道、后车收费类型、后车行驶速度、前车收费类型和两车距离为随行驶距离动态变化的参数，系数为距离的函数，行驶距离系数为常数，模型中的常数项、前车行驶速度和周边 ETC 车辆和 MTC 车辆混合熵为随机变量。

D-RPLR 模型估计结果与 T-RPLR 模型结果有极大的相似性，两者显著的影响因素相同并且每个因变量系数（动态变化参数为距离函数的常数项，随机参数为分布的均值）的正负也相同。对于随距离动态变化的参数，两模型中每个参数随距离/时间的变化趋势也存在极高的相似度，可能是虽然行驶距离和行驶时间受车辆速度的影响，但两者都能体现车辆进入分流区之后的状态，衡量车辆所在分流过程的阶段，并且分流区内的车辆均为减速行驶，交通的宏观状态相同，因此最终导致的结果相似。本节仅对 D-RPLR 模型与 T-RPLR 模型结果的不同之处进行讨论，其余相似结论不再赘述。

图 8-11 展示了 D-RPLR 模型估计结果中除常数项外，所有自变量系数随行

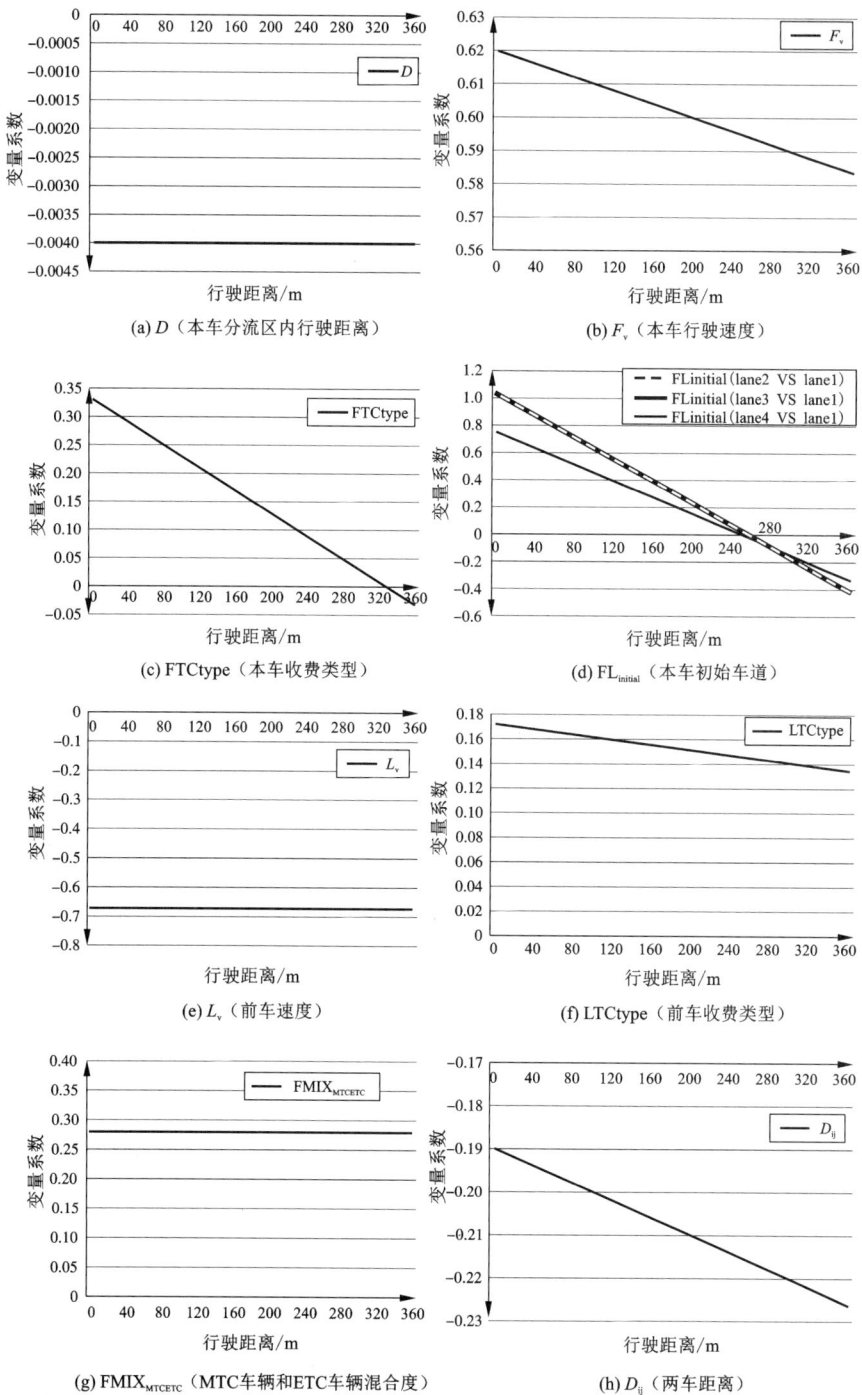

图 8-11　参数系数随车辆行驶距离动态变化的分布情况

驶距离动态变化的分布情况。图 8-11(e)和(g)为前车速度与周边 ETC 车辆和 MTC 车辆混合熵这两个参数系数的均值，两者为随机参数，分别服从正态分布 $(-0.67, 0.01^2)$ 和 $(0.28, 0.01^2)$，说明这两个因素对不同车辆安全的影响具有异质性，但对同一车辆事故风险的影响不存在随行驶距离变化的动态变化。与 T-RPLR 模型结果不同的是，行驶距离对车辆安全性的影响无动态变化，选择初始车道 2 和 3 的车辆对事故风险的影响程度是完全相同的，车辆进入分流区 257.5 m 之前，来自初始车道 2 和 3 的车辆发生事故的可能性最高，其次分别为选择初始车道 4 和 1 的车辆。初始车道 1 车辆的事故风险随着行驶距离的增加而增大，行驶距离超过 257.5 m 之后，初始车道 1 车辆最为危险，而初始车道 2 和 3 的车辆最安全。

T-RPLR 模型结果中，前车收费类型对车辆事故风险的影响存在正负异质性，而 D-RPLR 模型显示在距离动态的影响下，前车收费类型的系数值虽然有下降趋势，但始终为正值，代表不论车辆进入分流区多长距离，前车为 ETC 车辆比前车为 MTC 车辆造成的后车事故风险更高。两模型结果显示，各参数对收费站分流区内车辆事故风险的影响是存在基于时间或者距离的显著动态变化的。根据动态衡量标准的变化，事故风险评估模型会产生部分变化，在实际运用中可根据所掌握的车辆动态准确信息进行模型选择，保证模型能够被有效运用到工程实践中。

8.6　车辆混行对车辆事故风险的影响

8.6.1　车辆混行分类及安全性分析

混合型收费站分流区高事故风险的根本原因是 MTC 车辆和 ETC 车辆的混行，以上章节的分流区事故风险评估模型以 MTC 车辆和 ETC 车辆混合度 $(FMIX_{MTCETC})$ 对车辆事故风险的影响估计，验证了两种车辆混合度的提升导致了车辆发生事故可能性的增加。车辆混合对交通冲突的直接影响是造成冲突，使跟驰车组类型复杂化，以冲突前后车的收费类型进行区分，分流区实际发生的冲突可分为 MTC-MTC、ETC-MTC、MTC-ETC、ETC-ETC 四种类型（表现形式为交通冲突前车收费类型-后车收费类型），称为收费站分流区交通冲突混行类别。

表 8-4 统计了四种混行类别车辆样本中安全、危险频次以及危险样本的 ETTC 平均值，通过 T 检验验证了四组混行类别的危险样本的 ETTC 存在显著差异。统计结果显示，MTC-MTC 组内的危险样本数量最高，ETC-MTC 组内的危险样本频数最低。然而，危险样本比例最高的组别为 ETC-ETC(27.98%)，并且此混行类别的危险样本 ETTC 平均值最小(1.9 s)，代表当 ETC 车辆前车也为 ETC

时, 不仅具有最高的事故风险, 而且事故发生程度最危险, 可将此类别视为危险最高等级, 其次依次为 MTC-MTC、MTC-ETC 和 ETC-MTC 类别, 其中 ETC-MTC 可视为最安全的混行类别, 其危险样本比例最低(13.74%)且 ETTC 平均值最大 (2.29 s)。

表 8-4 不同交通冲突混行类别车辆样本组成以及事故风险统计

混行类别	总样本数	危险样本		
		样本数	占本类别样本比例	ETTC 平均值/s
MTC-MTC	25659	6073	23.67%	2.13
MTC-ETC	16981	3455	20.35%	2.27
ETC-MTC	16991	2335	13.74%	2.29
ETC-ETC	16101	4505	27.98%	1.90
总	75732	16368	21.61%	2.15

8.4 节的内容验证并分析了车辆在收费站内行驶时间对总体车辆事故风险造成的动态影响, 本节则深入分析在混行类别条件下, 事故风险的时间变化动态变化。图 8-12 绘制了四种混行类别的危险样本频数随车辆行驶时间的变化分布情况, 可以看出, ETC-MTC 和 MTC-ETC 两组的危险样本频数随时间的增加呈现出有波动的下降趋势, 其最高点位于 2~3 s。另外两种混行类别的曲线首先在时间的前半程呈现不规律波动变化, ETC-ETC 的危险样本频数在 13~14 s 达到最高值, MTC-MTC 的危险样本频数最高时行驶时间为 8~10 s, 两组的危险样本频数在最后时段大幅度下降。

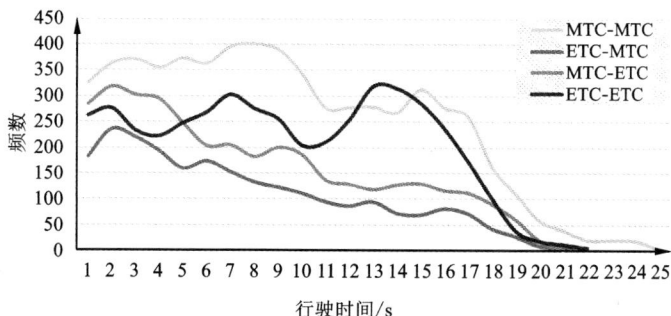

图 8-12 不同交通冲突混行类别车辆危险样本频次随时间动态变化的分布情况

不同混行类别的危险样本 ETTC 平均值随行驶时间的动态变化也具有差异性。如图 8-13 所示，四条曲线均呈现不规则波动变化，MTC-MTC 危险样本的 ETTC 平均值在行驶过程前期的变化浮动较小，当行驶时间超过 18 s，经历了急速下降和上升两个阶段，约 21 s 时的 ETTC 平均值最小。ETC-MTC 和 MTC-ETC 两组的危险样本 ETTC 平均值分别在 17 s 和 15 s 之前呈现总体上升趋势，表明此两类型的危险样本发生事故的严重程度随着行驶时间的增加而降低；在此之后的曲线略有下降趋势，代表两者的危险样本事故严重性提升。ETC-ETC 混行类别的危险样本 ETTC 平均值在车辆分流的全程一直波动变化，其图中曲线大部分位于其他三类曲线的下方，再次说明当两辆 ETC 车辆跟驰行驶时，发生事故的严重程度最高。以上分析说明，不仅四组混行类别的车辆事故风险具有时间变化动态特征，而且四组事故风险的变化具有差异性，车辆跟驰类别的变化会导致其后车发生事故的可能性以及危险程度均产生变动，因此要提升对收费站分流区车辆事故风险评估的准确性，可通过混行类别细分进行分组评估。

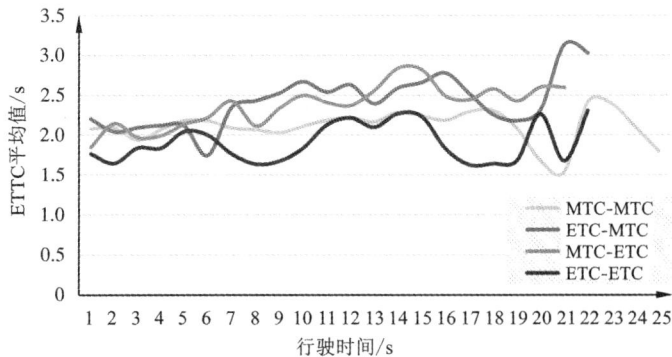

图 8-13　不同交通冲突混行类别危险样本 ETTC 平均值随时间动态变化的分布情况

8.6.2　车辆混行对事故风险的时间变化动态影响

（1）模型构建与结果

构建基于行驶时间变化的随机参数 LR 模型，并通过该模型对分流区内四种混行类别情况下车辆发生事故的可能性进行评估，探究各影响因素与四种类别的车辆事故之间的内在联系。模型候选变量与 8.3 节相似，前后车的跟驰类型已确定，因此前车类型和后车类型不带入模型估计，新增前车加速度（L_A）与后车加速度（F_A）变量，表示车辆瞬时的速度变化情况，单位为 m/s²，包含正值和负值。使用 WinBUGS 求解贝叶斯模型，构造 3 条 MCMC 链进行贝叶斯推断，算法收敛性由内置的 BGR 和迭代图进行诊断。随机参数 β_k' 服从无信息先验分布—正态分布 $(0, 1\times10^{-6})$，σ_n^2 服从 inverse-gamma$(0.001, 0.001)$，模型中参数的随机性和随时间动态变化不重合。

模型估计结果如表 8-5 所示，每个模型中均有显著的时间变化参数以及随机参数，例如 MTC-MTC 混行类别模型估计结果中，行驶距离、后车初始车道、后车行驶速度(F_v)和两车距离共六个因变量的系数随着行驶时间变化而变化，说明这些参数对车辆事故风险的影响具有时间变化特征。前车行驶速度和周边 ETC 车辆和 MTC 车辆混合熵为随机变量，代表不同车辆的安全状态与这两个影响因素之间的关系存在异质性。四个模型的 AUC 均大于 0.9，模型能够较为精准地评估每个混行类别的事故发生可能性，但四个模型的基础数据集不一样，因此模型之间的 DIC 和 AUC 不能相互比较，仅能用来评价该模型的预测精确度。

表 8-5　不同混行类别的时间变化事故风险评估模型结果

类别	参数	参数		时间变化参数 t 的系数		随机变量系数的标准差	
		回归系数	标准差	回归系数	标准差	回归系数	标准差
MTC-MTC	Intercept	−0.688	0.267	—	—	—	—
	D	−0.003	0.004	0.0005	0.0002	—	—
	$FL_{initial}$ (lane2 VS lane1)	3.456	0.752	−0.273	0.056	—	—
	$FL_{initial}$ (lane3 VS lane1)	2.990	0.726	−0.260	0.057	—	—
	$FL_{initial}$ (lane4 VS lane1)	3.145	0.724	−0.293	0.057	—	—
	F_v	0.591	0.026	0.007	0.005	—	—
	F_A	0.006	0.002	—	—	—	—
	F_v	−0.632	0.028	—	—	0.013	0.003
	L_A	−0.011	0.004	—	—	—	—
	$FMIX_{MTCETC}$	0.441	0.119	—	—	0.031	0.015
	D_{ij}	−0.215	0.014	−0.001	0.0005	—	—

续表8-5

类别	参数	参数		时间变化参数 t 的系数		随机变量系数的标准差	
		回归系数	标准差	回归系数	标准差	回归系数	标准差
MTC-ETC	Intercept	−1.194	0.296	—	—	—	—
	D	−0.005	0.002	0.0006	0.0002		
	$FL_{initial}$ (lane2 VS lane1)	1.580	0.364	−0.128	0.035	—	—
	$FL_{initial}$ (lane3 VS lane1)	1.818	0.384	−0.141	0.038	—	—
	$FL_{initial}$ (lane4 VS lane1)	2.164	0.664	−0.309	0.144	—	—
	F_v	0.653	0.045	−0.001	0.001		
	F_A	0.005	0.002	—	—	—	—
	L_v	−0.657	0.051	—	—	0.015	0.003
	L_A	−0.003	0.001				
	$FMIX_{MTCETC}$	0.987	0.290	—	—	0.016	0.003
	D_{ij}	−0.171	0.019	−0.003	0.001		
ETC-MTC	Intercept	4.095	0.780	—	—	—	—
	D	−0.025	0.007	0.0005	0.0002		
	$FL_{initial}$ (lane2 VS lane1)	−0.377	0.127	0.039	0.012	—	—
	$FL_{initial}$ (lane3 VS lane1)	−0.620	0.111	0.013	0.004	—	—
	$FL_{initial}$ (lane4 VS lane1)	−1.453	0.475	0.037	0.018	—	—
	F_v	0.790	0.029	0.013	0.007		
	F_A	0.010	0.006	—	—	—	—
	L_v	−0.830	0.041	—	—	0.013	0.003
	L_A	−0.010	0.005				
ETC-MTC	$FMIX_{MTCETC}$	0.548	0.231	—	—	0.016	0.005
	D_{ij}	−0.223	0.022	−0.005	0.002	—	—

续表8-5

类别	参数	参数		时间变化参数 t 的系数		随机变量系数的标准差	
		回归系数	标准差	回归系数	标准差	回归系数	标准差
ETC-ETC	Intercept	0.072	0.019	—	—	—	—
	D	0.003	0.001	0.0001	0.0000	—	—
	$FL_{initial}$（lane2 VS lane1）	1.214	0.295	−0.120	0.027	—	—
	$FL_{initial}$（lane3 VS lane1）	0.634	0.308	−0.061	0.027	—	—
	$FL_{initial}$（lane4 VS lane1）	0.376	0.191	−0.016	0.008	—	—
	F_v	0.614	0.033	−0.005	0.002	—	—
	F_A	0.001	0.0002	—	—	—	—
	L_v	−0.623	0.021	—	—	0.017	0.002
	L_A	−0.006	0.002	—	—	—	—
	$FMIX_{MTCETC}$	0.326	0.122	—	—	—	—

	MTC-MTC	ETC-MTC	MTC-ETC	ETC-ETC
DIC	3949.63	2134.01	1535.02	2587.12
AUC	0.9132	0.9344	0.9496	0.9311

注：表格中的结果均为至少在90%置信区间显著的参数，大部分参数在95%置信区间显著；具有系数分布标准差的参数为随机变量，随机变量的回归系数服从正态分布，表中所示系数实为均值；"—"表示事故风险评估函数中此项不显著，因此估计结果中无此项。

（2）模型结果分析

图 8-14 为不同混行类别模型估计结果中三个时间变化参数系数随车辆行驶时间变化的分布情况，相同参数在不同组别的时间变化程度或趋势存在差异性。注意，模型数据样本不同，因此估计结果并不具有通用性，不宜对不同模型的相同参数系数的值进行比较，主要分析内容为各模型中参数系数的正负及其随时间的变化。另外，模型结果中存在与总样本模型相似的结果，相关参数的影响效应以及动态变化特征的分析讨论详见 8.4 节。

如图 8-14(a)所示，本车行驶距离对 MTC-MTC 和 MTC-ETC 类型的车辆冲突的影响与全样本相似，即行驶时间较少时，行驶距离越小车辆越危险，而当行

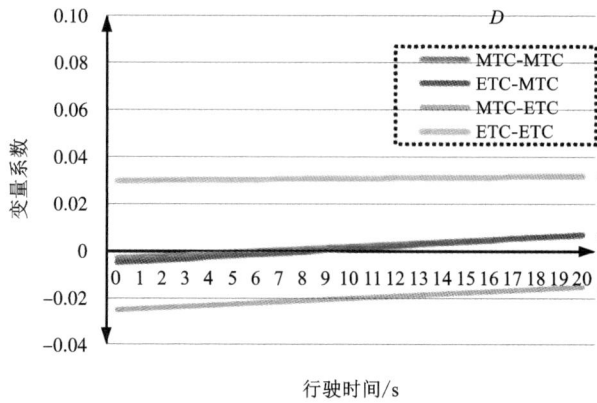

（a）D（本车分流区内行驶距离）

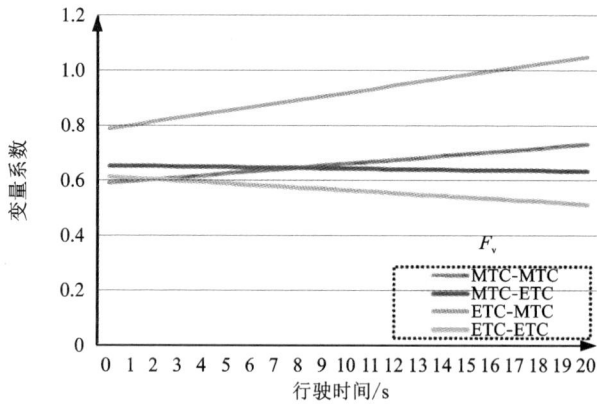

(b) F_v（本车行驶速度）

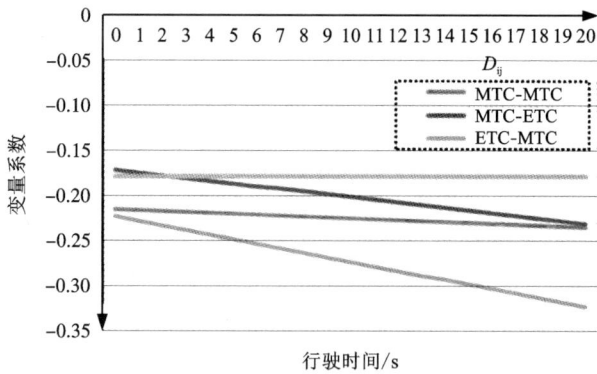

(c) D_{ij}（两车距离）

图 8-14　不同混行类别模型的参数系数随车辆行驶时间动态变化的分布情况

驶时间增长后，影响作用呈现相反状态。车辆行驶距离与 ETC-ETC 的事故风险之间始终存在正相关关系，说明两辆 ETC 车辆越靠近收费通道就越容易发生事故，且随着行驶时间的增长，发生事故的可能性提高，可能是 ETC 车辆在分流后半阶段的聚集导致车辆在靠近 ETC 通道区域时容易与其他车辆发生冲突。ETC-MTC 与其他类别不同，行驶距离对其安全的影响不存在正效应，其系数虽然随着时间增长而增大，但始终为负值，代表距离越小车辆发生事故的可能性越高，会产生此影响可能是车辆分流导致此混行类别多分布在分流区前部。

本车行驶速度对四种类型车辆事故风险的影响均为速度越大，车辆越危险。然而 MTC-ETC 和 ETC-ETC 类别中，本车行驶速度的系数时间变化动态呈下降趋势，说明不论前车为何种收费类型，ETC 车辆行驶速度对其事故风险的影响程度随着行驶时间的增长而降低；相反，MTC 车辆行驶速度随着其进入分流区的时间越长，对 MTC 车辆事故风险的影响越大。除 ETC-ETC 混行类别之外，两车距离（D_{ij}）与其余三种类别的车辆事故风险之间的关系以及时间变化特征均和总样本一致，即两车距离越小导致车辆安全性下降，并且其影响程度随时间增长而提高。ETC-ETC 类别中，两车距离对车辆安全性的影响为恒定负相关关系，影响程度不发生时间变化动态变化，可能是样本数据结构导致的。

前车速度和周边 ETC 车辆和 MTC 车辆混合熵在 MTC-MTC、MTC-ETC、ETC-MTC 模型结果中为随机变量，ETC-ETC 模型结果中仅前车速度为随机变量，变量均值及正态分布标准差如表 8-5 所示，两种变量在各模型中对车辆事故风险的影响与总样本结果相似。另外，前车加速度和后车加速度对于车辆安全的影响是恒定的，并且在各混行类别模型中参数的正负相同，其中后车加速度的增加会导致车辆事故风险的增加，说明车辆减速避险对于避免冲突发生具有重要作用。前车加速度越小，车辆越容易发生事故，验证了分流区内车辆减速行为是跟驰车辆间发生严重冲突的主要原因。

（3）初始车道时变动态影响差异

四种混行类别模型估计结果中初始车道对车辆事故风险的时间变化动态影响如图 8-15 所示，MTC-MTC、MTC-ETC、ETC-ETC 混行类别中，三个初始车道参数的系数均在起始时为正值且随着车辆进入分流区时间的延长而减小，在分流后期逐渐减少为负值（ETC-ETC 中的初始车道 4 的系数在 24.1 s 后为负值，图中仅显示 20 s 以内的系数）。此动态变化与总样本的变化相似，但三个初始车道系数在各混行类别中值为 0 时对应的行驶时刻是不同的，且同一混行类别中各初始车道的影响程度排序也是不同的。

首先，分析初始车道对车辆事故风险的影响从正到负的转变时刻，初始车道 2 的系数在三类模型结果中中分别于 12.7 s、12.3 s、10.2 s 之后为负值，暗示相较于选择初始车道 1 的车辆，来自初始车道 2 的 ETC 车辆与其他 ETC 车辆发生

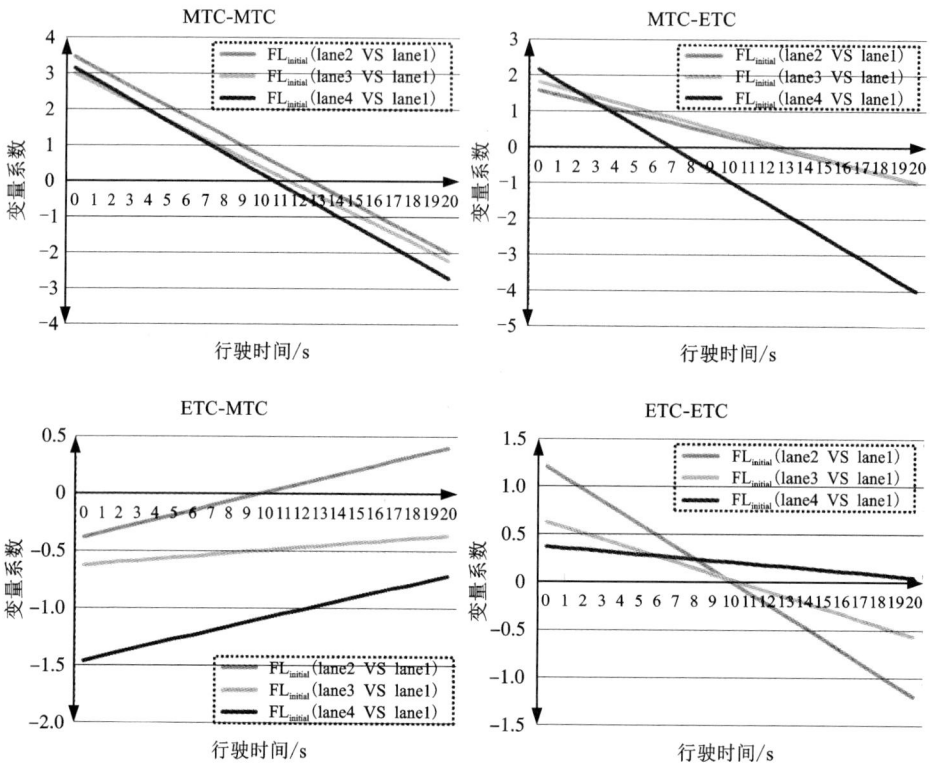

图 8-15 不同混行类别模型的初始车道系数随车辆行驶时间动态变化的分布情况

事故的可能性比其他 MTC 车辆发生事故的可能性要提早且低于选择初始车道 1 的情况，可能是由于选择初始车道 2 的 ETC 车辆与 MTC 车辆的交织延时要长于与同类车辆的交织时间。初始车道 4 系数转变为负值的行驶时刻在三个类别中相差较大，分别为 10.7 s、8.7 s、24.1 s，尤其是 ETC-ETC 类别中，初始车道 4 系数在 24.1 s 前均大于 0，说明当选择初始车道 4 的 ETC 车辆与其他 ETC 车辆发生交通冲突时，交通冲突转变为事故的可能性几乎在分流全程内比选择初始车道 1 的可能性高。出现这种情况的原因是选择车道 4 的 ETC 车辆为不熟悉收费站的驾驶员的可能性较大，在从最外侧初始车道行驶到最内侧 ETC 收费通道的过程中，车辆不仅要完全横向穿越收费站分流区，而且会在分流区内和大量车辆发生交织，这对于不熟悉收费站设计的驾驶员来说，是极具危险的挑战。

其次，在每个混行类别中，各初始车道车辆的安全排序都是随着行驶时间变化的，例如 MTC-MTC 类别中选择初始车道 2、3、4 的车辆在分流前期比来自初始车道 1 的车辆危险，分流后期则是初始车道 1 的车辆最危险和初始车道的 4 车辆最安全。同一行驶时刻,各类别中最安全与最危险的车辆也是不同的,如分流开始时 MTC-MTC 和 ETC-ETC 类别中选择初始车道 2 的车辆具有最高事故风险,MTC-ETC 类别中则是选择初始车道 4 的车辆最危险,可能是选择初始车道 2 的车辆经过区域通常车流最紊乱以及车辆混合比例较高,因此同种类型的车辆冲突最频繁。然而相较于来自其他初始车道的 ETC 车辆,从最外侧初始车道 4 进入分流区的 ETC 车辆不仅数量少、周边 MTC 车辆密度大,而且较大距离的横向分流要求迫使 ETC 车辆提早进行转向等分流行为,因此选择初始车道 4 的 ETC 车辆和其他 MTC 车辆发生事故的可能性在分流开始时极高。

虽然 MTC-MTC 类别中三个初始车道车辆的事故风险动态变化与总样本的结果相似,但是 MTC 车辆与其他 ETC 车辆发生事故的可能性受初始车道影响的动态变化则呈现完全相反的趋势。从图 8-15 中可以很明显地看出,ETC-MTC 混行类别模型结果中三个初始车道系数的变化呈现出时间变化的上升趋势,初始车道 2、3、4 的系数在分流开始时为负值,之后逐渐增大,其中初始车道 2 系数在 9.67 s 后为正值。参数系数的动态变化暗示初始车道 1 的 MTC 车辆与其他 ETC 车辆之间发生事故的风险在分流前期最高,其次依次是初始车道 2、3、4 的 MTC 车辆,后三者的事故风险随着行驶时间的增长而增加;当车辆行驶到分流后期时,来自初始车道 2 的 MTC 车辆最容易与 ETC 车辆发生交通事故。可能是 ETC 收费通道布局导致 ETC 车辆多选择初始车道 1 或 2,因此来自同车道的 MTC 车辆与 ETC 车辆的交织会频繁发生于分流前期,导致从初始车道 1 和 2 进入分流区的 MTC 车辆的事故风险在分流前期较高。

根据 3.5.4 节的分析可知,选择初始车道 1 的 MTC 车辆数量显著低于选择初始车道 2 的 MTC 车辆,在分流后期,大量来自初始车道 2 的 MTC 车辆会与从分流区外侧驶来的 ETC 车辆产生交织并增加事故风险,选择初始车道 3、4 的 MTC 车辆与 ETC 车辆产生交织的可能情境较少,因此安全性较高。相较于车辆的动态微观运动信息,车辆的收费类型和初始车道的信息直观且容易获取,能够在车辆进入分流区之前对其事故风险进行评估,通过实时的分流区交通流状态预判车辆的潜在事故,为车辆下达避免交通冲突的行为指令,诱导驾驶员采取更加安全的分流措施。MTC 车辆和 ETC 车辆混行是我国收费站分流区车辆安全性较低的主要原因,以上分析在证实车辆混合会增加车辆在分流区事故风险的基础上,深入探讨了不同混合类型车辆的事故风险与各因素之间的关系以及随时间动态变化的特征,能够根据车辆收费类型以及运动信息将事故风险评估精确到每一时刻以及每类混行类别。

8.7 本章小结

本章从行为连续性的角度深入探讨了车辆在收费站分流区内安全性的时空动态变化，弥补了传统方法中将事故黑点区域范围内的车辆事故风险同一化的缺陷。基于微观车辆轨迹数据及车辆事故风险评估模型选择结果，引入车辆分流行为的动态运动特征，分别构建基于行驶时间和行驶距离的随机参数车辆事故风险模型，探索车辆安全在时间和空间上的连续动态变化，以及各影响因素与车辆安全内在联系的线性影响作用。为验证动态模型对事故风险评估模型的有效性，分别对 S-RELR、S-RPLR、T-RELR、T-RPLR、D-RELR、D-RPLR 的模型结果进行估计和对比，发现六种模型均具有较高的预测精度，其中 T-RPLR 模型的预测精度最高，D-RPLR 模型的预测效果略低于 S-RPLR 模型，而且动态随机参数模型效能总是优于动态随机效应模型。在此基础上，以 T-RPLR 和 D-RPLR 模型结果为基准，分析了本车特征、前车特征以及交通流特征对车辆事故风险的时空动态影响，结果显示部分影响因素存在时间变化影响且影响具有正负差异。

最后按照车辆收费类型以及跟驰特征，将收费站分流区混行车辆划分为四种混行类别，详细探讨了不同混行类别车辆事故风险的动态变化，分析不同混行类别车辆安全的动态影响机理的差异性。研究结果显示，车辆事故风险在四种混行类别中具有显著的差异性，模型结果中相同参数在不同组别的时间变化程度或趋势存在差异性，例如本车行驶速度在 MTC-ETC 和 ETC-ETC 类别模型结果中的系数呈现出时间变化动态下降趋势，在另外两混行类别车辆中则具有时间变化动态上升趋势。本章研究结果有助于提高分流区车辆事故的预测准确度，实现连续性动态事故预测，同时深入剖析收费站车辆混行对车辆安全的影响，为收费站收费方式的改革提供理论支持。

第 9 章

面向离散数据更新的车辆事故
风险评估模型自适应修正

9.1　引言

　　上述章节介绍的事故风险评估模型大多基于大样本高频数据,即采集收费站分流区一定时空内的所有视频信息并提取与分析离线数据。采用该方法获取的数据量大,可达亚秒级(即未达到秒的速度),近似于连续型数据,当数据为大样本连续数据时,采用离线静态模型估计,预测的精度无疑较高。然而,将这种方法应用于安全管理实践时存在明显的局限性。首先,估计出的高精度模型只适用于与之相对应的大样本量数据,当样本数据发生变化时,模型的可移植性并不一定满足要求,很可能导致估计的模型对新样本的数据预测性能较差,无法使用。其次,离线静态估计的方法也无法为收费站分流区的实时风险预测及安全管控提供帮助。在车辆实际运行的状态下,视频图像识别、数据获取、数据清洗、数据分析、模型估计这一整套流程无法在亚秒级完成,无法通过实时获取的大量连续数据来估计车辆冲突并对模型进行静态估计。

　　最后,以历史数据估计车辆事故风险无法适应交通环境以及交通流快速变化的情况,特别是针对处于运营模式更迭阶段的收费站,实现事故风险评估模型随着数据更新的修正有助于捕捉车辆安全的动态变化,并且准确有效地完成每一发展阶段的安全监测任务。因此,面向离散且动态更新型数据的收费站分流区事故风险评估模型十分必要,离散数据更新条件下,前序离散数据信息能够为当前模型估计提供必要的先验信息,因此可以形成模型自适应动态修正模式,进而提高预测精度与效率。本章将采用贝叶斯动态 LR 理论对离散数据更新下的模型自适应修正进行研究。

9.2 贝叶斯动态 logistic 回归模型

普通 LR 模型的结果只能用于判别对应历史数据下各种影响因素对收费站分流区车辆事故风险的作用,当考虑环境变量随时间变化而变化时,各种因素的作用也会随之发生改变,因此对应的回归模型中的参数 θ 也在动态变化。对此,可以基于贝叶斯定理,采用贝叶斯动态 LR 模型(bayesian dynamic logistic regression)对变化的数据进行分析,将历史数据回归所得的参数作为先验信息,通过当前的数据对模型进行更新,从而得到动态的准确结果,实现回归模型的自适应修正[228]。根据贝叶斯定理可知:

$$f(\theta|y) = \frac{f(\theta, y)}{f(y)} = \frac{f(y|\theta)\pi(\theta)}{f(y)} \propto f(y|\theta)\pi(\theta) \qquad (9-1)$$

式中:$f(\theta|y)$ 为参数 θ 在样本数据 y 条件下的条件分布密度,即后验分布;$\pi(\theta)$ 为参数 θ 的先验分布;$f(\theta, y)$ 为 θ 与 y 的联合分布;$f(y|\theta)$ 为给定参数 θ 时 y 的密度函数;$f(y)$ 为 y 的边缘分布。

贝叶斯公式中的 $f(\theta|y)$ 为当前后验信息,$\pi(\theta)$ 为先验信息,$f(y|\theta)$ 为样本数据,即通过先验信息与样本数据得到后验信息。基于贝叶斯定理的思想,可以得到贝叶斯动态 LR 模型的基本思路,即在贝叶斯公式的基础上考虑时间维度,将前一时段获得的参数信息作为先验信息,结合当前时段的样本数据,更新当前时段的参数结果(即后验信息)。贝叶斯动态 LR 模型如下:

$$p(\theta_t|Y^t) \propto p(y_t|\theta_t)p(\theta_t|Y^{t-1}) \qquad (9-2)$$

式中:$Y^t = y_1, \cdots, y_{t-1}, y_t$ 为时刻 1 到时刻 t 的所有样本数据;y_t 为当前时刻样本数据;$Y^{t-1} = y_1, \cdots, y_{t-1}$ 为所有历史数据;θ_t 为时刻 t 待估计参数。

上式为贝叶斯动态 LR 模型的更新方程,$p(y_t|\theta_t)$ 为当前时刻 t 的样本信息,$p(\theta_t|Y^{t-1})$ 为基于历史数据获得的先验信息需要通过预测方程进行递归估计,$p(\theta_t|Y^t)$ 为更新的后验信息。

Raftery 等学者[216]提出状态方程 $\theta_t = \theta_{t-1} + \delta_t$,其中 δ_t 为独立正态分布随机向量 $N(0, W_t)$。对于时刻 $t-1$ 前的所有样本数据,递归估计和预测方程分别表示如下:

$$\theta_{t-1}|Y^{t-1} \sim N(\hat{\theta}_{t-1}, \hat{\Sigma}_{t-1}) \qquad (9-3)$$

$$\theta_t|Y^{t-1} \sim N(\hat{\theta}_{t-1}, R_t) \qquad (9-4)$$

式中:$R_t = \dfrac{\hat{\Sigma}_{t-1}}{\lambda_t}$;$\lambda_t$ 被称为遗忘参数,该参数的值通常略小于 1。

此外,也可以通过协方差矩阵 W_t 来更新 R_t,即 $R_t = \hat{\Sigma}_{t-1} + W_t$,此时指定的协

方差矩阵通常会非常大。将上述预测方程计算获得的后验信息带入更新方程，即可计算后验信息。然而，贝叶斯动态 LR 模型具有复杂的似然积分，无法获得闭式表达式，因此需要通过正态分布来近似更新方程的右侧。采用 $\widehat{\theta}_{t-1}$ 作为起始值，则：

$$\widehat{\theta}_t = \widehat{\theta}_{t-1} - D^2\zeta(\widehat{\theta}_{t-1})^{-1}D\zeta(\widehat{\theta}_{t-1}) \tag{9-5}$$

其中 $\zeta(\theta) = \lg p(y_t|\theta)p(\theta|Y^{t-1})$，且：

$$D\zeta(\widehat{\theta}_{t-1}) = (y_t - \widehat{y_t})x_t \tag{9-6}$$

其中 $\text{logit}(\widehat{y_t}) = X_t^T\widehat{\theta}_{t-1}$。

此外：

$$D^2\zeta(\widehat{\theta}_{t-1}) = R_t^{-1} + \widehat{y_t}(1-\widehat{y_t})x_t x_t^T \tag{9-7}$$

将式（9-6）与式（9-7）代入式（9-5）中，可得到更新后的估计参数 $\widehat{\theta}_t$，且采用 $\widehat{\sum}_t = \{-D^2\zeta(\widehat{\theta}_{t-1})\}^{-1}$ 更新状态方程[224]。基于上述贝叶斯动态估计方程，McCormick 等[217]提出了一种在线自适应调节方法：

$$f(y_t|Y^{t-1}) = \int_{\theta_t} p(y_t|\theta_t, Y^{t-1})p(\theta_t|Y^{t-1})\mathrm{d}\theta_t \tag{9-8}$$

上述积分非常复杂，无法获得闭合形式，因此采用拉普拉斯近似来获得近似表达式：

$$f(y_t|Y^{t-1}) \approx (2\pi)^{d/2}|\{D^2(\widehat{\theta}_t)\}^{-1}|^{1/2}p(y_t|\widehat{\theta}_t, Y^{t-1})p(\widehat{\theta}_t|Y^{t-1}) \tag{9-9}$$

Raftery 通过研究表明，上述拉普拉斯近似可以获得足够精确的结果[218]。通过拉普拉斯近似，原公式中的复杂积分可以被快速便捷地计算，因为 $p(y_t|\widehat{\theta}_t, Y^{t-1})$ 是估计参数 $\widehat{\theta}_t$ 和样本数据 (x_t, y_t) 对应下的 logistic 似然函数，$p(\widehat{\theta}_t|Y^{t-1})$ 则为均值为 $\widehat{\theta}_t$，方差为 $\dfrac{\widehat{\sum}_{t-1}}{\lambda_t}$ 的正态分布密度。λ_t 可以通过最大化下式来进行选择：

$$\lambda_t = \underset{\lambda_t}{\text{argmax}}\int_{\theta_t} p(y_t|\theta_t, Y^{t-1})p(\theta_t|Y^{t-1})\mathrm{d}\theta_t \tag{9-10}$$

式（9-10）中 λ_t 的计算仍通过 $\widehat{\theta}_t$ 代入。该自适应更新法取决于遗忘因子 λ_t 的历史轨迹，因为 $\widehat{\theta}_t$ 的计算中需要涉及 λ_t 的前序时刻数据。West 和 Harrison 还提出了另一种替代方法[219]，该方法通过全贝叶斯法来处理 λ_t 并最大化后验 $f(\lambda_{1:t}|Y^t)$，$\lambda_{1:t} = (\lambda_1, \cdots, \lambda_t)$。该方法允许通过包含潜在信息的当前样本 y_t 来对 $\lambda_{1:t}$ 进行更新，但是在计算上会存在一定困难。

考虑到参数 θ_t 会以不同的速率变化，不同模型中的每个参数在每个时刻可以拥有各自不同的遗忘参数 λ_t。然而，虽然这样设置的独立遗忘参数增强了模型的灵活性，但同时导致模型的复杂性大大增强，模型的求解计算量与求解时长也会相应剧增。因此，在实际应用过程中，可以采用两种替代思路对其进行处理。一种是对所有连续变量采用变化的独立遗忘参数 λ_t 进行处理，而对所有的分类变量选择统一的遗忘参数值；另一种则是对上述最大化近似处理中的遗忘参数 λ_t 采用多值分析。McCormick 等[217]研究表明，通过该方法能够获得简单有效的结果。具体来说，在每个观测可以有两种选择：①不遗忘，即遗忘参数 $\lambda_t=1$；②选择遗忘，遗忘参数 $\lambda_t=c<1$。其中 c 的值人为给定。McCormick 等的研究表明，人为给定略小于 1 的遗忘参数值具有简单有效的结果。因此在本书中也采用该方法进行处理，并对不同遗忘参数值进行相应的敏感性分析。

9.3 面向离散数据的样本采样

假设收费站分流区在理想情况下的数据采集获取可以达到视频帧级别，即可以获取 $t=1, 2, \cdots, T$ 的所有连续数据，其中 t 为每帧一个数据，T 为总数据大小。如果能获取所有的连续数据并进行离线静态估计，那么该模型在理想大样本的情况下可以获得非常好的预测效果。但如同上述介绍提及，实际的数据采集获取过程存在局限，无法得到理想结果，因此可能实现的是间距采样获取的离散数据，即获取 $t=i, k+i, 2k+i, 3k+i, \cdots, nk+i$，其中 i 为起始抽样点，k 为间隔步长，$nk+i$ 为终止抽样点，且满足 $nk+i \leq T$。间距抽样能够实现收费站分流区数据的及时采集获取，当抽样间隔 k 越大时，数据处理工作量越小，但此时获取的离散数据样本量也越小。反之，抽样间隔越小时，数据处理工作量越大，但此时获取的离散数据样本量越大。当 $k=1$ 时，即为全样本连续抽样。

上述间距抽样的方法虽然牺牲了部分样本数据量，但是增强了实时可操作性，为在线模型自适应修正提供了可行方案。同时，针对间距抽样的离散更新特征，应用贝叶斯动态 LR 模型进行预测，对于每个当前抽样点，其前序所有模型估计结果都可以作为后序模型估计的先验信息，这样能够兼顾前序信息和离散数据动态更新特性，实现高效、准确的预测。

需要注意的是，该方法具有非常优良的可拓展性，同样适用于其他样本数据和预测模型。本节以总样本量大小有 75732 条数据为例进行介绍，将所有的数据按帧大小升序排列，模拟收费站分流区离散数据更新过程。帧数小的为前序获取数据，帧数大的为后序获取数据，按间隔步长 100 进行离散数据采样。为保证采样公平性，选取六种不同的采样方法，对比研究是否有区别，数据采样方案如图 9-1 所示。前五种的起始采样点分别为 $i=1$、21、41、61、81，间隔步长都为 100。第六种采样为每次在对应区间内随机选取，例如起始点为在 $i=1$ 至 100 中随机选取，第二个数据点在 $i=101$ 至 200 中随机选取，以此类推。

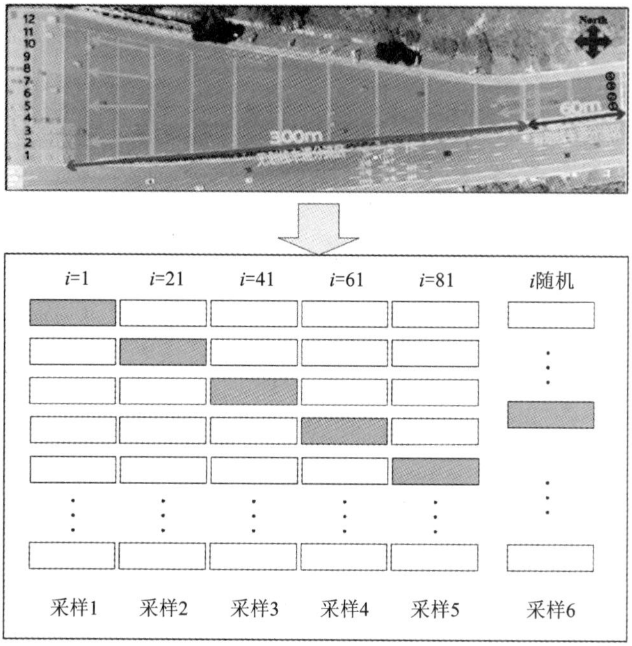

图 9-1　数据采样方案图

9.4　面向动态离散数据的事故风险评估模型构建

9.4.1　模型构建与评估准则

　　基于前面几章的分析结果，选取 7 个主要变量作为贝叶斯动态事故风险评估模型的自变量，包括 D、FTC_{type}、F_v、LTC_{type}、L_v、D_{ij} 和 FMIX，模型自变量及具体含义如表 9-1 所示。模型因变量仍为二分类变量，0 代表安全，1 代表危险，全样本中的危险比例为 21.61%。通过六种采样方法获得的样本中，危险比例分别为 22.29%、22.03%、22.32%、21.66%、23.11%、20.21%，间隔采取的危险样本比例与全样本相似。

　　模型评估准则仍采用 AUC 作为评价指标。AUC 为受试者工作特征曲线 ROC 下的面积，能够综合评估预测模型正确分类事故和非事故的能力，用来表示预测准确性，AUC 值越高，表示预测准确率越高。选取 AUC 作为指标的原因在于，其对应的 ROC 曲线反映了不同判断阈值影响下模型预测的准确度变化，适用于因变量为二分类变量的模型，例如车辆事故的判别(1 代表发生事故，0 代表不发生事故)。本节通过 R 语言 pROC 包计算 AUC,遗忘参数取值 0.9(选取依据见 6.1.5)。

表 9-1　模型自变量及其含义

变量名称	变量符号	变量含义
行驶距离	D	车辆进入收费站分流区之后的行驶距离,单位:m
后车收费类型	FTC_{type}	后车车辆的收费类型,分类变量,其中 0 代表 MTC 车辆,1 代表 ETC 车辆
后车行驶速度	F_v	后车车辆的行驶速度,连续变量,单位:m/s
前车收费类型	LTC_{type}	前车车辆的收费类型,分类变量,其中 0 代表 MTC 车辆,1 代表 ETC 车辆
前车行驶速度	L_v	前车车辆的行驶速度,连续变量,单位:m/s
两车距离	D_{ij}	后车与前车的中心点之间的距离,连续变量,单位:m
ETC 与 MTC 混合熵	FMIX	车辆所在区段的 ETC 车辆和 MTC 车辆混合熵,连续变量

9.4.2　模型结果分析

贝叶斯动态事故风险评估模型估计结果具体分析如下。以采样 1 的离散数据结果为例,图 9-2 至图 9-7 展示了六种不同采样方法下模型参数自适应修正的动

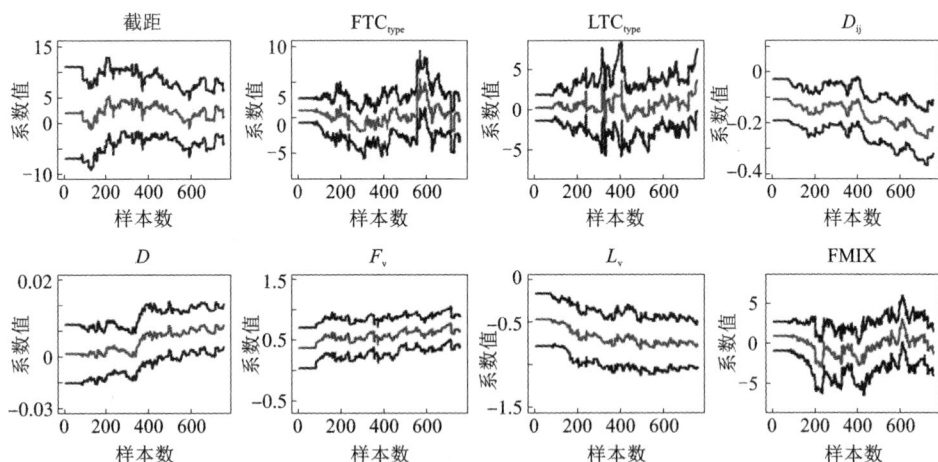

图 9-2　LR 模型动态参数估计图(采样 1)

态曲线；图中横坐标为样本数量，样本数据随着时间的增加而不断增加，纵坐标为包括截距在内的所有自变量的系数值；红线表示估计出的系数均值，上下两条蓝线代表均值加减两倍标准差的结果。显然，所有自变量的系数估计值都随着时间在动态变化。无论哪一种采样方法，两车距离、行驶距离、后车行驶速度、前车行驶速度的系数变化趋势都较为明显，而后车收费类型、前车收费类型、ETC 与 MTC 混合熵的系数波动都较大。

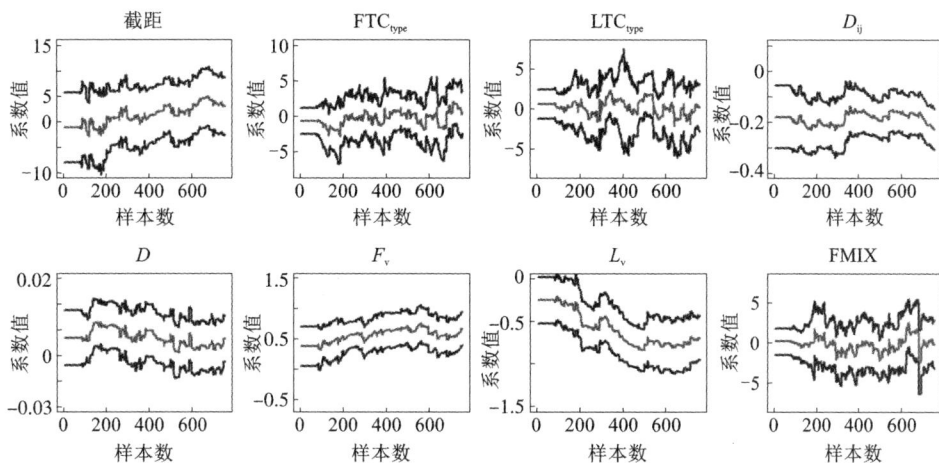

图 9-3　LR 模型动态参数估计图（采样 2）

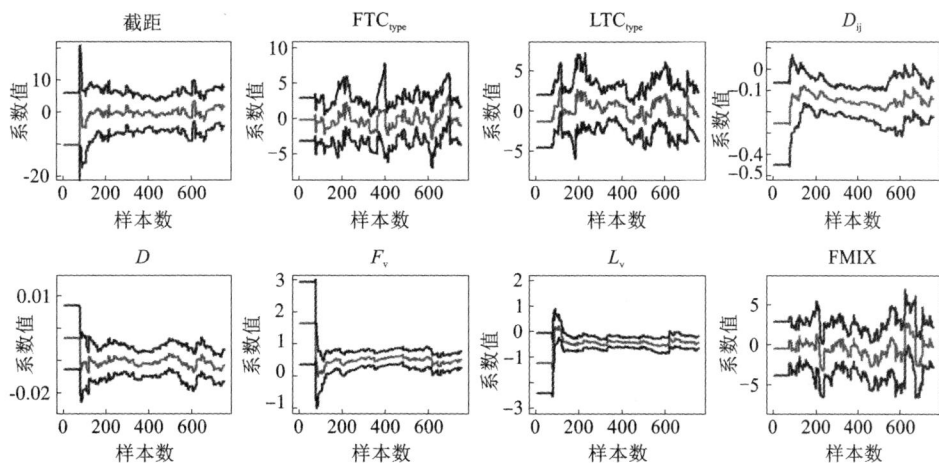

图 9-4　LR 模型动态参数估计图（采样 3）

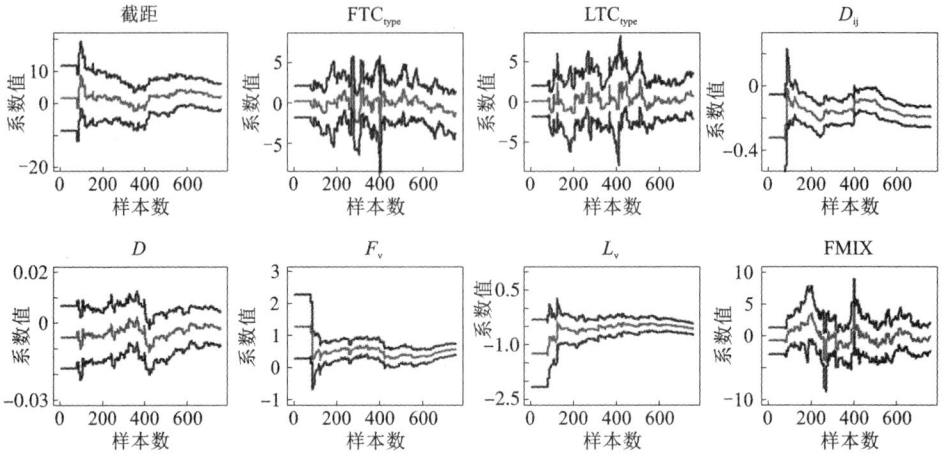

图 9-5　LR 模型动态参数估计图 (采样 4)

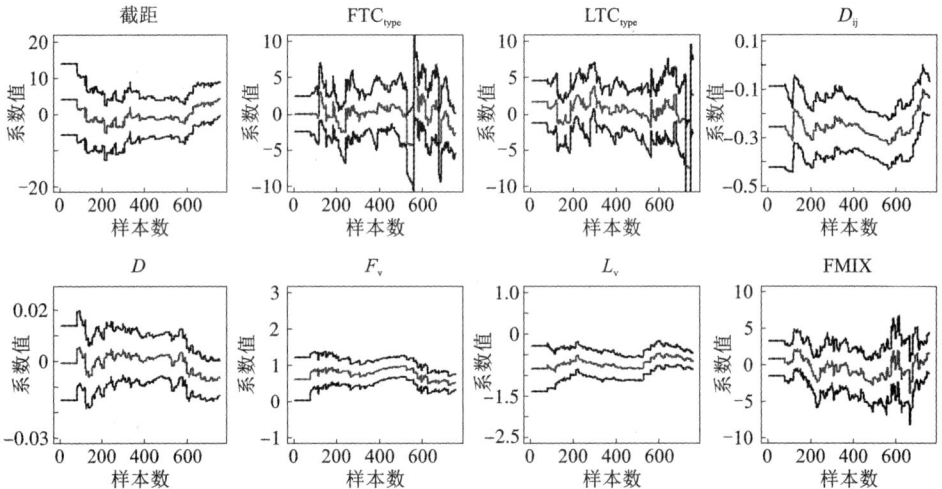

图 9-6　LR 模型动态参数估计图 (采样 5)

　　由动态估计结果可知, 前后车辆收费类型和混合熵随时间动态波动较为明显。原因可能为, ETC 和 MTC 的类型变化完全由驶入收费站分流区车辆的收费类型决定, 当交通流中两种收费车型的比例不悬殊时, 会出现两种车型随机到达, 从而收费类型的系数也会因数据比例的变化而改变。混合熵的系数也随着到达车辆收费类型比例的变化而波动。另外, 两车距离、车辆行驶距离、后车行驶速度、

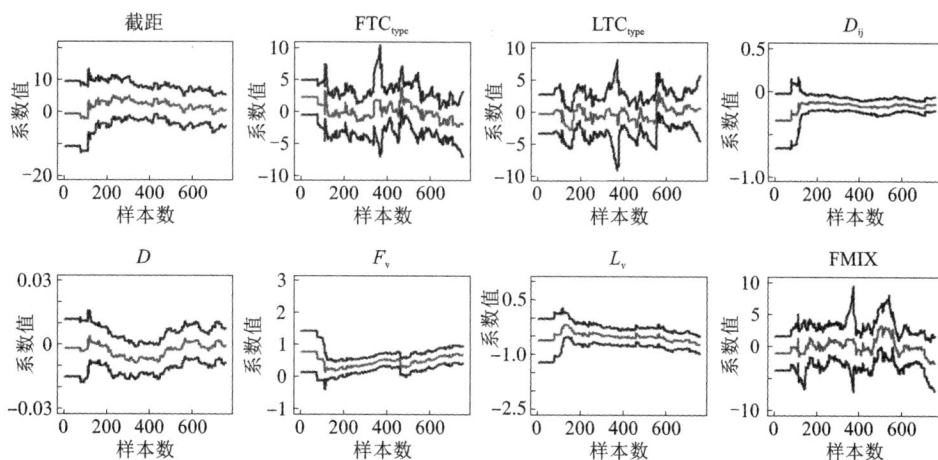

图 9-7　LR 模型动态参数估计图(采样 6)

前车行驶速度与车辆收费类型不同,时间变化交通流中,这些变量的数据会随着交通流的改变而改变,但不会突变也不会反复波动。一般来说,交通流从拥挤到畅通或者从畅通到拥挤,其状态变化有明显的趋势,不会突然拥挤或突然畅通。因此,这四个变量对应的系数呈现为更稳定的变化趋势。

此外,虽然六种不同采样方法获取的离散数据不同,最终动态更新得到的修正模型参数值也不完全相同,但具有一致的动态更新趋势。上述贝叶斯动态模型估计的最终参数结果如表 9-2 所示。对比六种不同的采样数据结果可知,不同采样方法下的参数结果和动态更新图具有一致性。从六种不同采样下系数值间的标准差可以看出,后车收费类型、前车收费类型、ETC 与 MTC 混合熵的系数的采样组间差异较大,而两车距离、车辆行驶距离、后车行驶速度、前车行驶速度等系数的组间差异非常小。

表 9-2　贝叶斯动态 LR 模型参数结果对比

采样	统计指标	截距	D	FTC_{type}	F_v	LTC_{type}	L_v	D_{ij}	FMIX
采样 1	系数值	1.414	0.002	-0.116	0.654	3.761	-0.77	-0.213	-1.334
	标准差	2.598	0.004	1.276	0.127	1.937	0.135	0.053	1.401
采样 2	系数值	3.248	-0.004	0.627	0.677	0.248	-0.698	-0.227	-0.207
	标准差	2.800	0.005	1.479	0.137	1.496	0.127	0.039	1.531

续表9-2

采样	统计指标	截距	D	FTC_{type}	F_v	LTC_{type}	L_v	D_{ij}	FMIX
采样3	系数值	1.413	−0.003	−0.947	0.506	−0.646	−0.443	−0.141	−0.387
	标准差	3.038	0.005	1.358	0.124	1.515	0.120	0.042	1.224
采样4	系数值	1.837	−0.003	−1.324	0.569	0.766	−0.570	−0.192	−0.202
	标准差	2.027	0.003	1.301	0.087	1.414	0.077	0.032	1.152
采样5	系数值	4.149	−0.005	−2.712	0.525	2.512	−0.660	−0.135	1.690
	标准差	2.331	0.004	1.394	0.107	2.492	0.097	0.035	1.419
采样6	系数值	0.317	−0.001	−1.929	0.681	0.656	−0.743	−0.147	−2.706
	标准差	2.497	0.004	2.556	0.131	2.535	0.116	0.040	2.159
六种采样系数值间标准差		0.003	1.208	0.079	1.617	0.122	0.040	1.452	0.003

贝叶斯动态估计模型中的 AUC 指标结果如图9-8 所示。由图可知，对于六种采样获取的离散数据，随着时间的增长，离散数据的样本量不断增加，贝叶斯动态估计的 AUC 指标也都不断地增大，表明模型结果越来越好。当样本量低于 100时，自适应修正动态估计的 AUC 值大多小于 0.9，随着样本量的进一步增加，AUC 值也在进一步提升。当样本量达到 400 左右时，部分采样方法的 AUC 值已经超过了 0.9，并最终达到 0.93 左右。AUC 的动态变化图反映出贝叶斯动态 LR模型的自适应修正与动态估计有效性。随着时间的增长，样本量的增加，先验信

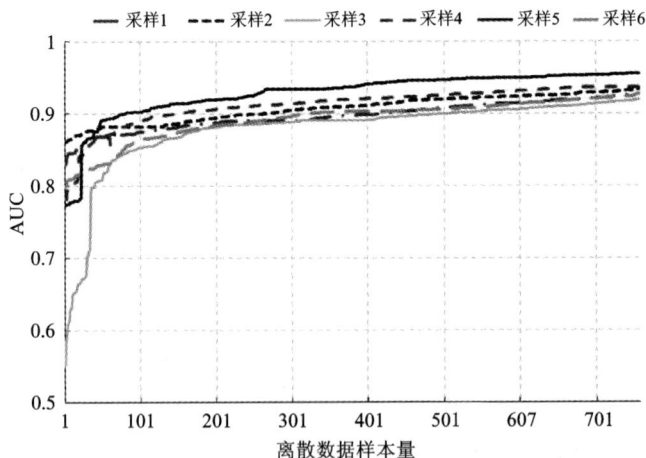

图9-8　AUC 动态更新图

息越来越丰富，模型的估计结果也越来越好。值得注意的是，该结果是基于间隔采样法获取的部分样本数据预测得到的结果，0.9 左右的 AUC 值对应的模型性能已经非常优秀。此外，不同采样方法获取的离散数据表现出一致性，同样验证了自适应修正模型的有效性。

9.4.3　遗忘参数敏感性分析

由上述理论部分介绍可知，贝叶斯动态回归模型中，遗忘参数 λ_t 具有重要作用，反应了模型估计过程中对先验信息的依赖程度。本节对遗忘参数进行敏感性分析，探究遗忘参数从 0.8 到 1 时对应的贝叶斯动态 LR 模型结果的 AUC 值，结果如图 9-9 所示。由图可知，不同采样方法表现出了相似的遗忘参数敏感性。当遗忘参数较小时（不大于 0.83），贝叶斯动态回归模型的效果不佳，AUC 值大多在 0.85 以下；当遗忘参数逐步增大时，AUC 值上升为 0.90 左右；当遗忘参数达到 0.9 左右时，AUC 值达到 0.94 附近；随着遗忘参数的进一步增大，AUC 值略有下降。

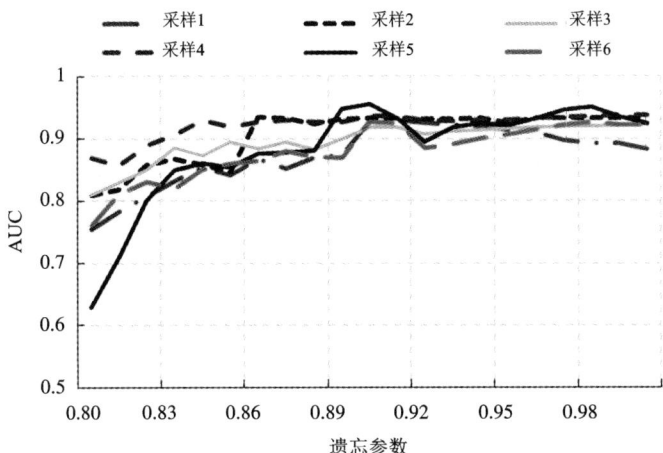

图 9-9　遗忘参数敏感性分析

该结果表明，贝叶斯动态 LR 模型的估计结果与遗忘参数不是单调关系。当遗忘参数较小时，代表在更新方程阶段使用较少的先验信息，从而使过去的数据对当前模型估计的影响较小。因此，当遗忘参数过小时，先验信息不足，贝叶斯动态回归模型的效果也不佳。然而当遗忘参数较大时，虽然先验信息利用得较多，但先验信息对当前模型估计影响过大，当前数据的作用较小，因此模型估计结果也不是最优的。遗忘参数适中时，方可使对先验信息和当前数据的利用更为有效，得到最佳模型估计效果。

9.5 模型应用

贝叶斯动态回归模型基于离散更新的数据，为交通流变化情况复杂的收费站分流区安全评估提供了有效的模型支撑，不仅能够减小安全监控系统的数据处理压力以及增强安全评估模型运用到实际工程中的可能性，而且能够适应交通流变化状态，实现安全评估模型的自适应更新。特别是我国收费站结构以及收费方式正处于更新换代的阶段，收费站的收费通道设置位置、数量以及车辆收费方式均显著并快速地发生变化。此种情况下，将传统的离线静态车辆事故风险评估模型优化为能够在线更新的模型，有助于监控动态变化的车辆安全，对收费站分流区的车辆实施精准的安全预警。

图 9-10 展示了面向于安全管理实践的收费站分流区车辆安全预警系统流程。相较于传统的安全监控，本系统将交通流是否存在显著动态变化作为开始安全评估的前提选择条件，分别能够实现离线静态和在线动态的车辆事故风险评估模型构建。本系统主要分为三个模块：数据采集、车辆事故风险建模、车辆事故风险预测与预警。

数据采集模块中，系统主要从收费站分流区视频数据中提取车辆冲突以及运动信息，从收费站管理系统中获取收费站主线道路和收费通道的设置位置、种类和数量、分流区长度和渐变率、实时开放的收费通道数量等收费站相关数据，从交通信息综合管理系统中获取车辆种类和收费类型等信息，后续可增加天气等环境因素。当系统判断交通流变化显著时，会实施动态离散型车辆冲突和运动信息的提取，同时结合数据采集获取的其他影响因素，采用贝叶斯动态回归模型构建在线动态更新的收费站分流区车辆事故风险评估模型。最后，在评估模型的基础上计算车辆发生事故的概率，以预警阈值为临界指标，判断是否对车辆实行预警。否则，会以离线静态估计的模型评价待评估的车辆安全，即以历史数据构建的模型评估实时的车辆事故风险。

以上系统是基础的车辆安全预警系统，是对个体车辆在某一瞬间冲突状态的安全判别，单次判断适用于面向车辆或驾驶员的实时安全预警。若对车辆在整个分流区内的安全性进行评估，需要在此系统基础上将危险个体累积，结合交通流量或者区域面积进行评判，才能实现区域安全的预警。

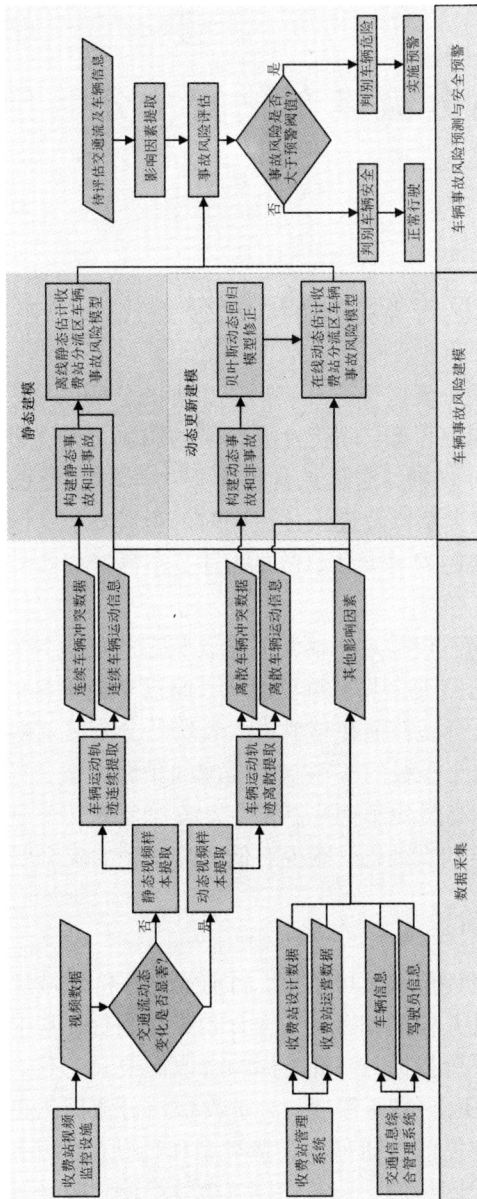

图9-10　考虑动态动态更新的收费站分流区车辆安全预警系统流程

第 10 章
收费站分流区车辆安全分级预警与管控

10.1 收费站分流区车辆安全预分级

根据第 5 章对收费站分流区交通冲突形成机理的分析以及后续章节对车辆事故风险显著影响因素的探究可知，除受外界环境的影响之外，车辆在分流区内的安全性能本身是存在差异性的。这种差异性不仅由车辆本身规避事故的能力决定，还取决于车辆的收费类型以及进入分流区时的行驶状态，例如车辆进入分流区时的初始行驶速度越大越容易导致事故的发生，车辆选择的初始车道不同也会导致事故风险的差异。

车辆安全预警的目的不仅是对车辆实时运动状态的危险判别，对危险车辆或者事件的预判也对改善道路安全具有重要意义。通过车辆本身的安全性能、驾驶员避险能力、车辆类型及行驶特征在车辆进入收费站分流区前对车辆安全水平进行等级划分，针对不同安全等级的车辆制定匹配的预警方案，有利于管理者细分车辆安全等级，提前识别高风险车辆并制定主动安全管理方案，同时也有利于提升安全预警系统预警信息的有效性，减少对低风险车辆的安全状态的误判。

10.1.1 车辆安全评价模型

主观的车辆安全等级评价缺乏可信度，目前安全评价领域通常采用数据融合技术将多种车辆信息融合并构建综合的安全评价量化指标，其中用于综合指标计算的各种车辆信息称为评价指标。评价指标的选取需要具有代表性，与安全相关程度高，同时还需考虑获取的难易程度。对于收费站分流区，安全管理者可以通过车辆及驾驶员管理系统提前预知车辆收费类型和驾驶员的年龄、性别、驾驶偏好等信息，另外可通过线圈检测、地磁检测、微波检测、激光雷达检测、红外检测、视频图像识别、车联网数据采集以及卫星定位数据采集等多种方式获取车辆进入收费站时的速度以及所选择的初始车道。综合收费站与车辆管理系统的实际情况，基于以上章节内容对影响车辆事故风险关键因素的识别，本研究选取车辆收费类型、车辆进入收费站的初始速度、所选择的初始车道以及驾驶员规避风险的能力对进入收费站分流区的车辆的本身安全性能进行评价和分级。

车辆安全评价的基础模型如式(10-1)[227]所示，其中 SI 为车辆进入收费站分流区时自身的安全度，是量化值且与各指标存在反比关系。评价指标的具体内容介绍如下：①$SFTC_{type}$ 为车辆收费类型的危险度，以 1、2 分别代表安全和危险，不同收费类型车辆的安全程度由收费站分流区车辆风险评估模型结果决定，如本书样本研究中 ETC 车辆相对于 MTC 车辆的事故风险更高，因此 ETC 车辆的安全程度为 2，MTC 车辆的安全程度为 1，反之同理；②$SFL_{initial}$ 为车辆的初始车道危险度，也由收费站分流区车辆风险评估模型结果决定，本书案例研究中 $SFL_{initial}$ 取值为 [1,4] 内的整数，1 代表车辆选择的初始车道危险度最低，4 代表车辆选择的初始车道具有最高危险度；③$FV_{initial}$ 为车辆初始速度，是连续变量，单位为 km/h。

$$SI = f(SFTC_{type}, SFL_{initial}, FV_{initial}) \tag{10-1}$$

需要注意的是，对驾驶员规避风险能力的评价与驾驶员生理数据(如心理、注意力、认知能力)、历史事故记录和实时驾驶行为监控数据有关，由于数据限制，本章仅以前三种指标为例构建车辆本身安全性能评价标准，若实际应用过程中安全管理者补充了驾驶员的相关信息，可通过相同方法对评价标准进行更新。评价指标在概念和数值上具有较大差别，安全评价模型的建立需分析各个指标之间的关系，并将其标准化为无量纲数据，确定每个指标的权重，从而最终获得车辆自身的安全度。

10.1.2　灰度聚类评价

常用于构建安全评价综合模型的方法有加权平均法、层次分析法、模糊综合评价法、贝叶斯估计法、灰色聚类评价法、神经网络[177]等，其中灰色聚类模型受主观影响较少且能够捕捉不同评价指标的内在关联，因此本节采用灰色聚类模型对车辆进入收费站分流区前自身的安全性能进行评价与分级。灰色聚类评价法是根据灰色关联矩阵或灰数的白化权函数将一些观测指标或观测对象聚集成若干个可以定义类别的方法，即根据第 i 个对象($i = 1, 2\cdots, n$)关于指标 $j(j = 1, 2\cdots, m)$ 的观测值 x_{ij} 将对象 i 归入第 $k(k = 1, 2\cdots, s)$ 个灰类。

按照聚类对象划分，可分为灰色关联聚类和灰色白化权函数聚类，前者适用于关系密切的同类因素，后者通过检查观测对象是否属于事先设定的不同类别，然后完成判别和分类，包含灰色变权聚类和灰色定权聚类。运用灰色聚类方法构建安全评价模型主要包含以下步骤：选取评价指标并建立评价矩阵；划分安全等级；确定不同等级下各指标的白化权函数；计算各评价指标在不同等级下的聚类权；计算同一聚类对象在各个等级下的聚类系数；比较并确定安全等级。下文基于样本数据，对收费站分流区车辆自身的安全性能进行预分级[229]。

白化权函数描述一个灰数对其取值范围内不同数值的"偏爱"程度，是实现灰色聚类的关键函数，第 j 个指标 k 子类的白化权函数表示为 $f_j^k(x_{ij})$，可将 n 个对象关于指标 j 的取值相应地分为 s 个灰类(j 指标子类)。常见的白化权函数有典型、下测限度、适中测度、上限测度白化权函数等，函数具有四个转折点 $x_j^k(1)$、$x_j^k(2)$、$x_j^k(3)$ 和 $x_j^k(4)$，典型白权化函数的四个转折点均不重合，下测限度白权化函数无第一和第二个转折点，适中测度白权化函数第二和第三个转折点重合，上测限度白权化函数无第三和第四个转折点，分别记为 $f_j^k[x_j^k(1)，x_j^k(2)，x_j^k(3)，x_j^k(4)]$、$f_j^k[-，-，x_j^k(3)，x_j^k(4)]$、$f_j^k[x_j^k(1)，x_j^k(2)，-，x_j^k(4)]$、$f_j^k[x_j^k(1)，x_j^k(2)，-，-]$。以上四种白权化函数的表达式依次为式 10-2 至式 10-5：

$$f_j^k(x) = \begin{cases} 0, & x \notin [x_j^k(1), x_j^k(4)] \\ \dfrac{x - x_j^k(1)}{x_j^k(2) - x_j^k(1)}, & x \notin [x_j^k(1), x_j^k(2)] \\ 1, & x \notin [x_j^k(2), x_j^k(3)] \\ \dfrac{x_j^k(4) - x}{x_j^k(4) - x_j^k(3)}, & x \notin [x_j^k(3), x_j^k(4)] \end{cases} \tag{10-2}$$

$$f_j^k(x) = \begin{cases} 0, & x \notin [0, x_j^k(4)] \\ 1, & x \notin [0, x_j^k(3)] \\ \dfrac{x_j^k(4) - x}{x_j^k(4) - x_j^k(3)}, & x \notin [x_j^k(3), x_j^k(4)] \end{cases} \tag{10-3}$$

$$f_j^k(x) = \begin{cases} 0, & x \notin [x_j^k(1), x_j^k(4)] \\ \dfrac{x - x_j^k(1)}{x_j^k(2) - x_j^k(1)}, & x \notin [x_j^k(1), x_j^k(2)] \\ \dfrac{x_j^k(4) - x}{x_j^k(4) - x_j^k(2)}, & x \notin [x_j^k(2), x_j^k(4)] \end{cases} \tag{10-4}$$

$$f_j^k(x) = \begin{cases} 0, & x < x_j^k(1) \\ \dfrac{x - x_j^k(1)}{x_j^k(2) - x_j^k(1)}, & x \notin [x_j^k(1), x_j^k(2)] \\ 1, & x \geq x_j^k(2) \end{cases} \tag{10-5}$$

聚类权重是不同评价指标归入不同灰类的权重，第 j 个评价指标归入 k 灰类的聚类权重与白化值相关，计算方法如式(10-6)所示，式中 η 为聚类权重，λ 为白化值。灰色权变聚类系数为某一对象的各评价指标白化权函数与聚类权重之和，如式(10-7)所示，σ_i^k 为第 i 个对象属于灰类 k 的权变聚类系数，σ_i 为对象 i

的聚类系数向量[式(10-8)]。

$$\eta_j^k = \frac{\lambda_j^k}{\sum_{j=1}^{m} \lambda_j^k} \tag{10-6}$$

$$\sigma_i^k = \sum_{j=1}^{m} f_j^k(x_{ij}) \cdot \eta_j^k \tag{10-7}$$

$$\sigma_i = (\delta_i^1, \delta_i^2, \cdots, \delta_i^s) = \left[\sum_{j=1}^{m} f_j^1(x_{ij}) \cdot \eta_j^1, \sum_{j=1}^{m} f_j^2(x_{ij}) \cdot \eta_j^2, \cdots, \sum_{j=1}^{m} f_j^s(x_{ij}) \cdot \eta_j^s \right] \tag{10-8}$$

10.1.3　车辆安全预分级模型构建

基于上节选取的评价指标构建评价初始矩阵 D[见式(10-9)]，包含 3 个评价指标和 n 个车辆样本，样本数据集中的车辆样本为 1016 个。灰色变权聚类适用于聚类指标意义、量纲相同的情况，因此需要将评价指标标准化处理，处理方法如式(10-10)所示，其中 $\max\{x_{ij}\}$ 为 n 个样本中第 j 个指标的最大值，X_{ij} 为评价指标标准化处理之后的值，D' 为标准化评价矩阵。将样本数据代入式(10-11)中，可得分流区实际标准化评价矩阵 D''。

$$D = \begin{bmatrix} x_{11} & x_{12} & x_{13} \\ \vdots & \vdots & \vdots \\ x_{n1} & x_{n2} & x_{n1} \end{bmatrix} \tag{10-9}$$

$$X_{ij} = \frac{x_{ij}}{\max\{x_{ij}\}} \tag{10-10}$$

$$D' = \begin{bmatrix} X_{11} & X_{12} & X_{13} \\ \vdots & \vdots & \vdots \\ X_{n1} & X_{n2} & X_{n1} \end{bmatrix} \tag{10-11}$$

$$D'' = \begin{bmatrix} 1 & 0.25 & 0.63 \\ 1 & 0.75 & 0.68 \\ \vdots & \vdots & \vdots \\ 0 & 0.75 & 0.59 \\ 0 & 0.50 & 0.62 \end{bmatrix} \tag{10-12}$$

借鉴汽车安全完整性等级(automotive safety integration level, ASIL)划分，将分流区车辆的自身安全性能划分为四个等级：极低事故风险(A)、普通事故风险(B)、临界事故风险(C)、极高事故风险(D)，即 A 代表最高安全等级，D 为最低安全等级。评价指标在不同灰类的白化值采用评价指标标准化后的累积频率分布确定，根据评价指标的累积频率曲线变化趋势确定不同变化程度对应的评价指标的值，并将其作为该指标在不同安全等级下的范围值。

评价车辆进入收费站分流区时安全度的各指标在四个安全等级的白化值如表10-1所示。由于$SFTC_{type}$与$SFL_{initial}$为分类变量，标准化后的值的数量与类别数量相等，在不同灰类的白化值可根据对应的安全程度确定。车辆初始行驶速度的白化值根据工程经验确定，分别选取累积频率15%、40%、60%和85%确定A至D等级[227]。在白化值的基础上，根据典型白化函数和参数类型，确定不同等级下各指标的白化权函数，如式(10-13)至式(10-18)所示，指标1至3分别表示车辆收费类型、初始车道以及初始行驶速度。由聚类权重的计算公式，可求得不同评价指标的聚类权重η，结果如表10-1所示。

表 10-1　车辆进入收费站分流区时安全度评价指标不同灰类的白化值和聚类权重

评价指标	白化值				聚类权重			
	A	B	C	D	A	B	C	D
车辆收费类型($SFTC_{type}$)	0.5	0.5	1	1	0.39	0.31	0.42	0.37
车辆初始车道($SFL_{initial}$)	0.25	0.5	0.75	1	0.19	0.31	0.32	0.37
车辆初始行驶速度($FV_{initial}$)	0.54	0.59	0.63	0.7	0.42	0.37	0.26	0.26

$$f_1^A(x)=f_1^B(x)=f_1^C(x)=f_1^D(x)=\begin{cases}1 & (x=0.5)\\ 0 & (x=1)\end{cases} \tag{10-13}$$

$$f_2^A(x)=f_2^B(x)=f_2^C(x)=f_2^D(x)=\begin{cases}1 & (x=0.25)\\ 0.75 & (x=0.5)\\ 0.5 & (x=0.75)\\ 0.25 & (x=1)\end{cases} \tag{10-14}$$

$$f_3^A(x)=\begin{cases}1 & (x<0.54)\\ \dfrac{x-0.54}{0.59-0.54} & (0.54\leqslant x\leqslant 0.59)\\ 0 & (x>0.59)\end{cases} \tag{10-15}$$

$$f_3^B(x)=\begin{cases}0 & (x<0.54)\\ \dfrac{x-0.54}{0.59-0.54} & (0.54\leqslant x\leqslant 0.59)\\ \dfrac{x-0.59}{0.63-0.59} & (0.59<x\leqslant 0.63)\\ 0 & (x>0.63)\end{cases} \tag{10-16}$$

$$f_3^C(x) = \begin{cases} 0 & (x < 0.59) \\ \dfrac{x-0.59}{0.63-0.59} & (0.59 \leqslant x \leqslant 0.63) \\ \dfrac{x-0.63}{0.7-0.63} & (0.63 < x \leqslant 0.7) \\ 0 & (x > 0.7) \end{cases} \tag{10-17}$$

$$f_3^D(x) = \begin{cases} 0 & (x < 0.63) \\ \dfrac{x-0.63}{0.7-0.63} & (0.63 \leqslant x \leqslant 0.7) \\ 1 & (x > 0.7) \end{cases} \tag{10-18}$$

10.1.4 车辆安全预分级结果

基于白权化函数和聚类权重，计算各个样本在每一类的白化值函数和灰色权变聚类系数，求得聚类估计值矩阵 σ[见式(10-19)]，根据不同等级下聚类估计值的最大值确认第 i 个样本的安全分类结果。将所有样本进行安全等级评定，分类结果如表 10-2 所示，总样本中 C 安全级的车辆最多，其次为极高事故风险（D）和极低事故风险（A），B 安全级的车辆相对较少。

$$\sigma = \begin{bmatrix} 0.19 & 0.66 & 0.56 & 0.37 \\ 0.10 & 0.16 & 0.33 & 0.36 \\ 0.81 & 0.79 & 0.66 & 0.65 \\ \vdots & \vdots & \vdots & \vdots \\ 0.49 & 0.48 & 0.59 & 0.56 \\ 0.31 & 0.35 & 0.16 & 0.19 \\ 0.05 & 0.08 & 0.32 & 0.33 \end{bmatrix} \tag{10-19}$$

表 10-2 车辆进入收费站分流区时安全度预分类结果

类别			A	B	C	D	总
	总数		270	163	295	288	1016
频数	车辆类型	MTC	203	7	295	80	585
		ETC	67	156	0	208	431
	初始车道	1	15	44	5	57	121
		2	87	56	65	104	312
		3	114	50	127	87	378
		4	54	13	98	40	205

续表10-2

类别		A	B	C	D	总
初始行驶速度	均值	63.15	69.43	72.74	82.79	72.51
	最大值	69.10	73.82	82.00	117.18	117.18
	最小值	45.19	63.80	63.35	63.39	45.19
	标准差	4.64	2.88	4.43	7.98	9.25

极高事故风险的车辆多为ETC车辆，且初始车道为2车道，平均初始行驶速度最高。此结论与收费站分流区车辆事故风险评估模型的结果相符，随着安全级别的升高，车辆平均初始行驶速度降低。绝大部分MTC车辆被预判定为临界事故风险和较低事故风险，较多ETC车辆被判定为极高事故风险和普通事故风险，这与选取的样本收费站结构有关。在未来ETC车辆得到普及的情况下，收费站分流区的车辆事故预分类结果会发生变化，本书提出的收费站分流区车车辆安全预分级模型需根据实际的交通情况进行更新。

10.1.5 车辆安全预警阈值分级

车辆碰撞预警是主动安全管理的主要措施之一，判断处于正常行驶过程中且未发生事故的车辆是否具有碰撞风险，通常可采取以下两种方式：一是当采集到车辆实时微观运动信息时，可通过计算交通冲突替代指标，例如本书采用的ETTC，以临界阈值界定车辆的安全状态与危险状态；二是在仅拥有历史数据或者车辆运动数据稀疏的情况下，构建具有较高预测精度的车辆事故风险评估模型，以车辆信息(影响因素)估计实时发生事故概率，并判断车辆是否处于危险状态。

以上两种方法中，ETTC以及事故概率的临界阈值是进行安全预警的关键，ETTC阈值越大越容易将车辆安全状态误判为危险状态，ETTC阈值越小越容易遗漏车辆危险冲突。本书中以二分类变量代表车辆发生事故的风险，事故风险评估模型计算得到的事故概率取值范围为[0，1]，通常事故概率大于0.5时判定为危险状态；0.5即为事故概率界定阈值，阈值越大越难识别出车辆危险状态，阈值越小容易导致车辆的安全状态被判断为危险。过度的危险判断使得预警信息有效性下降，影响预警系统的实际应用。ETTC的阈值与事故概率阈值可通过双峰法[230]、P参数法[231]、最大类间方差法[232]、最大熵法[233]、最小交叉熵法[234]等方法确定[228]，并以对实际危险状态诊断的正确性进行阈值预测性能的检验。

根据收费站车辆的安全性能分级，针对每类车辆制定不同的临界预警阈值，有利于减少对车辆安全预警的误判，提升安全预警系统的有效性。车辆在分流区内可能多次面临危险冲突情况，因此为了实现所有危险情况的监控，本书选取每辆车最高事故风险的冲突情况进行分析，即最低的 ETTC 以及最高的事故概率。表 10-3 展示了不同安全等级的车辆的事故概率以及 ETTC 在不同值域区间内频数和频率的分布情况，结果显示事故概率的分布存在明显的双峰，可采用双峰法选取事故概率阈值。

表 10-3　安全预分类车辆事故概率与 ETTC 的分布情况

类别	值域	A		B		C		D		总	
		频数	频率/%	频数	频率/%	频数	频率/%	频数	频率/%	频数	频率/%
事故概率	$[0, 0.1]$	56	20.7	28	17.2	63	21.4	43	14.9	190	18.7
	$(0.1, 0.2]$	18	6.7	6	3.7	12	4.1	2	0.7	38	3.7
	$(0.2, 0.3]$	24	8.9	3	1.8	8	2.7	3	1.0	38	3.7
	$(0.3, 0.4]$	9	3.3	3	1.8	10	3.4	4	1.4	26	2.6
	$(0.4, 0.5]$	7	2.6	3	1.8	3	1.0	7	2.4	20	2.0
	$(0.5, 0.6]$	10	3.7	5	3.1	10	3.4	6	2.1	31	3.1
	$(0.6, 0.7]$	10	3.7	9	5.5	13	4.4	6	2.1	38	3.7
	$(0.7, 0.8]$	14	5.2	9	5.5	13	4.4	8	2.8	44	4.3
	$(0.8, 0.9]$	18	6.7	15	9.2	25	8.5	18	6.3	76	7.5
	$(0.9, 1.0]$	104	38.5	82	50.3	138	46.8	191	66.3	515	50.7
ETTC	$[0, 1]$	125	46.3	69	42.3	101	34.2	141	49.0	436	42.9
	$(1, 2]$	33	12.2	29	17.8	50	16.9	53	18.4	165	16.2
	$(2, 3]$	21	7.8	17	10.4	45	15.3	29	10.1	112	11.0
	$(3, 4]$	14	5.2	13	8.0	24	8.1	14	4.9	65	6.4
	$(4, 5]$	19	7.0	12	7.4	18	6.1	11	3.8	60	5.9
	$(5, 6]$	12	4.4	6	3.7	15	5.1	10	3.5	43	4.2
	$(6, 7]$	10	3.7	7	4.3	10	3.4	5	1.7	32	3.1
	$(7, 8]$	3	1.1	1	0.6	9	3.1	6	2.1	19	1.9
	$(8, 9]$	6	2.2	2	1.2	4	1.4	2	0.7	14	1.4
	$(9, 0]$	27	10.0	7	4.3	19	6.4	17	5.9	70	6.9

　　A 级车辆事故概率分布图如图 10-1 所示,双峰法选择两峰之间最低的"谷底"对应的事故风险值为危险临界阈值,左侧峰和右侧峰分别对应低风险和高风险。采用双峰法获得的四类车辆以及全样本的事故概率阈值为 0.5(A/B/C/全样本)和 0.2(D)。双峰法具有一定的主观性,并且 ETTC 的频率分布并不存在明显双峰特征,因此采取最大类间差法确定 ETTC 的阈值并对采用双峰法选取的阈值进行检验。

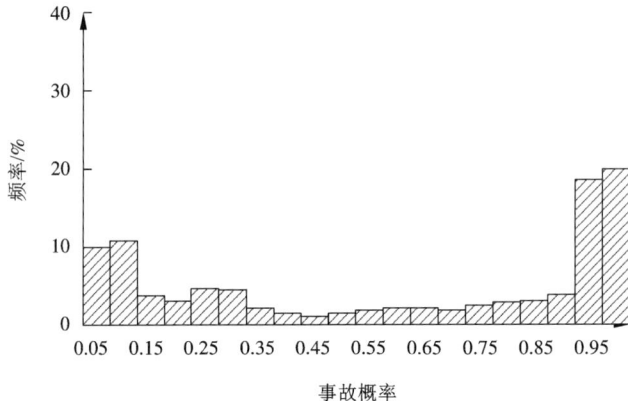

图 10-1　事故概率分布和双峰法示意图

　　最大类间差法(maximum between-class variance)是通过最大化危险样本与安全样本之间的类间差确定最优阈值,假设事故风险具有 N 层,并且 $0 \leqslant E_1 < E_2 < \cdots < E_N \leqslant 1$,本书以整数 1 至 9 将 ETTC 值域划分为 10 个区间,即 N 为 9。同理,也以 0.1 为间隔将事故风险划分为 9 层。类间差计算方法如式(10-20)所示,式中的 μ_n 和 ρ_n 分别代表事故风险小于 E_n 的样本中事故风险的均值和样本数占总样本的比例,μ_1 和 ρ_1 分别为事故风险大于 E_n 的样本中事故风险的均值和样本数占总样本的比例,$\overline{\mu}$ 为总体样本期望。最优化阈值 E_{n^*} 的目标函数为式(10-21)[228]:

$$\tau^2 = \rho_n(\mu_n - \overline{\mu})^2 + \rho_1(\mu_1 - \overline{\mu})^2 = \rho_n\rho_1(\mu_0 - \mu_1)^2 \qquad (10-20)$$

$$\tau^2(n^*) = \max_{1 \leqslant n \leqslant N} \tau^2(n) \qquad (10-21)$$

　　对全样本车辆以及四个安全级别的车辆的 ETTC 和事故概率的类间差进行计算,结果如表 10-4 所示。选取最大化类间差,可得四类车辆以及全样本的 ETTC 阈值为 3 s(A/B)、4 s(C/D/全样本),事故概率阈值为 0.6(A)、0.5(B/C/全样本)、0.4(D)。结果显示,对安全级别较高的车辆 ETTC 阈值可适当偏低选取,事故概率可偏高选取;对危险级别较高的车辆,则应该缩紧临界判断区间,选取较高的 ETTC 阈值或者较低的事故概率阈值。另外,虽然车辆的安全级别不一样,但其安全预警阈值可能相同，具体阈值应当根据实际车辆的安全数据进行判断。

表 10-4　安全预分类车辆事故概率和 ETTC 的类间差与阈值

	K 值	A	B	C	D	总
ETTC/s	1	5.32	3.17	3.10	2.99	3.66
	2	7.05	4.43	4.48	4.54	5.20
	3	8.06	4.78	5.51	5.24	6.01
	4	7.92	4.75	5.88	5.43	6.21
	5	7.91	4.44	5.68	5.38	6.05
	6	7.54	4.04	5.28	5.04	5.67
	7	6.82	3.36	4.63	4.72	5.08
	8	6.52	3.17	3.88	4.13	4.58
	9	5.58	2.68	3.40	3.85	4.02
ETTC 阈值/s		3	3	4	4	4
事故概率	0.1	0.082	0.095	0.103	0.103	0.098
	0.2	0.104	0.113	0.122	0.106	0.115
	0.3	0.130	0.119	0.132	0.110	0.128
	0.4	0.137	0.122	0.139	0.116	0.134
	0.5	0.138	0.124	0.140	0.113	0.136
	0.6	0.140	0.123	0.139	0.115	0.135
	0.7	0.134	0.115	0.133	0.113	0.130
	0.8	0.123	0.104	0.122	0.107	0.121
	0.9	0.101	0.082	0.097	0.089	0.099
事故概率阈值		0.6	0.5	0.5	0.4	0.5

同时，阈值结果还验证了阈值选取对全样本危险判断的正确性，即全样本的 ETTC 阈值为 4 s，事故概率阈值为 0.5。基于对预分级车辆安全预警阈值的更新，分别计算全样本统一事故概率阈值(0.5)与分级阈值(0.6/0.5/0.5/0.4)条件下的模型预测准确度，将阈值分级之后，模型对车辆在分流区内的事故预测准确度提升了 1.3%。

10.2 考虑车辆安全预分级的安全预警系统

本节将车辆安全预分级概念引入上一章最后提出的收费站分流区车辆安全管控系统,目的是实现对还没进入收费站分流区的车辆进行提前的安全分级,细分车辆预警阈值,这样最终不仅能够提升安全预警准确度,而且有助于提前识别高事故风险车辆并对其进行更严密的安全监控。识别高危车辆并加紧管控是车辆主动安全管理(active safety management,ATM)中重要措施之一,也是以收费站分流区为代表的复杂道路节点的安全管理的主要思路,虽仅以收费站分流区为例提出车辆安全管控系统的方法和框架,但方法是贯通的,可以结合其他复杂道路节点的特征将安全管控的方法拓展到更多的事故黑点区域。

如图 10-2 所示,考虑车辆安全预分级的收费站分流区车辆安全预警系统流程分为六个部分,分别是数据采集、样本车辆事故风险建模、车辆安全预分级、车辆安全预警阈值选取、车辆安全预警以及预警模型修正。此系统采集的基础数据与基础预警系统所需数据相同,但由于需要定义车辆的安全级别和区分预警阈值,可采集历史样本数据构建样本车辆事故风险模型并对车辆事故风险进行预评估。为保证样本结果对后续研究的有效性,样本数据应当保证数据量的充足性、代表性以及与实时交通流状态的相似性,同时系统最后的预警模型修正也是对安全分类和预警阈值准确性的再次保证。

系统内的车辆安全预分级子模块首先基于车辆进入收费站前的特征选取与其行驶安全存在相互影响的安全评价指标,例如本书提出的车辆收费类型、初始行驶速度、初始车道和驾驶员规避风险的能力。其次,采用灰度聚类评价法构建车辆安全分级模型,确定各评价指标的白权化函数和聚类权重,将样本车辆以安全级别为基准进行分类。系统在完成安全预分级流程的同时,样本事故风险建模也同步进行,此模块的功能是估计样本车辆事故概率以及 ETTC,为车辆安全预警阈值选取模块提供数据支撑。安全预警阈值选取模块将样本车辆在分流区内最危险的状态筛选出,通过全部车辆最危险的 ETTC 以及事故概率确定分流区车辆安全预警阈值,并进一步将阈值与不同安全级别的车辆相匹配。

车辆安全分级以及预警阈值确定之后,系统自动将两者传输至车辆安全预警模块。安全预警模块的服务对象是在分流区内实时运行车辆,模块会在车辆进入分流区前从综合信息系统中提取或借助分流区前设置的物理诊断设施获取车辆安全评价指标信息,并对车辆安全度进行预分级,匹配与其适用的安全预警阈值。车辆进入分流区之后,模块根据车辆运动信息类型估计车辆在某一时刻的 ETTC或者事故概率,以相应的预警阈值和预警准则判断是否实施预警。同样,如上文讨论,交通流发生显著变化极易导致预警系统的失效,最后补充的预警模型修正

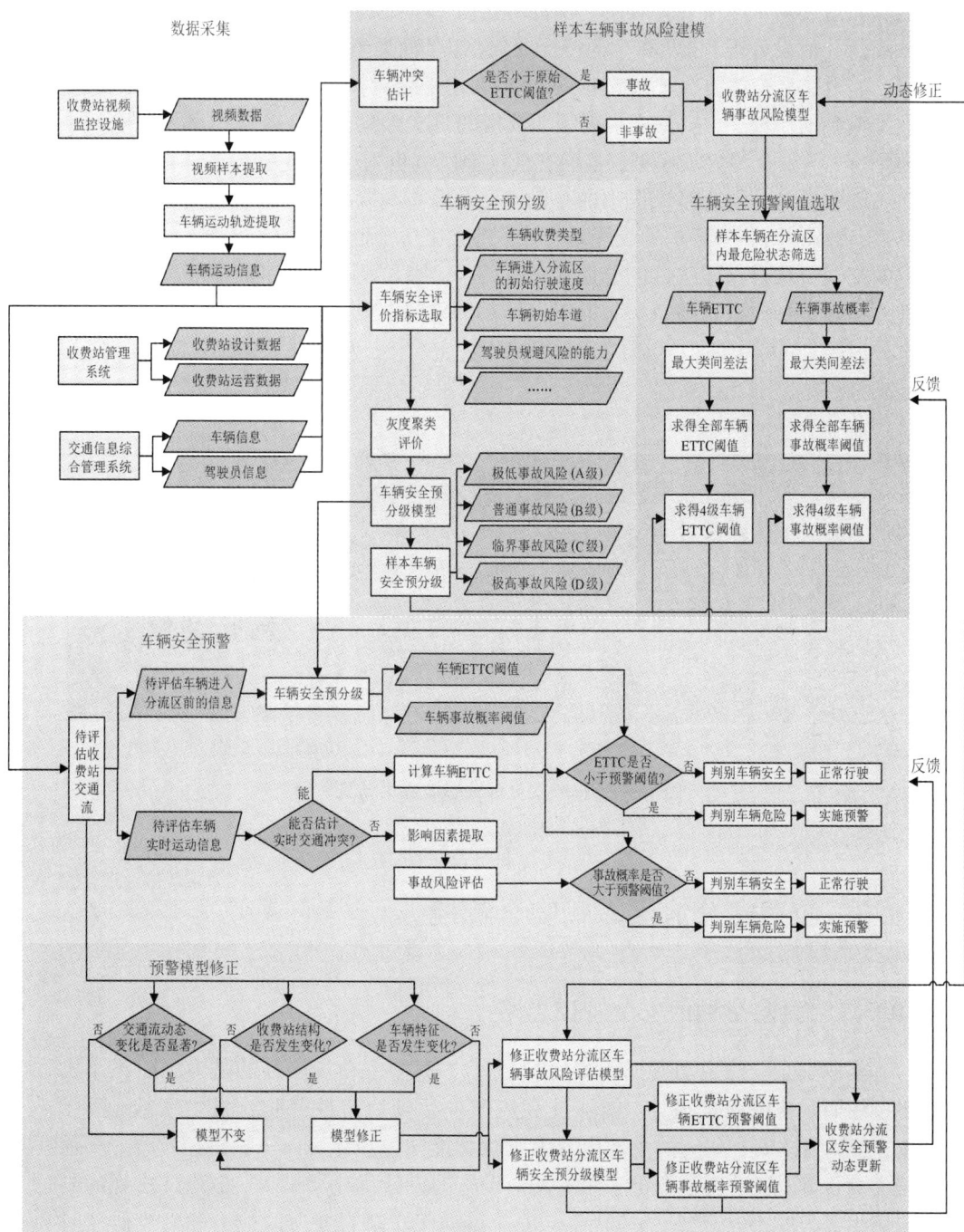

图 10-2　考虑车辆安全预分级的收费站分流区车辆安全预警系统

模块通过判断交通流变化程度、收费站变化(如收费类型、通道数量、通道位置、分流区几何设计等)程度和车辆特征变化(如车辆类型组成结构、车辆收费类型比例、车辆是否有辅助驾驶系统等)程度,决定是否对预警模型进行修正。若成立,则反馈到前序模块,执行样本视频和数据的再次采集,分流区车辆事故风险评估模型、车辆安全预分级模型、车辆安全预警阈值也均会随之更新。

以收费站为研究基础提出的车辆安全预警系统同样适用于其他类似复杂道路节点,例如图 10-3 所示的收费站合流区、立交桥合流区与分流区等。此类道路节点的交通流均存在连续性的分流或合流行为,探究此类区域车辆事故风险影响机理并构建车辆安全预警系统有助于引导车辆采取避免交通冲突的驾驶行为,降低事故风险,同时也使得区域内的交织车流稳定有序,从而改善整体的道路系统交通安全。

(a)收费站合流区   (b)城市立交合流区和分流区

图 10-3　车辆安全预警系统适用场景举例

10.3　收费站分流区车辆安全管控

10.3.1　面向车辆的安全管控思路

车辆安全分为主动安全和被动安全[235]。其中主动安全指的是为预防汽车发生事故而采取的安全设计,能够提高汽车的行驶稳定性并防止发生事故。近年来,车辆主动安全研究的主要内容为车辆智能防撞技术,如车辆碰撞预警、车道偏离警告等。被动安全侧重于车辆安全设施的设计优化、车辆安全测试法规的制定应用等内容[236]。传统的车辆主动安全偏向于车辆自身避险能力和发生碰撞时减轻碰撞冲击的能力的提升,判断危险状态时仅考虑单一的影响因素,例如基于测距的前方碰撞预防(forward collision warning, FCW)、基于车道检测的车道偏离预警系统(lane departure warning, LDW)、基于驾驶员面部识别的驾驶员瞌睡预警系统(drowsy driver detection, DDS)等，功能较为单一，不能够综合多种因素为行驶于复杂道路节点的车辆提供安全行驶建议。

基于此局限，本书将把车辆自身的主动安全技术和车辆安全预警系统结合，提出功能更全面的面向收费站分流区车辆安全管理的建议措施。收费站分流区车辆安全改善的思路：安全行驶诱导、安全状态监控、高危状态急救以及危险行为干预。

(1)安全行驶诱导

对未进入分流区的车辆提供最安全的初始车道选择、开始减速位置、进入分流区的速度等行驶建议；为在分流区内部行驶的车辆提供最安全的分流、收费通道选择、速度变化等行驶建议。通过车道诱导，降低分流区内不同种类车辆的混杂度，减少不同车辆交织造成的交通冲突；通过正确引导车辆分流，鼓励一致的分流行为，以提升车辆分流的平稳性，减少冲突点，还可提升分流区的同行能力；通过收费通道引导，合理分配通道服务车辆，平均各收费通道的同行压力，明确不同种类车辆的通道通行权；通过分流速度变化引导，车辆能够以最安全的行驶速度进入分流区并且在分流区内平稳地降速，以减少群体车辆的速度差，从而降低车辆事故发生的可能性。

(2)安全状态监控

在分流区内部监控行驶车辆的实时安全状态并发出预警，监控分流区内整体区域的安全水平。通过构建信息融合、高效处理与传输的分流区车辆事故风险评估模型与安全预警系统，基于车辆轨迹数据的采集和分流区环境数据监控，做到对输入系统的待评估车辆进行实时安全状态判别并发出预警。通过信息集成处理，整合车辆安全状态数据，评估分流区内的整体安全状态，并基于安全阈值发出预警。通过整合单位时间的安全数据，掌握车辆在分流区内行驶全程的安全状态变化情况，做到对分流区连续安全状态的监控。

(3)高危状态急救

为面临较高事故风险的车辆及时发出警告并提供最有效的避险措施建议。通过车辆智能车载终端，向安全预警系统判别的危险车辆发出危险警告，并基于周围车辆的行驶状态，提出合适的避险措施建议，例如减速、转向、换道等；提醒处于正常行驶但即将被后车撞到的前车，并给出有效的避险措施，如加速、换道等；提醒危险车辆周边的车辆，让其注意观察危险车辆的行驶状态，必要时系统会建议车辆采取提前的避险措施。通过安全管理系统平台，在分流区处于临危状态时提醒安全管理人员密切关注分流区的安全变化；在分流区处于高危状态时，向管理员发出实施安全改善措施的命令，并给出措施建议，例如通道位置的布设、通道开设数量、改变区域限速、设置合适的指示牌等。

(4)危险行为干预

识别分流区内车辆的危险行为，对正实施危险行为的车辆发出警告。通过前期研究和模型构建，建立分流区车辆危险行为档案以及相应的判断指标，例如急减速、多次换道、单次换多道等高危行为，以及加塞插队和排队过程中临时换道等违章行为。基于车辆安全状态监控，准确识别出车辆的高危行为，对车辆发出警告，以减少高危行为，降低车辆在分流区内的事故风险。

10.3.2 面向车辆的安全管控措施

为实现改善安全的目标，提出了以下七种车辆安全管控措施，这些措施多为主动交通管理策略，应用到实践的过程中对系统的数据处理能力、分析诊断能力以及优化管控能力要求较高，需要以收费站分流区车辆安全预警系统的构建为前提，同时还需要多方配合。另外，智能车辆信息系统、车路协同技术、车联网技术、汽车安全辅助驾驶控制技术等智能车辆技术也为改善安全提供了新的方式，为快速感知车辆状态、下达决策和传达信息提供了技术支撑，帮助安全管理者建立智能车联环境下的道路交通安全主动防控系统。具体的安全管控措施如下：

(1)动态初始车道引导

动态初始车道引导(dynamic initial lane guidance, DILG)借鉴了主动交通管理中具有代表性的措施动态车道分配(dynamic lane assignment, DLA)，以动态车道使用的控制来缓解收费站分流区的危险。车辆行驶在收费站上游且临近收费站分流区时，其可对驾驶员提前发布变换车道提醒，使车辆能够提前驶入最有利于在分流区内平稳分流的主线车道，更平滑地靠近收费通道。传统的收费站分流区车道变换引导是通过在前端主线道路上设置路边标志牌提醒车辆 ETC 车道位于收费站内侧，而引入安全管控系统之后，车道引导将安全纳入指导目标。

如图 10-4 所示，以安全为主要目标的车道引导决策主要由车辆安全预警系统决定，系统基于收费站分流区内已有的车辆冲突构建事故风险估计模型，并判断出当前分流区交通冲突的分布情况。同时，流量监控系统可根据收费站通行能力优化的目标，给出辅助初始车道引导建议，当系统识别出车道 N1 流量大，但车道 N1 和车道 N2 的事故风险相似时，会建议驾驶员选择流量较小的初始车道。根据模型估计结果提出与车辆相匹配的最优初始车道建议，制定动态初始车道分配决策，通过智能设备及设施将分配结果发布给相应对象。

信息发布对象可以为整类车辆，如 ETC 车辆和 MTC 车辆[见图 10-5(a)]，或者是安全预分级的四类车辆，或者是小汽车、大客车和货车等，也可以是个体车辆[见图 10-5(b)]。面向个体车辆的初始车道分配可由车载智能移动终端实现，分类车辆则还能通过路侧的智能指示牌获知初始车道建议。在分布初始车道建议的同时段，系统还可以附加其他信息告知功能，如提前告知分流区布局、限

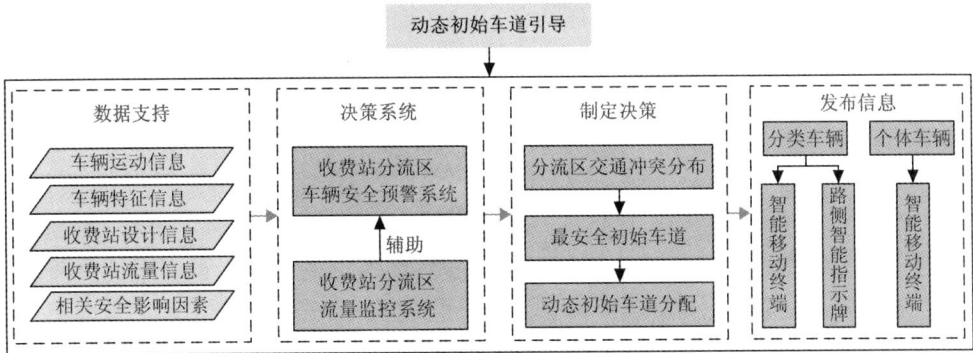

图 10-4　动态初始车道引导系统流程

速、开通的收费通道等信息，供驾驶员提前熟悉收费站并做好相应准备。

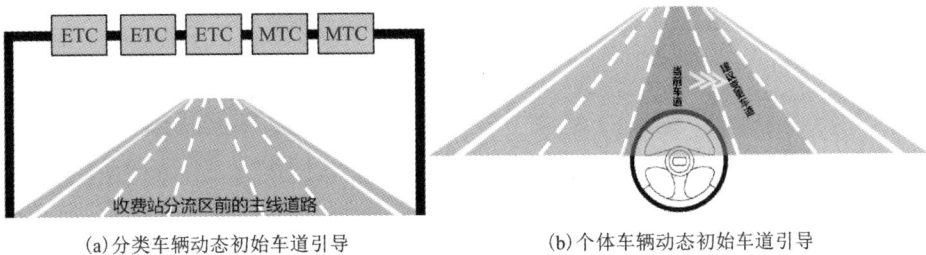

(a)分类车辆动态初始车道引导　　　　　　(b)个体车辆动态初始车道引导

图 10-5　动态初始车道引导实施示意图

(2)动态分流控制

动态分流控制(dynamic diverge control，DDC)包含分流预警以及动态分流管理。首先，通过信息发布设备向接近收费站分流区的车辆发布预警信息，使其能够得知下一步的分流要求，为即将到来的分流做好准备。其次，动态管理进入分流区的车辆的分流行为，鼓励一致的分流行为，提升车辆分流的平稳性，减少无序的分流行为导致的车辆冲突和较高的车辆速度差。分流行为的建议包含开始实施分流的位置、时间、方向及减速的幅度、分流横向跨越的距离等。车辆在分流信息的诱导下，能够有序平稳地完成分流，并且在整个分流过程中事故风险达到相对最低。同时，分流区在分流控制的情况下，整体交通流更加有序，分流造成的车辆交织情况以及冲突点也会随之减少。

与动态初始车道引导决策系统相似，动态分流控制的决策也可以将服务对象分为分类车辆分流控制和个体车辆分流控制。分类车辆分流决策的制定基于分流区车辆事故风险监控以及流量监控系统，在考虑交通流实时状态的基础上，针对各类车辆制定相应的分流建议。例如对 ETC 车辆和 MTC 车辆采取分流方向引导，为车辆引导正确的分流方向；通过改变分流位置或时间，ETC 车辆和 MTC 车辆可错峰分流，从分流位置和时间上隔离不同种类车辆；通过对车辆目前所在位置和收费类型的分析，将不同特征类的车辆平均地分配到各个收费通道并引导车辆采取相应的分流措施等。

个体车辆的分流控制则需同时考虑个体运动情况和周边交通流情况，判断此刻分流行为的事故风险，并基于车辆相关参数预测车辆下一步最安全的分流行为。区域交通安全状态与分类车辆分流诱导策略是个体车辆分流策略的重要参考指标，同时，对周边车辆行驶状态的分析是判断分流策略可行性的依据。信息发布主要借助于车载智能信息终端，对周边车辆运动的监控可通过有视频分析功能的车辆运动轨迹提取系统或者车载的距离检测系统等。传统的分流控制依据简单的道路环境或交通工程经验制定决策，采取路侧或门架设置指示牌或警告牌诱导车辆分流，如图 10-6 所示。随着车路协同和车联网的不断发展，分流信息未来可通过手机、车载屏幕或车载语音设备直接发送给每个驾驶员。

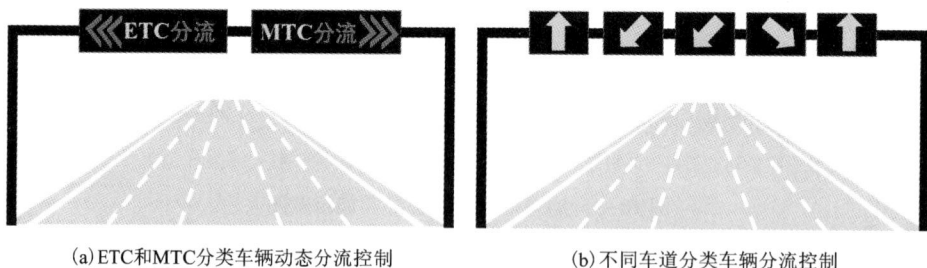

(a)ETC和MTC分类车辆动态分流控制　　　　(b)不同车道分类车辆分流控制

图 10-6　动态分流控制实施示意图

(3)动态速度控制

分流区动态速度控制(dynamic speed control，DSC)指通过对车辆行驶速度的控制，保障车辆行驶在安全速度范围内；鼓励车辆速度的一致性，从而减少速度差异，降低事故严重程度，还可保障车流顺畅，减少拥堵，提升收费站分流区同行能力；通过减速的诱导使得车辆平稳降速，提升车辆分流时的稳定性和安全性。措施内容主要包含三部分：车辆速度限制、速度变化诱导、识别速度异常车辆。分流区分动态速度控制内容及分区如图 10-7 所示。

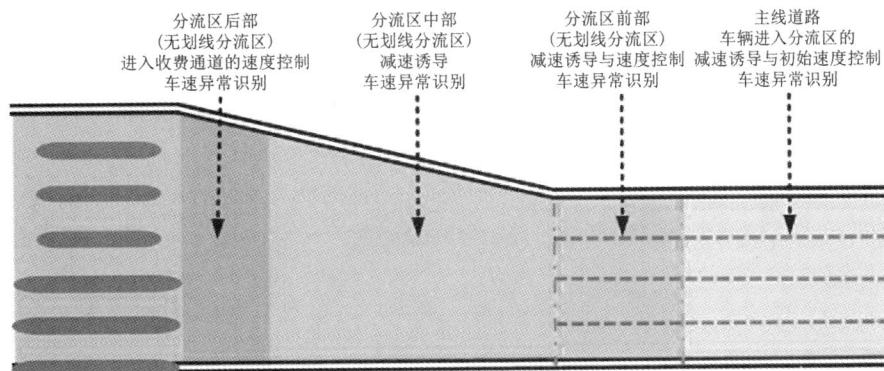

图 10-7　分流区动态速度控制内容示意图

　　车辆速度限制又可根据行驶位置分为车辆进入分流区的速度限制、车辆分流过程的速度限制、车辆进入收费通道的速度限制，还可实行车种差异化限速，分为小汽车、大客车、货车速度限制，分车道的速度限制或者 ETC 车辆、MTC 车辆的速度限制。限速值包含固定和动态限速值（fixed/dynamic speed limits），通常依据车流状态和天气进行适时调整，基于安全的速度控制应当兼顾车辆安全状况，以事故风险预警系统给出的安全速度制定保障车辆行驶安全的速度限制值。在分流区车辆事故风险预警系统的支持下，以及分流区交通流状态实时监测系统的辅助下，可以通过变化限速值（variable speed limits，VSL）的方式对分流区内的车辆速度实施管理。

　　速度变化诱导具体包含降速的位置、降速的时间和降速的幅度，主要是对车辆实施降速的诱导，使得车辆能够平滑地降速，避免急减速等危险驾驶行为，同时也可使得各车辆的降速变化具有一致性，减少速度差。速度变化的决策需要对车辆在分流区内的速度变化特征以及安全状态特征进行分析，以挖掘出安全性最高的速度变化曲线；还可基于车辆预警系统对车辆实时安全状态的评估以及未来安全状态的预测，向相应车辆给予瞬时的速度变化建议。根据行驶位置或车辆种类的不同，具体的速度变化建议也会存在差异。

　　识别速度异常车辆是对车辆危险状态的干预，便于对高危车辆采取急救避险措施。速度异常一是指分流区安全预警系统监控得到的由速度导致的高危车辆行驶情况；二是指由分流区交通流状态实时监测系统检测到的和周边车辆速度差异较大的车辆；三是指车辆实际行驶速度在速度限制范围之外的行驶情况。若出现以上任意一种情况，安全管理系统会通过信息发布设备向相应车辆发出警告，提出建议的速度变化措施，并提醒周边车辆注意避让、保持安全车距。

在信息发布方面,车辆动态速度限制可通过电子标志牌以及车载移动终端发送,速度变化诱导由于更加细化和针对化的内容,信息更新速度较快,因此需必备智能移动终端。动态速度控制的实施不仅需要强大的后台系统数据处理能力、分析诊断能力以及优化管控能力,还需要布设完善的电子检测设备,如摄像机、车速检测器、车辆侦测器、可变信息标志等。图 10-8 以收费站前端主线道路为例,从数据处理、决策诊断到速度发布展示了完整的动态速度控制系统,假设场景为未来自动驾驶汽车不断发展的阶段,车辆分类为未来自动驾驶汽车和传统汽车。

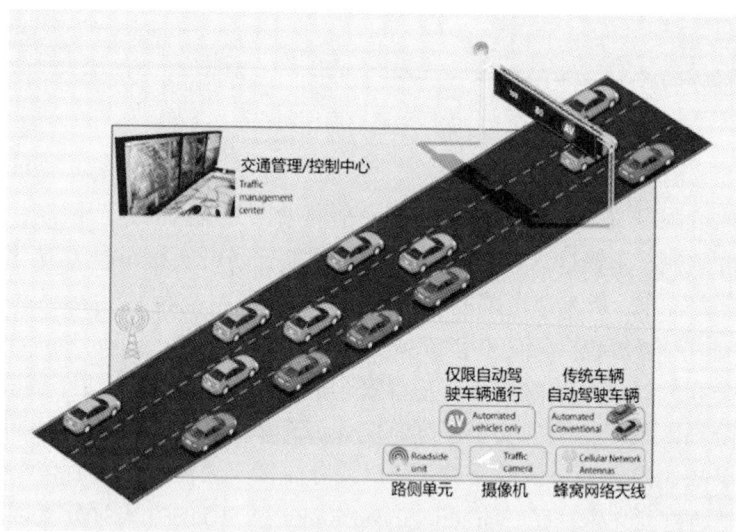

图 10-8　分流区动态速度控制系统示意图(分类车辆)[237]

(4)动态收费通道分配

收费站分流区动态收费通道分配(dynamic toll collection lane assignment,DTCLA)的目的有两方面:一是使车流通行顺畅,通过对收费通道数量、种类的动态控制,以及对车辆的收费通道引导,使得收费通道的服务能力能够满足实时的车辆通行需求,各通道的通行压力均衡、车辆通行顺畅;二是提升车辆安全,通过动态管理收费通道,使得收费通道布设和服务状态能够减少车辆分流交织,减少冲突点,另外对个体车辆的收费通道引导决策是使其事故风险降到最低的选择,根据车辆行驶状态和周边交通流状态,为个体车辆选择最安全的目标收费通道。

动态收费通道分配的决策系统与动态初始车道引导相似,在此不再赘述,两者的区别是每条收费通道均具有单独的电子标志牌等物理设备,使得决策的发布更加便捷,效果更加显著。现阶段收费站的每个收费通道均有电子显示设备,显示通道的开启或关闭状态，另外收费通道开启的数量会根据交通流量进行动态变化。理想情况的动态收费通道分配是全部通道均能在人工收费和电子收费两种方式上自由转换，即混合型收费通道，通道形式如图 10-9 所示。目前混合型收费通道是为了车辆从 MTC 过渡到 ETC 阶段中顺利通行而设置的，但两种车辆在同一车道的混行可能会降低通道的通行效率和安全性，因此建议未来混合型收费通道的管理方式变更为服务单一收费类型车辆，服务车辆种类和服务时间可以根据通道分配系统制定的决策进行改变。

图 10-9　人工/电子混合型收费通道示意图

收费站还可通过动态收费通道反转（dynamic toll collection lane reversal，DTCLR）适应车流的潮汐现象，图 10-10 中最左侧的收费通道即为允许动态反转的通道。此措施不仅能够提升收费站单方向在交通流量较大时的通行能力，减少交通拥堵，还能够减少车辆拥堵导致的追尾冲突与违规的插队或变道等危险行为。

（5）排队预警

收费站车辆排队预警（queue warning，QW）包含两方面，一是面向区域的排队预警。通过排队预警改变目标，提醒管理者及时采取动态车道分配等调整车辆行驶措施，使得分流区运行顺畅，减少排队现象，减少排队造成的追尾事故。这一措施与动态车道分配、动态速度控制等措施均息息相关，当收费站车辆安全预警系统与车流量监控系统判断收费通道发生排队现象后，相应的动态车辆控制措施才会随之开展，即对分流区排队的判断是判断分流区交通状态和安全状态的重要参数。二是面向个体车辆的排队预警。根据前序章节的分析可知，车辆在分流区

图 10-10　收费站动态收费通道分配示意图

末端的排队行为容易导致较高的事故风险，通过提醒驾驶员前方排队或前方车辆有明显减速的方式，驾驶员可以避免驶入排队现象严重的收费通道，减少发生追尾事故的可能，并且提升通行效率和缩短通行时间。相应措施可通过路侧电子标志牌发布（见图 10-11），或通过车载智能终端告知驾驶员。

图 10-11　排队预警路侧电子标志牌及工作引导车辆示意图[238]

（6）动态危险预警

动态危险预警（dynamic crash warning，DCW）是在监控车辆安全状态的情况下，正确判别危险情况并发出安全预警，以便实施高危状态急救以及危险行为干预。此措施是分流区车辆事故风险评估模型以及车辆安全预警系统的直接应用，系统输出的预警决策是执行动态危险预警的首要指令。动态危险预警系统的具体流程如图 10-12 所示，包含对车辆实时安全预警和分流区区域整体安全预警，当动态危险预警系统判断为危险情况时，系统会对危险成因进行分析或识别危险行为。动态预警不仅要做到对危险行为的提示，还需根据车辆行驶状况、周边车辆状况和分流区整体交通流情况筛选出最优的避险措施建议，避险措施或危险行为干预措施一般包含减速、停车、换道、停止换道、更换收费通道等，可通过路侧电子标志牌、车内显示器或车内语音告知驾驶员。

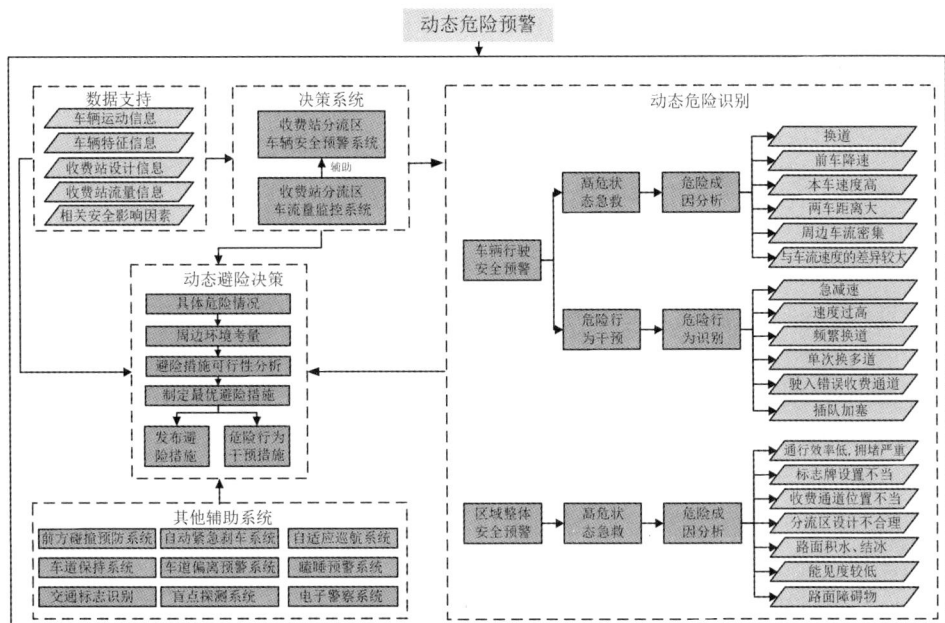

图 10-12　动态危险预警系统流程

车辆动态危险预警除了基于事故风险预警分析系统制定决策，还可结合车辆装备的主动避险设备，后者的决策流程相较于前者更加简单，需要的数据处理时间短，决策更加直接有效，在紧急危险情况下的避险能力更强。例如前方碰撞预防(forward collision warning, FCW)系统通过雷达传感器检测车辆与前车的距离、位置和相对速度，当判断车辆具有碰撞风险时采取措施警告驾驶员或制动车辆，随着危险性的增强，会不断升级措施：语音警告、自动轻踩刹车及轻拉驾驶员安全带、启动自动紧急刹车系统(autonomous emergency braking, AEB)。车道偏离预警系统(LDW)运用车身装配的摄像机采样目前行驶车道的标识线，再通过图像处理获取车辆位置信息。当该系统监控到汽车偏离车道，其控制器便会发出警报信号，以实时提醒驾驶员，避免意外的发生，通常从车道感测到发出警报信息需要的时间小于 1 s。自适应巡航系统(adaptive cruise control, ACC)也是通过车辆前部的传感器，在行驶过程中不断探测前方车辆的车速和相对距离，当距离较近时通过与制动系统、发动机控制系统的协调，使车辆与前方车辆保持安全距离。收费站分流区车辆安全预警系统和车辆自身装备的预警系统相互配合，为车辆在收费站的安全性又增加了一重保障。

（7）被动安全改善

以上六条措施侧重于车辆主动安全改善，而车辆的被动安全改善也是交通安全管控的重要组成部分。通过对交通事故特征的分析总结，针对安全短板进行事后的改进，有助于从事故发生本源减少导致事故发生的成因。同时，被动安全改善与主动安全改善紧密结合，有效的被动安全改善能够减少事故的二次发生，也是检验主动安全改善有效性的依据，是改进主动安全改善的宝贵实际经验支持。

对于收费站分流区的安全管控，本书提出以下面向车辆的被动安全改善措施建议：首先，改变收费类型。通过事故风险评估模型探究车辆收费类型与安全存在何种关系，当 ETC 车辆与 MTC 车辆混合是导致分流区高危的主要因素时，可通过推广单一收费形式（例如目前推广的 ETC 模式）提升分流区的安全；当个体车辆的收费类型是其发生事故的重要原因时，可根据收费车辆发展现状向相应的车辆提出改变收费类型的建议，例如某 MTC 车辆在收费通道排队过程中频繁发生追尾碰撞，可建议其改变为 ETC 不停车收费方式。

其次，通过分流区车辆安全预警系统以及交通信息服务系统，可定期生成驾驶员驾驶行为报告，动态调整驾驶员行车档案，修正驾驶员驾驶行为特征指标，动态评估驾驶员事故风险等级，向驾驶员给出驾驶习惯改进建议。对于高风险驾驶员，可强制其进行以学校和社会为主的驾驶技能培训和交通安全意识教育，因为教育也是道路安全改善"4E"科学策略中重要分支。

道路安全改善"4E"科学策略指的是工程（engineering）、教育（education）、执法（enforcement）和急救（emergency），其中工程指的是基于工程设计的事故预防和改善。虽然本章的重点为面向车辆的安全管控，较少探讨收费站设计方面的安全管控措施，但做好收费站分流区的设计改善也能极大地提高车辆在分流区的安全性，例如设置合理的收费通道布设位置，减少车辆交织造成的冲突；设计合理的收费通道宽度等，保障车辆有充足的通行空间；设计合理的收费岛、分隔岛以及引流岛，合理引流和疏散不同通道、不同类型车辆；设计合理的分流区渐变率，保障车辆分流的平稳；保证充足的分流区道路长度，以满足车辆分流纵向距离需求，避免紧急换道等危险行为；布设合理的收费通道指示牌、交通标志（禁止超车、禁止掉头、禁止随意变更车道、禁停、限高、限宽等）、限速标志和车道划线等，使得驾驶员及时并清晰地获知驾驶要求或分流区布设情况，提前做好分流准备；另外还可从减少视距障碍、增加照明设施、路面做好排水防滑等方面保障车辆具有相对良好安全的行驶环境。面向收费站设计的安全管控措施将在后续研究中进一步详细探讨和分析。

10.4　本章小结

　　本章详细探讨了车辆进入收费站之前安全预分级的重要性,采用灰度聚类评价理论构建车辆安全预分级模型,并定义收费站车辆安全等级,即极低事故风险(A)、普通事故风险(B)、临界事故风险(C)和极高事故风险(D)。然后针对四类安全等级车辆的事故风险特征细分安全预警阈值,分别确定适用于每类车辆危险判别的 ETTC 阈值和事故概率阈值。验证结果显示,阈值分级细化之后的事故预测准确度得到了明显的提升。

　　在此基础上,结合车辆安全预警系统与车辆安全预分级,构建了考虑动态更新和车辆安全预分级的收费站分流区车辆安全预警系统,提出了面向车辆的分流区安全管控思路和措施。安全管控思路为安全行驶诱导、安全状态监控、高危状态急救以及危险行为干预。安全管控措施为动态初始车道引导、动态分流控制、动态速度控制、动态收费通道分配、排队预警、动态危险预警以及被动安全改善。以上研究成果能够和工程实践有效结合,应用到安全管理实践中,改善收费站分流区的安全,同时还可以将其推广到类似的复杂道路节点中,为道路安全管理提供方法支撑和参考。

参考文献

[1] 交通运输部. 2018 年全国收费公路统计公报[R]. 北京: 中华人民共和国交通运输部, 2019.

[2] Abdelwahab H, Abdel-Aty M. Artificial neural networks and logit models for traffic safety analysis of toll plazas[J]. Transportation Research Record: Journal of the Transportation Research Board, 2002, 1784(1): 115-125.

[3] Mckinnon I A. Operational and safety-based analyses of varied toll lane configurations[D]. Amherst: University of Massachusetts Amherst, 2013.

[4] Carroll K. Evaluation of Real World Toll Plazas Using Driving Simulation[D]. Orlando: University of Central Florida, 2016.

[5] Saad M, Abdel-Aty M, Lee J. Analysis of driving behavior at expressway toll plazas[J]. Transportation Research Part F: Traffic Psychology and Behaviour, 2018, 61: 163-177.

[6] Abuzwidah M A M. Evaluation and Modeling of the Safety of Open Road Tolling System[D]. Orlando: University of Central Florida, 2011.

[7] Al-Deek H M, Radwan A E, Mohammed A A, et al. Evaluating the improvements in traffic operations at a real-life toll plaza with electronic toll collection[J]. Journal of Intelligent Transportation Systems, 1996, 3(3): 205-223.

[8] Boronico J S, Siegel P H. Capacity planning for toll roadways incorporating consumer wait time costs[J]. Transportation Research Part A: Policy and Practice, 1998, 32(4): 297-310.

[9] Zarrillo M L, Radwan A E. Modeling the OOCEA's Toll Network of Highways Using Plaza Capacity Analyses[C]. 8th World Congress on Intelligent Transport Systems ITS America, ITS Australia, ERTICO (Intelligent Transport Systems and Services-Europe), 2001.

[10] Al-Deek M H. Analyzing performance of ETC plazas using new computer software[J]. Journal of Computing in Civil Engineering, 2001, 15(4): 309-319.

[11] Levinson D, Chang E. A model for optimizing electronic toll collection systems[J]. Transportation Research Part A: Policy and Practice, 2003, 37(4): 293-314.

[12] Hajiseyedjavadi F, McKinnon I, Fitzpatrick C, et al. Application of Microsimulation to Model the Safety of Varied Lane Configurations at Toll Plazas[R]. USA: Washington, 2015.

[13] Nezamuddin N, Al-Deek H. Developing microscopic toll plaza and toll road corridor model

with paramics[J]. Transportation Research Record: Journal of the Transportation Research Board, 2008, 2047: 100-110.

[14] Komada K, Masukura S, Nagatani T. Traffic flow on a toll highway with electronic and traditional tollgates[J]. Physica A: Statistical Mechanics and its Applications, 2009, 388 (24): 4979-4990.

[15] Li Y. Analysis of highway toll station ETC lane capacity[C]. ICTE 2013 Proceedings of the 4th International Conference on Transportation Engineering, 2013: 966-972.

[16] Neuhold R, Garolla F, Sidla O, et al. Predicting and optimizing traffic flow at toll plazas [J]. Transportation Research Procedia, 2019, 37: 330-337.

[17] 廖固. 高速公路收费站通行能力分析[J]. 公路工程, 2010, 35(3): 153-172.

[18] 周崇华, 周九州, 苏志哲. 基于排队论和增量效益成本比率最大化的 ETC 车道配置模型研究[J]. 交通运输系统工程与信息, 2009(5): 77-84.

[19] 杭文, 黄臻, 何杰. 基于仿真的公路收费站通行能力研究[J]. 交通与计算机, 2007 (6): 60-66.

[20] 赵君莉. 高速公路设施服务系统服务水平评价方法研究[D]. 西安: 西安电子科技大学, 2008.

[21] 吴进. 基于通行效用的高速公路收费站 ETC 车道设置方案研究[D]. 南京: 东南大学, 2016.

[22] 何石坚, 李清波, 匡姣姣, 等. 高速公路混合收费站通行能力的仿真[J]. 交通科学与工程, 2015, 31(3): 106-111.

[23] 张晨琛, 王艳辉, 贾利民. 高速公路主线收费站拥堵消散控制策略[J]. 中国公路学报, 2013, 26(4): 139-145.

[24] 崔洪军, 崔姗, 李亚平, 等. 高速公路收费站 ETC 车道通行能力研究[J]. 中外公路, 2014, 34(6): 278-281.

[25] 高翔, 保丽霞, 包佳佳. 基于 Paramics 的 ETC 专用车道布设位置仿真[J]. 公路交通科技, 2011, 28(S1): 67-70.

[26] 周沙. 基于 Agent 的高速公路收费站仿真系统设计[D]. 赣州: 江西理工大学, 2012.

[27] 程俊龙. ETC 与 MTC 混合式收费站通行能力研究[D]. 成都: 西南交通大学, 2015.

[28] Abdelwahab H T, Abdel-Aty M A. Development of artificial neural network models to predict driver injury severity in traffic accidents at signalized intersections[J]. Transportation Research Record: Journal of the Transportation Research Board, 2007, 1746(1): 6-13.

[29] Abuzwidah M, Abdel-Aty M. Safety assessment of the conversion of toll plazas to all-electronic toll collection system[J]. Accident Analysis and Prevention, 2015, 80: 153-161.

[30] Abuzwidah M, Abdel-Aty M. Crash risk analysis of different designs of toll plazas[J]. Safety Science, 2018, 107: 77-84.

[31] Abuzwidah M, Abdel-Aty M, Ahmed M. Safety evaluation of hybrid main-line toll plazas[J]. Transportation Research Record: Journal of the Transportation Research Board, 2014, 2435 (1): 53-60.

[32] Ozbay K, Cochran A M. Safety assessment of barrier toll plazas [J]. Advances in

Transportation Studies, 2008(15): 85-96.

[33] 范达伟, 王静. 某高速公路主线收费站安全影响分析及治理[J]. 山西建筑, 2011, 37 (32): 134-135.

[34] 张敏, 陈红, 吴晓武. 高速公路收费站安全评价模型[J]. 中国安全科学学报, 2009, 19(10): 139-179.

[35] Abdel-Aty M, Carroll K, Wu Y, et al. Evaluation of Real-World Toll Plazas Using Driving Simulation[R]. 2016.

[36] Valdés D, Colucci B, Knodler M, et al. Comparative analysis of toll plaza safety features in Puerto Rico and Massachusetts using a driving simulator[J]. Transportation Research Record: Journal of the Transportation Research Board, 2017, 2663: 1-20.

[37] 张剑桥, 吴志周, 范宇杰. 基于交通冲突的 ETC 混合收费站安全评价模型研究[C]// 第七届中国智能交通年会学术委员会编. 第七届中国智能交通年会优秀论文集. 北京: 电子工业出版社, 2012.

[38] 张莹. 基于人—车—路系统仿真的 ETC 收费广场最小安全长度研究[D]. 南京: 东南大学, 2017.

[39] 闫雪彤. 基于交通冲突的 ETC 车道设置安全评价方法研究[D]. 南京: 东南大学, 2018.

[40] Xing L, He J, Abdel-Aty M, et al. Examining traffic conflicts of up stream toll plaza area using vehicles'trajectory data[J]. Accident Analysis and Prevention, 2019, 125: 174-187.

[41] 尹小亭, 钱勇生, 刘宇斐. 高速公路收费站处交通安全研究[J]. 中国公共安全(学术版), 2010, 1: 97-100.

[42] 叶凡, 陆键, 丁纪平. 交通冲突技术在 ETC 安全评价中的应用研究[J]. 公路交通科技, 2004, 12: 107-122.

[43] 张勇, 陈凯, 周跃华等. 高速公路 ETC 车道防邻道及跟车干扰研究[J]. 交通节能与环保, 2012, 4: 68-73.

[44] 党娜. 匝道分合流点距匝道收费站安全间距研究[J]. 公路工程, 2019, 44(4): 258-263.

[45] 蒲云, 胡路, 蒋阳升, 等. 高速公路主线收费站可变限速控制[J]. 交通运输工程学报, 2012, 12(5): 119-126.

[46] Weng J, Meng Q. Analysis of driver casualty risk for different work zone types[J]. Accident Analysis and Prevention, 2011, 43(5): 1811-1817.

[47] Meng Q, Weng J. Evaluation of rear-end crash risk at work zone using work zone traffic data [J]. Accident Analysis and Prevention, 2011, 43(4): 1291-1300.

[48] Abdel-Aty M A, Hassan H M, Ahmed M, et al. Real-time prediction of visibility related crashes[J]. Transportation Research Part C: Emerging Technologies, 2012, 24: 288-298.

[49] Xu C, Liu P, Wang W, et al. Safety performance of traffic phases and phase transitions in three phase traffic theory[J]. Accident Analysis and Prevention, 2015, 85: 45-57.

[50] Wu Y, Abdel-Aty M, Cai Q, et al. Developing an algorithm to assess the rear-end collision risk under fog conditions using real-time data[J]. Transportation Research Part C: Emerging

Technologies, 2018, 87: 11-25.

[51] Yuan J, Abdel–Aty M, Wang L, et al. Utilizing bluetooth and adaptive signal control data for real – time safety analysis on urban arterials [J]. Transportation Research Part C: Emerging Technologies, 2018, 97: 114-127.

[52] Li Z, Ahn S, Chung K, et al. Surrogate safety measure for evaluating rear-end collision risk related to kinematic waves near freeway recurrent bottlenecks[J]. Accident Analysis and Prevention, 2014, 64: 52-61.

[53] Guo Y, Osama A, Sayed T. A cross-comparison of different techniques for modeling macro-level cyclist crashes[J]. Accident Analysis and Prevention, 2018, 113: 38-46.

[54] Weng J, Meng Q. Effects of environment, vehicle and driver characteristics on risky driving behavior at work zones[J]. Safety Science, 2012, 50(4): 1034-1042.

[55] de Oña J, López G, Abellán J. Extracting decision rules from police accident reports through decision trees[J]. Accident, analysis and prevention, 2013, 50: 1151-60.

[56] Huang H, Peng Y, Wang J, et al. Interactive risk analysis on crash injury severity at a mountainous freeway with tunnel groups in China[J]. Accident Analysis and Prevention, 2018, 111: 56-62.

[57] Abellán J, López G, De Oña J. Analysis of traffic accident severity using Decision Rules via Decision Trees[J]. Expert Systems with Applications, 2013, 40(15): 6047-6054.

[58] Das A, Abdel–Aty M, Pande A. Using conditional inference forests to identify the factors affecting crash severity on arterial corridors[J]. Journal of Safety Research, 2009, 40(4): 317-327.

[59] Dong N, Huang H, Zheng L. Support vector machine in crash prediction at the level of traffic analysis zones: Assessing the spatial proximity effects [J]. Accident Analysis and Prevention, 2015, 82: 192-198.

[60] Wang E G, Sun J, Jiang S, et al. Modeling the various merging behaviors at expressway on-ramp bottlenecks using support vector machine models[J]. Transportation Research Procedia, 2017, 25: 1327-1341.

[61] Li Z, Liu P, Wang W, et al. Using support vector machine models for crash injury severity analysis[J]. Accident Analysis and Prevention, 2012, 45: 478-486.

[62] Porto-pazos A B, Veiguela N, Mesejo P, et al. Artificial astrocytes improve neural network performance[J]. PLoS One, 2011, 6(4): 1-8.

[63] Shi Q, Abdel – Aty M. Big data applications in real time traffic operation and safety monitoring and improvement on urban expressways [J]. Transportation Research Part C: Emerging Technologies, 2015, 58: 380-394.

[64] Siddiqui C, Abdel–Aty M, Huang H. Aggregate nonparametric safety analysis of traffic zones [J]. Accident Analysis and Prevention, 2012, 45: 317-325.

[65] Chang L Y, Chien J T. Analysis of driver injury severity in truck-involved accidents using a non-parametric classification tree model[J]. Safety Science, 2013, 51(1): 17-22.

[66] Delen D, Sharda R, Bessonov M. Identifying significant predictors of injury severity in traffic

accidents using a series of artificial neural networks[J]. Accident Analysis and Prevention, 2006, 38(3): 434-444.

[67] Mussone L, Ferrari A, Oneta M. An analysis of urban collisions using an artificial intelligence model[J]. Accident Analysis and Prevention, 1999, 31(6): 705-718.

[68] Xu C, Wang W, Liu P. A genetic programming model for real-time crash prediction on freeways[J]. IEEE Transactions on Intelligent Transportation Systems, 2013, 14(2): 574-586.

[69] Jung S, Qin X, Oh C. Improving strategic policies for pedestrian safety enhancement using classification tree modeling[J]. Transportation Research Part A: Policy and Practice, 2016, 85: 53-64.

[70] Pakgohar A, Tabrizi R S, Khalili M, et al. The role of human factor in incidence and severity of road crashes based on the CART and LR regression: A data mining approach[J]. Procedia Computer Science, 2011(3): 764-769.

[71] Kuhnert P M, Do K A, McClure R. Combining non-parametric models with logistic regression: An application to motor vehicle injury data[J]. Computational Statistics and Data Analysis, 2000, 34(3): 371-386.

[72] Xing L, He J, Li Y, et al. Comparison of different models for evaluating vehicle collision risks at upstream diverging area of toll plaza[J]. Accident Analysis and Prevention, 2020, 135: 105343.

[73] Ali E M, Ahmed M M, Wulff S S. Detection of critical safety events on freeways in clear and rainy weather using SHRP2 naturalistic driving data: Parametric and non-parametric techniques[J]. Safety Science, 2019: 1-9.

[74] 郭延永, 刘攀, 吴瑶, 等. 考虑异质性的贝叶斯交通冲突模型[J]. 中国公路学报, 2018, 31(4): 296-303.

[75] 郭延永, 刘攀, 吴瑶, 等. 基于贝叶斯多元泊松-对数正态分布的交通冲突模型[J]. 中国公路学报, 2018, 31(1): 101-109.

[76] Sayed T, Zein S. Traffic conflict standards for intersections[J]. Transportation Planning and Technology, 1999, 22(4): 309-323.

[77] Laureshyn A, Svensson Å, Hydén C. Evaluation of traffic safety, based on micro-level behavioural data: Theoretical framework and first implementation[J]. Accident Analysis and Prevention, 2010, 42(6): 1637-1646.

[78] Zheng L, Ismail K, Meng X. Traffic conflict techniques for road safety analysis: Open questions and some insights[J]. Canadian Journal of Civil Engineering, 2014, 41(7): 633-641.

[79] Guo Y, Sayed T, Zaki M H, et al. Safety evaluation of unconventional outside left-turn lane using automated traffic conflict techniques[J]. Canadian Journal of Civil Engineering, 2016, 43(7): 631-642.

[80] Mannering F L, Shankar V, Bhat C R. Unobserved heterogeneity and the statistical analysis of highway accident data[J]. Analytic Methods in Accident Research, 2016, 11: 1-16.

[81] Milton J C, Shankar V N, Mannering F L. Highway accident severities and the mixed logit model: An exploratory empirical analysis[J]. Accident Analysis & Prevention, 2008, 40 (1): 260-266.

[82] Morgan A, Mannering F L. The effects of road-surface conditions, age, and gender on driver-injury severities[J]. Accident Analysis & Prevention, 2011, 43(5): 1852-1863.

[83] Liu P, Fan W. Exploring injury severity in head-on crashes using latent class clustering analysis and mixed logit model: A case study of North Carolina[J]. Accident Analysis & Prevention, 2020, 135: 105388.

[84] Hamed M M, Al-Eideh B M. An exploratory analysis of traffic accidents and vehicle ownership decisions using a random parameters logit model with heterogeneity in means[J]. Analytic Methods in Accident Research, 2020, 25: 100116.

[85] Eluru N, Bhat C R, Hensher D A. A mixed generalized ordered response model for examining pedestrian and bicyclist injury severity level in traffic crashes[J]. Accident Analysis & Prevention, 2008, 40(3): 1033-1054.

[86] Xiong Y, Mannering F L. The heterogeneous effects of guardian supervision on adolescent driver-injury severities: A finite-mixture random-parameters approach[J]. Transportation Research Part B: Methodological, 2013, 49: 39-54.

[87] Christoforou Z, Cohen S, Karlaftis M G. Vehicle occupant injury severity on highways: An empirical investigation[J]. Accident Analysis & Prevention, 2010, 42(6): 1606-1620.

[88] Yu R, Wang X, Abdel-Aty M. A hybrid latent class analysis modeling approach to analyze urban expressway crash risk[J]. Accident Analysis & Prevention, 2017, 101: 37-43.

[89] Eluru N, Bagheri M, Miranda-Moreno L F, et al. A latent class modeling approach for identifying vehicle driver injury severity factors at highway-railway crossings[J]. Accident Analysis & Prevention, 2012, 47: 119-127.

[90] Behnood A, Roshandeh A M, Mannering F L. Latent class analysis of the effects of age, gender, and alcohol consumption on driver-injury severities[J]. Analytic Methods in Accident Research, 2014, 3-4: 56-91.

[91] Heydari S, Fu L, Miranda-Moreno L F, et al. Using a flexible multivariate latent class approach to model correlated outcomes: A joint analysis of pedestrian and cyclist injuries[J]. Analytic Methods in Accident Research, 2017, 13: 16-27.

[92] Xiong Y, Tobias J L, Mannering F L. The analysis of vehicle crash injury-severity data: A Markov switching approach with road-segment heterogeneity[J]. Transportation Research Part B: Methodological, 2014, 67: 109-128.

[93] Malyshkina N V, Mannering F L. Markov switching multinomial logit model: An application to accident-injury severities[J]. Accident Analysis and Prevention, 2009, 41(4): 829-838.

[94] Cerwick D M, Gkritza K, Shaheed M S, et al. A comparison of the mixed logit and latent class methods for crash severity analysis[J]. Analytic Methods in Accident Research, Elsevier, 2014, 3-4: 11-27.

[95] Zeng Q, Wen H, Huang H, et al. A bayesian spatial random parameters Tobit model for

analyzing crash rates on roadway segments[J]. Accident Analysis and Prevention, 2017, 100: 37-43.

[96] Alarifi S A, Abdel-aty M A, Lee J, et al. Research crash modeling for intersections and segments along corridors: A Bayesian multilevel joint model with random parameters[J]. Analytic Methods in Accident Research, 2017, 16: 48-59.

[97] Hou Q, Tarko A P, Meng X. Investigating factors of crash frequency with random effects and random parameters models: New insights from Chinese freeway study[J]. Accident Analysis & Prevention, 2018, 120: 1-12.

[98] Liu C, Zhao M, Li W, et al. Multivariate random parameters zero-inflated negative binomial regression for analyzing urban midblock crashes[J]. Analytic Methods in Accident Research, 2018, 17: 32-46.

[99] Weng J, Xue S, Yang Y, et al. In-depth analysis of drivers' merging behavior and rear-end crash risks in work zone merging areas[J]. Accident Analysis and Prevention, 2015, 77: 51-61.

[100] Yuan J, Abdel-Aty M. Approach-level real-time crash risk analysis for signalized intersections[J]. Accident Analysis and Prevention, 2018, 119: 274-289.

[101] Kim Y, Park J. Incorporating prior knowledge with simulation data to estimate PSF multipliers using Bayesian logistic regression[J]. Reliability Engineering and System Safety, 2019, 189: 210-217.

[102] Ahmed M, Abdel-Aty M, Yu R. Bayesian updating approach for real-time safety evaluation with automatic vehicle identification data[J]. Transportation Research Record: Journal of the Transportation Research Board, 2012, 2280(1): 60-67.

[103] Han C, Huang H, Lee J, et al. Research investigating varying effect of road-level factors on crash frequency across regions: A Bayesian hierarchical random parameter modeling approach [J]. Analytic Methods in Accident Research, 2018, 20: 81-91.

[104] Weng J, Li G, Yu Y. Time-dependent drivers' merging behavior model in work zone merging areas[J]. Transportation Research Part C: Emerging Technologies, 2017, 80: 409-422.

[105] Weng J, Du G, Li D, et al. Time-varying mixed logit model for vehicle merging behavior in work zone merging areas[J]. Accident Analysis and Prevention, 2018, 117: 328-339.

[106] Xing L, He J, Abdel-Aty M, et al. Time-varying analysis of traffic conflicts at the upstream approach of toll plaza[J]. Accident Analysis & Prevention, 2020, 141: 105539.

[107] Seraneeprakarn P, Huang S, Shankar V, et al. Occupant injury severities in hybrid-vehicle involved crashes: A random parameters approach with heterogeneity in means and variances [J]. Analytic Methods in Accident Research, 2017, 15: 41-55.

[108] Mannering F. Temporal instability and the analysis of highway accident data[J]. Analytic Methods in Accident Research, 2018, 17: 1-13.

[109] Islam M, Mannering F. A temporal analysis of driver-injury severities in crashes involving aggressive and non-aggressive driving[J]. Analytic Methods in Accident Research, 2020,

27：100128.

[110] Malyshkina N V, Mannering F L. Zero-state Markov switching count-data models：An empirical assessment[J]. Accident Analysis and Prevention, 2010, 42(1)：122-130.

[111] Saunier N, Sayed T, Ismail K. Large-scale automated analysis of vehicle interactions and collisions[J]. Transportation Research Record：Journal of the Transportation Research Board, 2010, 2147(1)：42-50.

[112] Sayed T, Ismail K, Zaki M H, et al. Feasibility of computer vision-based safety evaluations：Case study of a signalized right-turn safety treatment[J]. Transportation Research Record：Journal of the Transportation Research Board, 2012, 2280(1)：18-27.

[113] Guo Y, Li Z, Wu Y, et al. Exploring unobserved heterogeneity in bicyclists' red-light running behaviors at different crossing facilities [J]. Accident Analysis and Prevention, 2018, 115：118-127.

[114] Essa M, Sayed T. Traffic conflict models to evaluate the safety of signalized intersections at the cycle level[J]. Transportation Research Part C：Emerging Technologies, 2018, 89：289-302.

[115] Xie K, Li C, Ozbay K, et al. Development of a comprehensive framework for video-based safety assessment[C]. IEEE Conference on Intelligent Transportation Systems, Proceedings, ITSC, NJ：Piscataway, 2016：2638-2643.

[116] Fu T, Miranda-Moreno L, Saunier N. Pedestrian crosswalk safety at nonsignalized crossings during nighttime：Use of thermal video data and surrogate safety measures[J]. Transportation Research Record：Journal of the Transportation Research Board, 2016, 2586(1)：90-99.

[117] Liu X, Peng Z-R, Hou H, et al. Simulation and evaluation of using unmanned aerial vehicle to detect low-volume road traffic incident[C]. Presented at Transportation Research Board 94th Annual Meeting. USA, 2015.

[118] Li S, Xiang Q, Ma Y, et al. Crash risk prediction modeling based on the traffic conflict technique and a microscopic simulation for freeway interchange merging areas [J]. International Journal of Environmental Research and Public Health, 2016, 13(11)：E1157.

[119] Gu X, Abdel-Aty M, Xiang Q, et al. Utilizing UAV video data for in-depth analysis of drivers' crash risk at interchange merging areas[J]. Accident Analysis and Prevention, 2019, 123：159-169.

[120] Wu Y, Abdel-Aty M, Zheng O, et al. Automated safety diagnosis using unmanned aerial vehicles based on deep learning [J]. Transportation Research Record：Journal of the Transportation Research Board, 2020, 2674(8)：350-359.

[121] 尽智研究院. ETC电子不停车收费技术发展及应用案例研究报告[R]. 2019.

[122] 潘红. 高速公路收费站 ETC 车道设置仿真研究[D]. 南京：东南大学, 2005.

[123] 王慧勇. 高速公路收费站通行能力与车道配置策略研究[D]. 成都：西南交通大学, 2017.

[124] 田雨. 我国高速公路 ETC 系统调查统计与运营问题研究[D]. 西安：长安大学, 2012.

[125] 万健. 匝道收费站平纵曲线技术指标研究[D]. 西安：长安大学, 2018.

［126］ 李英帅. 信号交叉口驾驶行为交通安全风险分析［D］. 南京：东南大学，2017.

［127］ Saunier N, El Husseini A, Ismail K, et al. Estimation of frequency and length of pedestrian stride in urban environments with video sensors［J］. Transportation Research Record：Journal of the Transportation Research Board, 2011, 2264(1)：138-147.

［128］ Zheng O, Wu Y. Open CV C implementation of drone view car tracker［EB/OL］. https：// github. com/ozheng1993/HighwayDroneVideoCarTracker/tree/1.1. 2018.

［129］ Zheng O, Wu Y, Cai Q, et al. UCF-SST automated roadway conflicts identify system（A. R. C. I. S）［EB/OL］. https：//github. com/ozheng1993/A-R-C-I-S. 2019.

［130］ Xing L, He J, Abdel-Aty M, et al. Examining traffic conflicts of up stream toll plaza area using vehicles' trajectory data［J］. Accident Analysis and Prevention, 2019, 125：174-187.

［131］ Guo Y, Sayed T, Zaki M H. Automated analysis of pedestrian walking behaviour at a signalised intersection in China［J］. IET Intelligent Transport Systems, 2017, 11(1)：28-36.

［132］ Ismail K, Sayed T, Saunier N. A methodology for precise camera calibration for data collection applications in urban traffic scenes［J］. Canadian Journal of Civil Engineering, 2013, 40(1)：57-67.

［133］ Zangenehpour S, Miranda-Moreno L F, Saunier N. Automated classification based on video data at intersections with heavy pedestrian and bicycle traffic：Methodology and application［J］. Transportation Research Part C：Emerging Technologies, 2015, 56：161-176.

［134］ 尹宏鹏，陈波，柴毅，等. 基于视觉的目标检测与跟踪综述［J］. 自动化学报，2016, 42 (10)：1466-1489.

［135］ Kim E-J, Park H-C, Ham S-W, et al. Extracting vehicle trajectories using unmanned aerial vehicles in congested traffic conditions［J］. Journal of Advanced Transportation, 2019：H6.

［136］ Xu Y, Yu G, Wu X, et al. An enhanced viola-jones vehicle detection method from unmanned aerial vehicles imagery［J］. IEEE Transactions on Intelligent Transportation Systems, 2017, 18(7)：1845-1856.

［137］ Tang T, Zhou S, Deng Z, et al. Vehicle detection in aerial images based on region convolutional neural networks and hard negative example mining［J］. Sensors, 2017, 17 (2)：E336.

［138］ Xu Y, Yu G, Wang Y, et al. Car detection from low-altitude UAV imagery with the faster R-CNN［J］. Journal of Advanced Transportation, 2017：2823617.

［139］ Ke R, Li Z, Tang J, et al. Real-time traffic flow parameter estimation from UAV video based on ensemble classifier and optical flow［J］. IEEE Transactions on Intelligent Transportation Systems, 2019, 20(1)：54-64.

［140］ 郭延永. 基于交通冲突理论的信号交叉口安全评价技术［D］. 南京：东南大学，2016.

［141］ 马晓虹，尹向雷. 基于相关滤波器的目标跟踪方法综述［J］. 电子技术应用，2018, 44(6)：3-7, 14.

［142］ Bolme D S, Beveridge J R, Draper B A. Visual object tracking using adaptive correlation filters［C］. In IEEE CVPR. NJ：Piscataway, 2010.

［143］ Henriques J F, Caseiro R, Martins P, et al. High-speed tracking with kernelized correlation filters［J］. IEEE Transactions on Pattern Analysis and Machine Intelligence, 2015, 37(3): 583-596.

［144］ Danelljan M, Häger G, Khan F, et al. Accurate scale estimation for robust visual tracking ［C］. British Machine Vision Conference, Nottingham, 2014.

［145］ Biswas D, Su H, Wang C, et al. Speed estimation of multiple moving objects from a moving UAV platform［J］. ISPRS International Journal of Geo-Information, 2019, 8(6): 259.

［146］ Lukežic A, Vojír T, Cehovin Z L, et al. Discriminative correlation filter tracker with channel and spatial reliability［J］. International Journal of Computer Vision, 2018, 126(7): 671-688.

［147］ Rosebrock A. Intersection over Union (IoU) for object detection［EB/OL］. https://www.pyimagesearch.com/2016/11/07/intersection-over-union-iou-for-object-detection/. 2016.

［148］ Kaufmann S, Kerner B S, Rehborn H, et al. Aerial observations of moving synchronized flow patterns in over-saturated city traffic［J］. Transportation Research Part C: Emerging Technologies, 2018, 86: 393-406.

［149］ Wang L, Chen F, Yin H. Detecting and tracking vehicles in traffic by unmanned aerial vehicles［J］. Automation in Construction, 2016, 72: 294-308.

［150］ Takeda H, Farsiu S, Milanfar P. Kernel regression for image processing and reconstruction ［J］. IEEE Transactions on Image Processing, 2007, 16(2): 349-366.

［151］ Vincent E, Laganiere R. Detecting planar homographies in an image pair［C］. ISPA 2001. Proceedings of the 2nd International Symposium on Image and Signal Processing and Analysis, Pula: Croatia, 2001: 182-187.

［152］ Nejadasl F K, Lindenbergh R. Sequential and automatic image-sequence registration of road areas monitored from a hovering helicopter［J］. Sensors, 2014, 14(9): 16630-16650.

［153］ 南京市统计局. 南京市 2018 年国民经济和社会发展统计公报［R］. 南京: 南京市统计局, 2019.

［154］ Perkins S R, Harris J L. Traffic conflict characteristics: Accident potential at intersections ［J］. Highway Research Board Record, 1968, 225(225): 35-44.

［155］ Sayed T, Zaki M H, Autey J. Automated safety diagnosis of vehicle-bicycle interactions using computer vision analysis［J］. Safety Science, 2013, 59: 163-172.

［156］ Mahmud S M S, Ferreira L, Hoque M S, et al. Application of proximal surrogate indicators forsafety evaluation: A review of recent developments and research needs［J］. IATSS Research, International Association of Traffic and Safety Sciences, 2017, 41(4): 153-163.

［157］ 李洋, 刘建勋, 沈大吉, 等. 城市道路交通冲突的分类及判别［J］. 公路与汽运, 2009 (6): 50-53.

［158］ Hyden C. A traffic conflicts technique for examining urban intersection problems［C］. Proceedings of the First Workshop on Traffic Conflicts. Oslo, Norway, 1977: 87-89.

［159］ 项乔君, 陆键, 卢川. 道路交通冲突分析技术及应用［M］. 北京: 科学出版社. 2008.

［160］ Hydén C. The development of a method for traffic safety evaluation: the Swedish traffic conflict technique［D］. Lund: Lund University, 1987.

[161] Tarko A, Davis G, Saunier N, et al. White Paper：Surrogate Safety Measures of Safety [R]. ANB20 (3) Subcommittee on Safety Data Evaluation and Analysis Contributors, 2009.

[162] Hayward J C. Near-miss determination through use of a scale of danger [J]. Highway Research Record, 1972.

[163] Meng Q, Qu X. Estimation of rear-end vehicle crash frequencies in urban road tunnels [J]. Accident Analysis and Prevention, 2012, 48：254-263.

[164] Vogel K. A comparison of headway and time to collision as safety indicators [J]. Accident Analysis and Prevention, 2003, 35(3)：427-433.

[165] Kassim A, Ismail K, Hassan Y. Automated measuring of cyclist-motor vehicle post encroachment time at signalized intersections [J]. Canadian Journal of Civil Engineering, 2014, 41(7)：605-614.

[166] Archer J. Indicators for traffic safety assessment and prediction and their application in micro-simulation modelling：A study of urban and suburban intersections [J]. Royal Institute of Technology, 2005：274.

[167] Hydén C. Traffic conflicts technique：State-of-the-art [J]. Traffic Safety Work with Video Processing, 1996, 37：3-14.

[168] Allen B L, Shin B T, Cooper P. Analysis of Traffic Conflicts and Collisions [J]. Transportation Research Record：Journal of the Transportation Research Board, 1978(667)：67-74.

[169] 郑来. 基于交通冲突极值统计的安全分析模型研究 [D]. 哈尔滨：哈尔滨工业大学, 2014.

[170] Minderhoud M M, Bovy P H L. Extended time-to-collision measures for road traffic safety assessment [J]. Accident Analysis and Prevention, 2001, 33(1)：89-97.

[171] 李燊. 基于交通冲突的高速公路互通立交交通安全分析方法 [D]. 南京：东南大学, 2017.

[172] Okamura M, Fukuda A, Morita H, et al. Impact evaluation of a driving support system on traffic flow by microscopic traffic simulation [J]. Advances in Transportation Studies, 2011：99-112.

[173] Almqvist S, Hyden C, Risser R. Use of speed limiters in cars for increased safety and a better environment [J]. Transportation Research Record, 1991(1318)：34-39.

[174] Cunto J C F, Saccomanno F F. Microlevel traffic simulation method for assessing crash potential at intersections [R]. USA：Washington, 2007.

[175] Cai Q, Saad M, Abdel-Aty M, et al. Safety impact of weaving distance on freeway facilities with managed lanes using both microscopic traffic and driving simulations [J]. Journal of the Transportation Research Board, 2018, 2672(39)：130-141.

[176] Li Y, Xu C, Xing L, et al. Integrated cooperative adaptive cruise and variable speed limit controls for reducing rear-end collision risks near freeway bottlenecks based on micro-simulations [J]. IEEE Transactions on Intelligent Transportation Systems, 2017, 18(11)：3157-3167.

［177］ Li Y, Wang H, Wang W, et al. Reducing the risk of rear-end collisions with infrastructure
        -to-vehicle (I2V) integration of variable speed limit control and adaptive cruise control
        system[J]. Traffic Injury Prevention, 2016, 17(6): 597-603.

［178］ Li Y, Li Z, Wang H, et al. Evaluating the safety impact of adaptive cruise control in traffic
        oscillations on freeways[J]. Accident Analysis and Prevention, 2017, 104: 137-145.

［179］ Behbahani H, Nadimi N. A framework for applying surrogate safety measures for sideswipe
        conflicts[J]. International Journal for Traffic and Transport Engineering, 2015, 5(4): 371-
        383.

［180］ Ward J R, Agamennoni G, Worrall S, et al. Extending time to collision for probabilistic
        reasoning in general traffic scenarios [J]. Transportation Research Part C: Emerging
        Technologies, 2015, 51: 66-82.

［181］ Li Z, Li Y, Liu P, et al. Development of a variable speed limit strategy to reduce secondary
        collision risks during inclement weathers[J]. 2014, 72: 134-145.

［182］ Osama A, Sc M. et al. Automated approach for a comprehensive safety assessment of
        roundabouts[R]. USA: Washington, 2015.

［183］ Breiman L, Friedman J H, Olshen R A, et al. Classification and regression trees[J].
        Biometrics, 1984, 40(3): 358.

［184］ 周志华. 机器学习[M]. 北京: 清华大学出版社, 2016.

［185］ 刘磊, 唐克双, 董可然. 基于决策树模型的信号控制交叉口交通状态估计[J]. 公路交
        通科技, 2019, 36(9): 93-102.

［186］ 何宇健. Python 与机器学习实践[M]. 北京: 电子工业出版社, 2017.

［187］ Breiman L. Random forests[J]. Machine Learning, 2001, 45(1): 5-32.

［188］ 徐铖铖. 高速公路交通流运行状态与交通安全关系研究[D]. 南京: 东南大学, 2014.

［189］ Cheng L, Chen X, Vos J De, et al. Applying a random forest method approach to model
        travel mode choice behavior[J]. Travel Behaviour and Society, Elsevier, 2019, 14: 1-10.

［190］ 李静, 徐路路. 基于机器学习算法的研究热点趋势预测模型对比与分析——BP 神经
        网络、支持向量机与 LSTM 模型[J]. 现代情报, 2019, 39(4): 23-33.

［191］ Cortes C, Vapnik V. Support-vector networks[J]. Machine learning, 1995, 20(3): 273-
        297.

［192］ Kecman V. Support Vector Machines -An Introduction. In Support vector machines: theory
        and applications[M]. Springer, Berlin: Heidelberg, 2005: 1-47.

［193］ Cover T M, Hart P E. Nearest Neighbor Pattern Classification[J]. IEEE Transactions on
        Information Theory, 1967: 1-12.

［194］ Seidl T. Nearest Neighbor Classification[J]. Encyclopedia of Database Systems, 2018: 2472-
        2478.

［195］ Iranitalab A, Khattak A. Comparison of four statistical and machine learning methods for
        crash severity prediction[J]. Accident Analysis and Prevention, 2017, 108: 27-36.

［196］ Altman N S. An introduction to kernel and nearest-neighbor nonparametric regression[J].
        The American Statistician, 1992, 46(3): 175-185.

[197] Cybenko G. Approximation by superpositions of a sigmoidal function[J]. Mathematics of Control, Signals, and Systems, 1992, 5(4): 455.

[198] Anastasopoulos P C, Mannering F L. A note on modeling vehicle accident frequencies with random-parameters count models [J]. Accident Analysis and Prevention, 2009, 41(1): 153-159.

[199] Papola A. Some developments on the cross-nested logit model[J]. Transportation Research Part B: Methodological, 2004, 38(9): 833-851.

[200] David A, William H. The Mixed Logit model: The state of practice[J]. Transportation, 2003, 30: 133-176.

[201] Huber J, Train K. On the similarity of classical and bayesian estimates of individual mean partworths[J]. Marketing Letters, 2001, 12(3): 259-269.

[202] Jackman S. Estimmion and inference via bayesian simulation: An introduction to markov chain monte carlo[J]. American Journal of Political Science, 2000: 375-404.

[203] 陈强. 高级计量经济学及 stata 应用[M]. 北京: 高等教育出版社, 2014.

[204] LeSage J, Pace R K. Introduction to spatial econometrics [J]. Introduction to Spatial Econometrics, 2009: 1-341.

[205] Rukhin A L. Bayes and empirical bayes methods for data analysis[J]. Technometrics, 1997, 39(3): 337-337.

[206] Thomas A, Best N, Way R, et al. WinBUGS User Manual[Z]. 2003.

[207] Ahmed M, Abdel-Aty M. A data fusion framework for real-time risk assessment on freeways [J]. Transportation Research Part C: Emerging Technologies, 2013, 26: 203-213.

[208] Robin X, Turck N, Hainard A, et al. pROC: An open-source package for R and S+ to analyze and compare ROC curves[J]. BMC Bioinformatics, 2011, 12: 77.

[209] Song Y, Merlin L, Rodriguez D. Computers, environment and urban systems comparing measures of urban land use mix[J]. Computers, Environment and Urban Systems, 2013, 42: 1-13.

[210] Chiou Y C, Fu C. Modeling crash frequency and severity using multinomial-generalized Poisson model with error components[J]. Accident Analysis and Prevention, 2013, 50: 73-82.

[211] Karim M, Wahba M, Sayed T. Spatial effects on zone-level collision prediction models[J]. Transportation Research Record: Journal of the Transportation Research Board, 2013, 2398(1): 50-59.

[212] Zeng Q, Huang H. Bayesian spatial joint modeling of traffic crashes on an urban road network [J]. Accident Analysis and Prevention, 2014, 67: 105-112.

[213] Lalonde T L, Nguyen A Q, Yin J, et al. Modeling correlated binary outcomes with time-dependent covariates[J]. Journal of Data Science, 2013, 11: 715-38.

[214] Tze L L, Small D. Marginal regression analysis of longitudinal data with time-dependent covariates: A generalized method-of-moments approach[J]. Journal of the Royal Statistical Society. Series B: Statistical Methodology, 2007, 69(1): 79-99.

[215] Hu F B, Goldberg J, Hedeker D, et al. Comparison of population-averaged and subject-specific approaches for analyzing repeated binary outcomes [J]. American Journal of Epidemiology, 1998, 147(7): 694-703.

[216] Raftery A E, Kárny M, Ettler P. Online prediction under model uncertainty via dynamic model averaging: Application to a cold rolling mill[J]. Technometrics, 2010, 52(1): 52-66.

[217] Mccormick T H, Raftery A E, Madigan D, et al. Dynamic logistic regression and dynamic model averaging for binary classification[J]. Biometrics, 2012, 68(1): 23-30.

[218] Lewis S M, Raftery A E. Estimating bayes factors via posterior simulation with the laplace—metropolis estimator[J]. Journal of the American Statistical Association, 1997, 92(438): 648-655.

[219] West M, Harrison J. Bayesian Forecasting and Dynamic Models [M]. Springer, Springer, 1989.

[220] 葛兴. 公路平面交叉口交通冲突分析方法及应用研究[D]. 南京: 东南大学, 2010.

[221] 刘思峰, 党耀国, 方志耕, 等. 灰色系统理论及其应用[M]. 北京: 科学出版社, 2010.

[222] 杨奎. 面向主动交通安全管理的城市快速路事故风险研究[D]. 上海: 同济大学, 2019.

[223] Weszka J S, Nagel R N, Rosenfeld A. A Threshold Selection Technique [J]. IEEE Transactions on Computers, 1974, C-23(12): 1322-1326.

[224] Doyle W. Operations useful for similarity-invariant pattern recognition[J]. Journal of the ACM, 1962, 9(2): 259-267.

[225] Otsu N. A threshold selection method from gray-level histograms[J]. IEEE transactions on systems, man, and cybernetics, 1979, 9(1): 62-66.

[226] Kapur J N, Sahoo P K, Wong A K C. A new method for gray-level picture thresholding using the entropy of the histogram[J]. Computer Vision, Graphics, & Image Processing, 1985, 29(3): 273-285.

[227] Li C H, Lee C K. Minimum cross entropy thresholding[J]. Pattern Recognition, 1993, 26(4): 617-625.

[228] 黄合来, 胡水燕. 道路车辆碰撞协调性研究综述[J]. 北京工业大学学报, 2014, 40(10): 1524-1533.

[229] 马建, 孙守增, 芮海田, 等. 中国交通工程学术研究综述2016[J]. 中国公路学报, 2016, 6: 1-161.

[230] INFRAMIX. Road infrastructure ready for mixed vehicle trafficflows [EB/OL]. https://www.inframix.eu/wp-content/uploads/INFRAMIX. 2019.

[231] Texas A&M Transportation Institute. TTI Leads Deployment of Innovative Warning System [EB/OL]. https://tti.tamu.edu/researcher/getting-information-to-drivers-to-improve-awareness-safety/

图书在版编目（CIP）数据

混合型主线收费站分流区交通安全评估与管控／邢璐
著. 一长沙：中南大学出版社，2022.9
ISBN 978-7-5487-4869-4

Ⅰ. ①混… Ⅱ. ①邢… Ⅲ. ①收费站－交通运输安全
－交通运输管理－研究 Ⅳ. ①U417.7

中国版本图书馆 CIP 数据核字（2022）第 063214 号

混合型主线收费站分流区交通安全评估与管控
HUNHEXING ZHUXIAN SHOUFEIZHAN FENLIUQU JIAOTONG ANQUAN PINGGU YU GUANKONG

邢璐 著

□出 版 人	吴湘华	
□责任编辑	史海燕	
□责任印制	李月腾	
□出版发行	中南大学出版社	
	社址：长沙市麓山南路	邮编：410083
	发行科电话：0731-88876770	传真：0731-88710482
□印　　装	长沙印通印刷有限公司	

□开　　本	710 mm×1000 mm 1/16	□印张 13	□字数 260 千字
□版　　次	2022 年 9 月第 1 版	□印次 2022 年 9 月第 1 次印刷	
□书　　号	ISBN 978-7-5487-4869-4		
□定　　价	65.00 元		